固体废物环境管理丛书

GUTI FEIWU HUANJING GUANLI CONGSHU

火电厂废烟气脱硝催化剂处理与处置

总 主 编　陈昆柏　郭春霞

本册主编　郭春霞　魏贵臣

河 南 科 学 技 术 出 版 社

·郑州·

图书在版编目(CIP)数据

火电厂废烟气脱硝催化剂处理与处置/郭春霞,魏贵臣主编.—郑州:河南科学技术出版社,2017.6(2025.7 重印)
(固体废物环境管理丛书)
ISBN 978-7-5349-8611-6

Ⅰ.①火… Ⅱ.①郭… ②魏… Ⅲ.①火电厂-烟气-脱硝-催化剂-研究 Ⅳ.①X773.017

中国版本图书馆 CIP 数据核字(2017)第 150739 号

出版发行:河南科学技术出版社
地址:河南自贸试验区郑州片区(郑东)祥盛街27号 邮编:450016
电话:(0371)65788139
网址:www.hnstp.cn
策划编辑:李肖胜 冯俊杰
责任编辑:冯俊杰 张 恒
责任校对:李振方
封面设计:张 伟
版式设计:栾亚平
责任印制:徐海东
印 刷:三河市腾飞印务有限公司
经 销:北京中图猫文化传媒发展有限公司
幅面尺寸:185 mm×260 mm 印张:17 字数:320 千字
版 次:2017 年 6 月第 1 版 2025 年 7 月第 3 次印刷
定 价:110.00 元

“固体废物环境管理丛书”
编委会

《火电厂废烟气脱硝催化剂处理与处置》编委会

主　任　郭春霞（河南省固体废物管理中心）

副主任　魏贵臣（许昌环境工程研究有限公司）

编　委　郝永利（环境保护部固体废物与化学品管理技术中心）
　　　　刘用林（河南金山环保科技工业园有限公司）
　　　　行　朝（河南省格林沃特净化器股份有限公司）
　　　　张　强（西安热工研究院有限公司）
　　　　陈江涛（郑州康宁特环保工程技术有限公司）
　　　　张建军（濮阳市中原石化工程管理有限公司）
　　　　李敬达（华能沁北电厂）
　　　　李世义（河南省环保产业协会）
　　　　赵胜利［中环联新（北京）环境保护有限公司］
　　　　张俊华（南阳汉鼎高新材料有限公司）

主　编　郭春霞　魏贵臣

副主编　李世义　郝永利

编写人员　（按姓氏笔画排序）

王占喜　冯铁剑　朱崇兵　刘用林　刘德杰
李世义　杨立敏　吴　伟　张　强　张　鹏
张建军　张俊华　周环宇　赵永军　赵胜利
郝永利　段景卫　郭春霞　焦月阁　曾　瑞
魏贵臣

前　言

目前，我国各种污染物排放总量居高不下，远远超过环境自净能力。随着经济的持续快速发展和资源消费水平的不断提高，各种化石燃料的开采和利用量不断增加，导致有害物质的排放数量越来越大，从而对经济的发展和人们的生活环境质量产生了严重的影响。其中，由于机动车和燃煤火电厂数量的大幅度增加，直接导致氮氧化物的污染加剧，如北京、上海、广州等一些大中城市，氮氧化物排放量严重超标，局部地区甚至出现了光化学烟雾污染。而火电厂又是氮氧化物的排放大户，排放量约占全国氮氧化物排放总量的50%。随着全国范围内的火电厂数量不断增加，火电厂排放氮氧化物的数量及其所占比例还将不断增大。因此，控制氮氧化物排放量成为火电厂继烟气除尘、脱硫之后的第三项重点治理工作。

在燃煤电厂执行超低排放标准的严格要求下，作为世界上最有效的脱硝工艺——烟气选择性催化还原（Selective Catalyst Reduction，缩写为SCR）技术，已经在我国火电厂中得到广泛应用，应用比例约占90%，从而需求大量脱硝催化剂。理论上催化剂的寿命是无限的。但是，烟气中各种污染物和催化剂本身等导致催化剂在使用一段时间后会失活、失效，从而产生大量废脱硝催化剂。脱硝催化剂以二氧化钛为基材，以五氧化二钒为主要活性成分，以三氧化钨、三氧化钼为抗氧化、抗毒化辅助活性成分。脱硝催化剂在使用过程中富集了烟气中大量的重金属类物质，如铅、汞、镉、砷等，特别是其中的组分——五氧化二钒早已被公安部发布的《剧毒物品品名表》（GA 58—93）列为无机剧毒物质（B1082）；环保部联合国家发展和改革委员会、公安部发布的《国家危险废物名录》（2016版）也将废烟气脱硝催化剂（钒钛系）纳入名录管理范畴。基于上述原因，对于大量产生的SCR废脱硝催化剂如何进行再生利用与处理处置已迫在眉睫。

本书结合火电厂及催化剂经营生产企业实际，从国家环保相关政策、技术规范、产品标准、催化剂检测及再生评价、回收利用市场前景等方面进行了详细的论述，可为火电企业、催化剂生产经营单位、环境管理部门、相关研究人员提供大量信息和内容，也可作为大专院校相关专业学生选修和就业培训教材。本书取材广泛、内容新颖，有较强的实用性和可读性。

全书共计 12 章，各章主要编者为：

第 1 章，段景卫、魏贵臣、刘德杰；

第 2 章，魏贵臣、张建军、冯铁剑；

第 3 章，郭春霞、赵胜利、杨立敏；

第 4 章，郝永利、朱崇兵、王占喜；

第 5 章，郝永利、刘用林、周环宇；

第 6 章，魏贵臣、李世义、赵永军；

第 7 章，张鹏、郝永利；

第 8 章，张强、郝永利、焦月阁；

第 9 章，曾瑞、郝永利、张强；

第 10 章，吴伟、郭春霞；

第 11 章，张俊华、郭春霞；

第 12 章，郭春霞、郝永利。

前言及各章节内容由李世义汇集整理，由郭春霞、魏贵臣统稿审核。在整理统稿过程中，刘德杰、杨立敏做了大量工作。本书在编写过程中，同时得到编委会成员单位的大力支持，在此一并表示感谢。

由于编写人员水平有限，本书肯定存在这样那样的不足，敬请广大读者批评指正。

编　者

2017 年 2 月

目　录

第 1 章　火力发电基础知识

能源与环境是社会发展的主题。我国是能源消费大国，2015 年全国一次能源消费总量为 43.0 亿吨标准煤，煤炭消费量占能源消费总量的 64%；2016 年全国一次能源消费总量为 43.6 亿吨标准煤，其中煤炭消费量占能源消费总量的 62%。2016 年，全国发电量为 61424.9 亿千瓦时，其中火电为 44370.7 亿千瓦时，约占全国发电量的 72.24%。能源按产生方式可分为一次能源和二次能源。以原始状态存在于自然界中，不需要加工或转换即可直接用于供热或提供动力的能源称为一次能源，如煤、石油、天然气、水能等。由一次能源经过加工转换成另一种形态的能源产品叫作二次能源，如电力、蒸汽及各种石油制品等。用太阳能、生物质能、地热能、风能等发电，统称为新能源发电。

火电厂就是把一次能源转变为二次能源的企业，其主要设备有锅炉、汽轮机、发电机及其他辅助系统等。通常，人们把由煤炭、石油、天然气等化石燃料的化学能转变成电能的企业称为火力发电厂。火力发电厂仅仅将燃料化学能转化为电能，不对外供热。热力发电厂将燃料的化学能转化为电能并对外提供热能，优先保证供热，“以热定电”，即热电联产。

1.1　概述

1.1.1　火电的分类

按发电方式，火力发电分为常规火电（燃煤、燃油、燃气）、整体煤气化联合循环发电、内燃机发电及燃气-蒸汽联合循环发电；按所用燃料分，火力发电主要有燃煤发电、燃油发电、燃气发电、生物质发电、垃圾发电以及利用工业锅炉余热发电。

把热能转换成电能的企业通称为热力发电厂。热力发电厂分类如表 1-1 所示。

表 1-1　热力发电厂分类

分类方法	热力发电厂类型					
能源燃料	化石燃料发电厂	原子能发电厂	地热发电厂	太阳能发电厂	生物质发电厂	其他，如垃圾发电厂
电厂功能	纯供电凝汽式发电厂	供电供热的热电厂	供电、供热、供冷的发电厂	供电、供热、供煤气的发电厂	多功能热电厂	
原动机类型	汽轮机发电厂	燃气轮机发电厂	内燃机发电厂	燃气-蒸汽联合循环发电厂		
单机容量	50MW 及以下为小型	100~200MW 为中型	300MW 及以上为大型			
电厂容量	小容量电厂（200MW 以下）	中等容量电厂（200~800MW）	大容量电厂（1000MW 以上）			
蒸汽初参数	中低压发电厂（3.43MPa 以下）	高压发电厂（8.83MPa 以上）	超高压发电厂（12.75MPa 以上）	亚临界压力发电厂（16.18MPa 以上）	超临界压力发电厂（22.05MPa 以上）	超超临界压力发电厂（30MPa 以上）

1. 常规火电

常规火电工程是指以煤炭、石油、天然气作为主要燃料，在锅炉内燃烧放出能量加热水变成过热蒸汽，通过汽轮发电机组转换成电能的装置。我国是一个煤炭大国，一次能源中 70%是煤炭，石油占 19%，天然气占 3%，这决定了我国常规火力发电仍然是一个以煤炭为主要能源的国家。火力发电是我国电力供应的主要方式，按照电厂功能分为凝汽式电厂和热电厂。凝汽式电厂用于发电，而热电厂则发电和供热兼顾，热电厂在电力系统中运行方式远不如凝汽式电厂灵活，但热效率较高。

（1）常规火电工作原理。常规火电将燃料的化学能转变为电能，该过程能量的转化形式为

$$\text{燃料化学能}\xrightarrow{\text{锅炉}}\text{（蒸汽）热能}\xrightarrow{\text{汽轮机}}\text{机械能}\xrightarrow{\text{发电机}}\text{电能}$$

简单地说，就是利用燃料燃烧释放热量加热给水，形成高温高压过热蒸汽，推动汽轮机旋转，汽轮机通过联轴器带动发电机转子（电磁场）旋转，利用相对运动使定子线圈切割磁力线发出电能，再经过升压变压器，将电压升高到与系统电压相同，频率与系统电网频率相同后，操作断路器与电网系统并网，向外输送电能。蒸汽工质循环路径是：如图 1-1 所示，蒸汽从锅

炉过热器出口流出，沿管道进入汽轮机中不断膨胀做功，冲击汽轮机转子高速旋转，做功后的蒸汽进入凝汽器凝结成液态的水，凝结水经过凝结水泵、回水加热器、给水泵进一步升压送回锅炉中重复参加上述循环过程，发电机产生的电经变压器升压后输入电网。

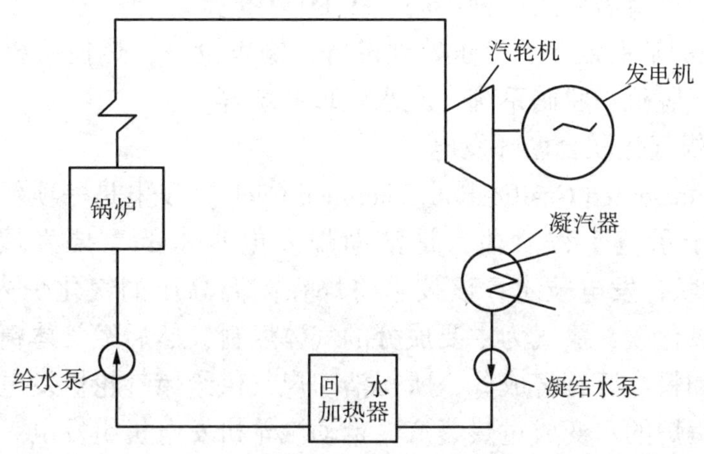

图 1–1　蒸汽动力发电厂原理

（2）常规火电厂的主要组成。

1）锅炉及附属设备。其作用是燃料在炉膛内燃烧成高温烟气，然后通过受热面将热量传递给水，将水转变为过热蒸汽，是燃料化学能转化为热能的设备。构成锅炉本体的主要部件有燃烧系统（炉）、汽水系统（锅）、烟风系统、钢架构件与平台等。锅炉的燃烧系统包括燃烧器、燃烧室和点火装置；汽水系统有省煤器、水冷壁、过热器、再热器等；锅炉附属设备有送风机、引风机、制粉设备、空气预热器、除灰设备、除渣设备和锅炉附件（安全门、水位计）等。

2）汽轮机及附属设备。这是将热能转化为机械能的装置。汽轮机运行时，蒸汽先在其喷管内进行膨胀，压力降低而速度增大，高速气流冲击汽轮机叶片，从而推动转子转动，使蒸汽携带的热能转变为机械能。汽轮机本体由转动部分和静止部分组成：其转动部分称为转子，主要零部件有叶片、叶轮、主轴及联轴器等；静止部分主要部件有气缸、隔板和轴承等。汽轮机附属设备有抽气与回热系统、轴封系统、真空系统、凝结水系统、给水系统、润滑油及调节油系统、冷却水及疏水系统。

3）发电机及励磁机。其作用是将机械能变为电能。发电机主要由转子、轴承、发电机冷却系统等组成。发电过程是指由励磁系统将励磁电流经灭磁开关及碳刷送到发电机转子，经过发电机转子旋转运动其定子线圈便感应出电流，强大的电流通过发电机出线分两路，一路送至厂用变压器，另一路则经主变压器升压后通过高压断路器送至电网。

4）变压器。其作用是把电能提升为高压电输送给输电线路。发电机发出的电通过主变压器进行升压输送到电网。厂用变压器的作用是为发电厂日常电力生产提供所需要的各种不同等级的厂用电源。

5）其他的辅助设备。有水处理设备，输煤设备，热控系统，厂区地下水系统，烟气脱硫、脱硝系统，废水处理系统等。

2. 整体煤气化联合循环发电

IGCC（Integrated Gasification Combined Cycle）发电是一项新兴技术，目前在我国处于示范工程阶段，是洁净煤发电技术的重要发展方向之一。IGCC 是一种联合发电技术，该技术将煤在高温高压的气化炉内部分氧化，转化成以一氧化碳、氢气为主要成分的气体燃料，然后经气体精制装置消除气体中的硫和粉尘等有害成分，所得洁净煤气供给燃气轮机发电，排放的热烟气使余热锅炉的水变成过热蒸汽，带动汽轮机发电机组发电。

IGCC 系统主要由煤气化炉、气体精制装置、联合发电设备等系统构成。煤气化炉按照结构形式不同可分为固定床式、流化床式和喷流床式三种，所用气化剂一般是空气或纯氧气，在气化炉内发生的主要反应有：

$$\text{煤} \longrightarrow CH_4+H_2+C\text{（煤的干馏）} \tag{1-1}$$

$$C+O_2 \longrightarrow CO_2\text{（完全燃烧，放热反应）} \tag{1-2}$$

$$C+\frac{1}{2}O_2 \longrightarrow CO\text{（不完全燃烧，放热反应）} \tag{1-3}$$

$$C+CO_2 \longrightarrow 2CO\text{（煤气化，吸热反应）} \tag{1-4}$$

$$C+H_2O \longrightarrow H_2+CO\text{（水煤气化，吸热反应）} \tag{1-5}$$

$$C+2H_2 \longrightarrow CH_4\text{（加氢甲烷化，放热反应）} \tag{1-6}$$

$$CO+H_2O \longrightarrow H_2+CO_2\text{（放热反应）} \tag{1-7}$$

最终生成主要成分为一氧化碳、氢气的气体燃料。

煤气精制装置由除去有害成分的气体精制装置和除去粉尘的净化装置构成。燃料气在煤气精制装置中的处理方式有湿法和干法两种。湿法能去除煤气中的碱性金属和氨，对保证燃气轮机的运行可靠性和环境保护有利，技术较为成熟。干法在高温下处理煤气，热损失少，效率较高，精制后的气体进入燃气轮机燃烧室燃烧。

IGCC 所用的燃气轮机是以液化天然气（LNG）等为燃料的高温燃气轮机。考虑到煤气燃料的特殊性，煤气的发热量仅是轻油及 LNG 的 $\frac{1}{10} \sim \frac{1}{3}$，需要配置专用的燃烧器。煤气中含有腐蚀性成分和粉尘等杂质，易造成冷却空气孔堵塞及碱金属在材料表面的腐蚀，对材料有特殊要求。表1-2所示为国际上IGCC开发情况。

表1-2　国际上IGCC开发情况

工程名称	布胡纳姆	普韦托利亚诺	瓦巴施利瓦	坦巴	比尼安派因
发电厂所在国	荷兰	西班牙	美国	美国	美国
机组容量/MW	284	335	296	322	107
煤处理量/(t/d)	2 000	2 570	2 544	2 300	880
气化炉形式	Shell 加压Ⅰ段喷流床	Prenflo 加压Ⅰ段喷流床	Dow 加压Ⅱ段喷流床	Fexaco 加压Ⅰ段喷流床	KRW 加压流化床
气化剂	纯氧	纯氧	纯氧	纯氧	空气
给煤方式	干给煤	干给煤	浆给煤	浆给煤	干给煤
脱硫方式	湿式法	湿式法	湿式法	湿式法+干式可移床	干式流化床
除尘方式	陶瓷过滤器	陶瓷过滤器	金属过滤器	湿式煤气洗涤器	陶瓷过滤器
燃气轮机形式	西门子公司V94.2	西门子公司V94.4	GE公司7FA	GE公司7FA	GE公司7FA
实证实验开始年月	1994-01	1996-09	1995-08	1999-07	1996-08
现在状况	商业运行中	实证运行中	实证运行中	实证运行中	试运行中

3. 燃气轮机及燃气-蒸汽联合循环发电

(1) 燃气轮机装置的工作原理。燃气轮机是以连续流动的气体为工质、把热能转换为机械能的旋转式动力机械，包括压气机、加热工质的设备(如燃烧室)、透平、控制系统和辅助设备等。

图1-2所示为开式简单循环燃气轮机工作原理。压气机从外界大气环境吸入空气，并逐级压缩（空气的温度与压力也将逐级升高），压缩空气被送到燃烧室与喷入的燃料混合燃烧产生高温高压的烟气，然后进入透平膨胀做功，最后是工质放热过程。透平排气可直接排到大气中，自然放热给外界环境，也可通过各种换热设备放热，以回收利用部分余热。在连续重复完成上述循环过程的同时，燃气轮机也就把燃料的化学能连续地部分转化为有用功。一般地，透平的膨胀功约2/3用于带动压气机，1/3左右才是驱动外界负荷的有用功。

燃气轮机分重型与轻型两类结构形式，重型的零部件较厚重，设计寿命与大修寿命都长；轻型的结构紧凑而轻，所用的材料较好，但寿命较短。

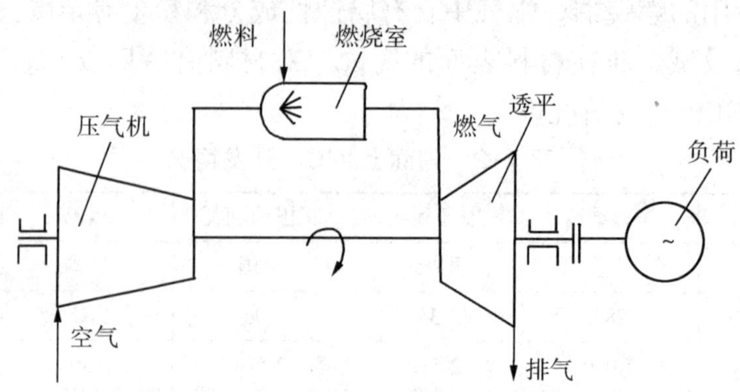

图 1-2　开式简单循环燃气轮机工作原理

燃气轮机动力装置是指包括燃气轮机发动机及为产生有用的动力（例如电能、机械能或热能）所必需的设备。为了保证整个装置的正常运行，除了主机的三大部件外，厂家还应根据不同情况配置控制调节系统、启动系统、润滑油系统、燃料系统等。

（2）燃气轮机热力循环的概念。热力循环是指热力系统经过一系列的状态变化，重新恢复到原来状态的全部过程。热力循环分为正向循环及逆向循环。将热能转换为机械能的循环称为正向循环；将机械能转换为热能的循环称为逆向循环。

（3）联合循环的概念。热机将一定量的热能转变为有用功（机械能）的数量，将随着工质加热温度的升高和放热温度的降低而增加。通常，加入热机的热能是加入燃烧室的燃料通过燃烧而释放出来的，工质的加热温度高达 2000℃以上；而工质的放热温度可以接近环境的大气温度或水温。也就是说，燃用化石燃料热机的热力循环可利用的工作区域在理论上是相当大的。

但是，目前热机多采用简单循环，且多采用一种工质，由于受所采用工质的性质和金属材料耐高温性等限制，无法充分利用上述工作温度区域，只能局限于狭窄的温度区间内工作，热转功的效率比较低。若将具有不同工作温度区间的热机循环联合起来，互为补充，即把高温循环热机的排热作为低温循环热机的加热，就可以大大降低总的排放热损失，进而提高整体循环效率，这种联合装置就叫作联合循环。

把燃气轮机循环与其他循环结合起来，综合考虑联合循环系统的能流安排，合理利用燃气轮机的余能，就能建立更高性能的联合循环装置。联合循环中不同循环的整合原则是：按照能量品位的高低进行梯级利用，即按

“温度对口，梯级利用”原理，总体安排好功、热（冷）与工质内能等各种能量之间的配合关系与转换使用；在系统的高度上，总体综合利用好各级能量，以获得较高的循环效率。

（4）燃气轮机全工况特性概述。在燃气轮机的实际运行中，由于种种原因经常偏离设计工况，处于非设计工况下运行，即所谓的变工况，而装置的所有可能运行工作状况（稳定工况和过渡态工况）的总和称为全工况。传统的做法是把全工况分为设计工况和变工况，但两者的前提和目标有很大差异。实际上，随着环境大气条件、外界负荷或系统本身等变动，燃气轮机总是处于非设计工况下运行。导致燃气轮机工况变化的主要因素有：装置负荷的变化，大气环境条件的变化，部件性能的变化。

4. 生物质发电

生物质作为一种重要的可再生能源，受到社会的普遍重视。我国的生物质资源储量大，种类繁多，主要包括农业、林业生产中产生的固体废物，通过循环利用过程可实现二氧化碳零排放，并产生良好的社会效益和经济效益。生物质能的利用技术主要有热转化技术和生物化学转化技术等，如图1-3所示。

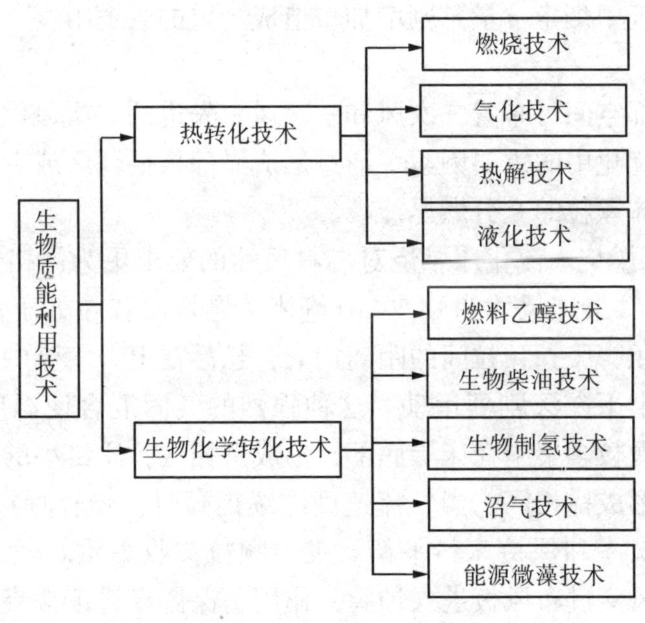

图1-3　生物质能利用技术

生物质发电的主要形式有直接燃烧发电和气化发电两种。

（1）直接燃烧发电。生物质直接燃烧发电是指将生物质在锅炉中直接燃烧，产生蒸汽带动蒸汽轮机及发电机发电的过程。其关键技术包括生物质燃料预处理、锅炉防腐、锅炉燃料适用性及燃烧效率等技术，主要采用层燃炉或流化床等设备。

1）层燃炉燃烧。炉排燃烧是最先用于固体燃料的燃烧系统。层燃炉按照炉排形式和操作方式不同，又分为固定炉排炉、旋转炉排炉、抛煤机炉、链条炉排炉、往复炉排炉及振动炉排炉等，每一种都有其特定的优缺点，适合于不同的燃料。给料机将燃料均匀分散在炉排上，燃料与炉排处于相对静止状态，炉排向前运动或振动，生物质燃料依次经历预热、干燥、热解、脱挥发分、气化、气体产物燃烧、固体焦炭燃尽等过程。烟风系统配有鼓风机和引风机，一次燃烧风从炉排底部进入不同风室，以便调整干燥、气化、焦炭燃烧等不同区域所需的空气量。燃烧时间可由炉排的移动或者振动来控制，以灰渣落入炉排下或者炉排后端的灰坑为结束。炉排的主要作用有二：一是燃料前进方向上的输送，二是从炉排下进入的一次风的分配。炉排有水冷和风冷两种冷却方式，可避免结渣并延长材料寿命，炉排对燃料的形状及密度有一定要求，既要便于运输，又要避免从炉排上漏料。层燃炉可以处理大颗粒尺寸和高水分含量（大于60%）的不均匀生物燃料，但是密度不能太小，避免烟气中烟尘含量急剧增加，造成严重的管道阻塞、碱腐蚀及大气污染。

层燃炉上部空间可布置二次风和三次风，先进的二次风供应系统是自由空间气相燃烧优化中的重要因素，通过形成局部再循环区或者旋转运动，实现挥发分和固体颗粒的充分燃尽。

2）流化床燃烧。流化床燃烧对燃料尺寸的要求更为严格，颗粒尺寸不能大于20毫米，最佳尺寸为0.5~10毫米。燃烧时颗粒处于流态化的反应过程，床层体积膨胀，颗粒间的距离加大，悬浮在上升气流中，随着气流速度提高，颗粒上下翻滚剧烈运动。这种强烈的气固混合使温度分布较为均匀，质量大的颗粒多集中在床层底部，形成密相区；质量小的颗粒被气流带到床料上部，形成稀相区。当气流速度继续提高时，较轻颗粒被带出炉膛，为了提高燃烧效率和保持床料平衡，飞出颗粒被收集重新送回炉膛参与燃烧。一次流化风穿过布风板进入炉膛，作用是保持床料正常流化和供给部分空气；二次风在布风板上部分段进入，作用是供给燃料完全燃烧所需的空气并调节床温。生物质燃料的水分含量一般较高，流化床燃烧对燃料中水分含量的要求不高，即使秸秆的水分达到50%甚至60%，进入炉膛后也能稳定燃烧。因为流化床的床层有较大的热容量，使较低温度（约850℃）下的稳定燃烧成为可能，这样有利于对污染物、结渣和腐蚀问题的控制。

流化床燃烧的缺点表现在：高速流化气体中携带固体颗粒，烟气中含尘量较高，同时固体流动速度较高，使受热面磨损严重和床料损失较多，需要额外补充床料。

3）生物质燃烧。生物质燃料普遍含有较高的水分和挥发分，其燃烧是一个包含了连续的异相和同相反应的复杂过程，主要步骤包括干燥、挥发分析出、焦炭燃烧、气化和气相燃烧等过程。燃料送入燃烧室后，在高温的作用下，首先析出水分，在约250℃时开始热分解，析出挥发分并形成焦炭，挥发分主要为氢气、一氧化碳、碳氢化合物、二氧化碳等气体和焦油等大分子化合物，以及少量含氮、硫的有害气体。气态挥发分和高温空气混合后燃烧，释放出热量，挥发分析出后的焦炭与氧气发生燃烧反应，生成一氧化碳、二氧化碳产物进入气相，又参与部分挥发分燃烧，直至焦炭燃尽。挥发分析出的燃烧属于湍流预混火焰传播，速度较快，焦炭燃烧属于异相燃烧，可能受到氧气扩散速率的影响，速度较慢。挥发分燃烧速度虽然较快，但含量较高的特点决定了燃烧持续时间较长，因此挥发分燃烧和焦炭燃烧是交织在一起的，在燃烧组织中需要考虑两个过程的匹配组合。生物质中挥发分的燃烧是各个组分燃烧过程的集合，符合气体燃料的规律，高挥发分含量对燃烧机制有重大影响。

生物质燃料挥发分含量较高，因此着火温度较低，一般在250~350℃时挥发分开始大量析出并剧烈燃烧。在设计燃烧系统时必须有充分的空气供给，避免增大燃料的化学不完全燃烧损失；同时，焦炭颗粒的燃尽时间较长，形式较为松散，需要注意送风强度，以避免烟气中大量带灰。生物质热值低，产生的烟气体积较大，炉内温度场偏低，热损失较大，高挥发分含量和低固定碳含量的特点，增大了炉内燃烧组织的难度。这些特点影响燃烧系统的设计和运行，对于燃料给料系统设计、炉膛布置以及燃烧空气的分配非常重要。部分生物质燃料的碱金属、氯和重金属含量偏高，灰熔点较低，引起受热面积灰、腐蚀和结渣等问题。

（2）气化发电。生物质气化发电是指在气化炉中不完全燃烧条件下，生物质中的碳氢化合物发生裂解、燃烧、还原等一系列反应，最终转化为一氧化碳、氢气、甲烷等气体燃料，经净化后进入燃气机中燃烧发电或进入燃料电池进行发电。其关键技术是气化炉、气体净化系统和动力电池技术。气化出来的燃气都含有一定的杂质，包括水分、灰分、焦油和焦炭等，经过净化系统把杂质除去，保证发电设备正常运行。

气化发电技术包括内燃机发电、燃气轮机发电、燃气-蒸汽联合循环发电和燃料电池发电等类别。内燃机一般由柴油机或天然气机改造而成，以适应生物质燃气热值较低的要求；燃气-蒸汽联合循环系统适合燃烧高杂质、低热值且具有规模的气体燃料，可以提高系统发电效率；燃料电池是利用燃料气与氧化剂发生反应，将化学能转变为电能和热能的设备。发电效率较高，热电联产的总热效率可达到80%甚至更高。

生物质气化有多种分类方法，使用较多的是根据气化介质和气化设备分类。

5. 垃圾发电

垃圾发电是垃圾在焚烧炉中焚烧放出的热量将水加热成过热蒸汽，过热蒸汽推动汽轮机做功，带动发电机并网发电的过程。垃圾发电技术在国外应用得较早，早在1895年，德国建成第一个固体废物焚烧发电设备，此后出现多种形式的焚烧炉，有炉排炉、循环流化床、回转窑等结构，代表着三大类焚烧技术：层状燃烧技术、流化床燃烧技术、旋转燃烧技术（也称回转窑式）。近些年开发出了利用垃圾填埋场产生沼气发电的技术。

（1）炉排炉焚烧技术。炉排炉是世界上应用广泛的炉型，适合焚烧热值较高的垃圾。经过分拣的垃圾通过进料斗送入倾斜向下的炉排，垃圾平铺在炉排上，通过炉排的移动依次经过干燥区和燃烧区。进入炉膛的垃圾在前拱的高温辐射作用下，使高水分、低热值的垃圾迅速干燥和提前着火，并建立垃圾焚烧所需要的高温区域。高温烟气在后拱的作用下，燃烧火焰和高温烟气向后冲刷，将燃烧不完全的垃圾进一步燃尽。一次风通过炉排下的风室分段均匀送入炉膛，和垃圾充分混合燃烧。该项技术引入我国后，存在燃烧效率低、产气量小、造价昂贵、维修费用高、烟气处理系统复杂、运行费用高等问题。

（2）流化床燃烧技术。流化床燃烧技术是清洁燃烧技术的发展方向之一，适用燃料范围广，燃烧强度高，炉膛内的固体颗粒在布风板上剧烈翻滚，使垃圾和空气混合均匀。流化床焚烧技术的特点如下：

1）燃烧稳定，对燃料适应性强，适用于低热值燃料。

2）掺煤燃烧，利用煤中的特殊元素控制有害气体的产生，污染物排放量低。

3）热强度高，负荷调节范围宽，锅炉体积小，投资少。

4）燃烧效率高。

（3）垃圾填埋气发电技术。在我国，70%以上的城市生活垃圾集中收集后，运送到垃圾填埋场进行填埋处理。垃圾填埋场堆体中有机垃圾发酵产生的主要成分是甲烷、二氧化碳、硫化氢等有害气体，加剧了地球温室效应，易引起自燃和爆炸事故。垃圾填埋气发电技术是指将填埋垃圾发酵产生的沼气，应用先进技术收集、净化处理和加压后作为燃料来发电，既达到固体废物循环利用、环境净化的目的，还能消除垃圾场对周围生态环境产生的恶臭。

该技术需要在垃圾填埋场打若干集气井，铺设集气管汇集沼气用过滤栅将其中的大颗粒去除，然后进入脱硫净化系统，将气体中硫化氢含量降低到50毫克/千克甚至更低，脱硫净化后的气体通过预处理装置的粗过滤，将气体中最大粉尘粒径减小到30微米甚至更小，再经过气液分离器和精过滤，最后得到最大粉尘粒径小于3微米，含水率较低的沼气进入燃气轮机或燃气内燃机做功，并网发电输送给用户。

但是，垃圾填埋是一个以微生物为中介体、受多种因素影响的动态生物转化过程，垃圾特性、垃圾堆体中的水分、温度、pH值、场地特性都会影响产气量。

1.1.2　火电工程建设程序

根据容量的大小，可将火电厂分为大型火电厂、中型火电厂和小型火电厂。但是，这里所说的大、中、小是一种相对的提法，如20世纪70年代认为是大型的火电厂，在90年代则被认为是中型甚至是小型火电厂。按工质初参数的高低，可将火电厂分为低压、中压、高压、超高压、亚临界、超临界、超超临界压力等几种火电厂；按燃料的不同，可分为燃煤、燃油和燃气等几类火电厂；按照原动机的不同，可分为汽轮机组发电厂、燃气轮机发电厂、汽轮机-燃气轮机发电厂等；按照主厂房的建造和结构特点，可分为封闭式火电厂、半露天火电厂和露天火电厂；按照其功用的不同，可分为凝汽式发电厂和热电厂，前者安装凝汽式机组，后者安装供热机组（也称为热化机组）。

火电厂的种类虽然很多，但从能量转换的观点分析，其基本过程则都是相同的，即燃料的化学能→热能→机械能→电能。

火电厂建设是一项涉及面广、周期较长、技术含量高的多环节工程，必须遵循建设工程的规律要求，有步骤、有计划地进行才能保证工程质量优良，施工安全可靠、投资省、速度快，创造出更好的经济效益。

火电工程按照项目的建设程序分为以下步骤：初步可行性研究、提出项目建议、可行性研究、环境影响评价、项目申报审查核准、初步设计、施工图的设计、工程施工准备、组织工程施工与生产准备、竣工验收及试生产等。

建设项目按照设计要求建成后，要通过168小时满负荷试运行，并完成各项机组性能考核试验后，必须按启动验收和竣工验收的规范要求及时组织工程竣工验收。在工程竣工验收前应先进行环保验收、消防验收、电网入网安全性评价工作。

1.2 火电工艺

1.2.1 火电工作原理与燃料成分

火力发电工作原理是指利用煤、石油、天然气、生物质、垃圾等燃料燃烧时产生的热能，或直接推动燃气轮机做功，或通过热交换使水变成高温高压的过热蒸汽，过热蒸汽推动汽轮机旋转做功，然后由汽（燃气）轮机带动发电机完成发电的过程。

(1) 燃料的组成。固体燃料和液体燃料的成分相同，都是碳（C）、氢（H）、氧（O）、氮（N）、硫（S）、水分（M）、灰分（A），其中碳、硫、氢为可燃元素，液体燃料的碳、氢含量较高。

气体燃料有天然气和人造气两类，天然气主要含有甲烷（CH_4），体积分数大于90%，还有少量乙烷、丙烷、丁烷和其他杂质气体，如硫化氢和水，硫化氢有毒且有很强的腐蚀性，对钢材起氢脆作用。水在一定条件下和烃类生成水合物，在低温时堵塞管道。人造气主要成分是一氧化碳、氢气、甲烷等，根据来源不同分为气化炉煤气、焦炉煤气、高炉煤气和转炉煤气、液化石油气、油制气、沼气等。

燃料主要成分的作用是：碳是燃料中基本可燃元素；氢是燃料中热值最高元素；氧是燃料中反应能力最强的元素，燃烧时能与氢化合成水，降低燃料的热值，氧在煤中主要以羧基、羟基、甲氧基、羰基和醚基形态存在，有些氧与碳骨架结合成杂环；氮是燃料中的惰性和有害元素，燃烧时氮易转化成氮氧化物，污染环境，燃料中的氮绝大部分是有机氮；氧和氮都不能燃烧放热。硫是可燃物质，属于有害成分，燃烧生成的二氧化硫和少量的三氧化硫，是形成酸雨的主要物质。硫在煤中以三种形式存在：①有机硫，与碳、氢等结合成复杂化合物。②黄铁矿硫，如二硫化亚铁（FeS_2）等。③硫酸盐硫，如硫酸钙（$CaSO_4$）、硫酸钠（Na_2SO_4）等。其中，有机硫和黄铁矿硫参加燃烧，硫酸盐硫进入灰分。水分（M）是燃料中不可燃成分，水分含量增加，影响燃料的着火和燃烧速度，增大烟气量，增加排烟热损失，加剧尾部受热面的腐蚀和堵灰。石油中若含有少量水分，会与油均匀混合呈乳状液，雾化后的油滴中水分先受热蒸发膨胀，产生所谓的“微爆”效应，油滴形成二次破碎雾化，改善了燃烧条件，提高燃烧火焰温度，可以降低不完全燃烧热损失。灰分（A）的成分复杂，煤的灰分是燃烧后剩余的固体残余物，灰分降低了煤的品质，给燃烧造成了困难，可能使锅炉积灰、结渣，并磨损金属受热面。石油中的灰分是矿物杂质在燃烧过程中经过高温分解和氧化作用后形成的固体残余物（硫酸钠、五氧化二钒、硫酸镁、硫酸钙等），该灰分具有很强的黏结性，燃油锅炉受热面上的积灰不易清除，含量很少的灰分会对长期运行的锅炉产生很大的影响。

气体燃料均由一些单一气体混合组成，包括可燃物质和不可燃物质，主要的可燃成分有甲烷（CH_4）、乙烷（C_2H_6）、氢气（H_2）、一氧化碳（CO）、乙烯（C_2H_4）、硫化氢（H_2S）等，不可燃成分主要有二氧化碳（CO_2）、氮气（N_2）和少量的氧气（O_2）。

（2）燃料成分基准及换算。根据燃料存在的条件或根据需要而规定的“成分组合”称为基准。如果所用的基准不同，同一种煤的同一成分的百分含量结果便不一样。常用的基准有4种：

1）收到基（as-received basis）。以收到状态的燃料为基准，计算燃料中全部成分的组合称为收到基。收到基以下角标ar表示：

$$C_{ar}+H_{ar}+O_{ar}+N_{ar}+S_{ar}+A_{ar}+M_{ar}=100\%$$

2）空气干燥基（air-dried basis）。以与空气湿度达到平衡状态的燃料为基准。制备煤样时，若在室温下连续干燥1小时，煤样质量变化不超过0.1%，则认为达到空气干燥状态。实验室的温度和湿度应保持稳定，温度为15~30℃，相对湿度在85%以下。空气干燥基以下角标ad表示：

$$C_{ad}+H_{ad}+O_{ad}+N_{ad}+S_{ad}+A_{ad}+M_{ad}=100\%$$

3）干燥基（dry basis）。以假想无水状态的燃料为基准。干燥基中因无水分，故灰分不受水分变动的影响，灰分含量百分数相对比较稳定，以下角标d表示：

$$C_d+H_d+O_d+N_d+S_d+A_d=100\%$$

4）干燥无灰基（dry and ash-free basis）。以假想无水、无灰状态的煤为基准，以下角标daf表示：

$$C_{daf}+H_{daf}+O_{daf}+N_{daf}+S_{daf}=100\%$$

干燥无灰基因无水、无灰，故剩下的成分便不受水分和灰分的影响，是表示碳、氢、氧、氮、硫成分百分数最稳定的基准，可作为燃料分类的依据。

各种基准数据之间可以互换，换算公式为

$$X=K \cdot X_0 \tag{1-8}$$

式中，X_0 为按原基准计算的某一成分的质量百分数；X 为按新基准计算的同一成分的质量百分数；K 为换算系数，按表 1-3 选取。

表 1-3　不同基准的换算系数

X_0 \ K \ X	收到基	空气干燥基	干燥基	干燥无灰基
收到基	1	$\frac{100-M_{ad}}{100-M_{ar}}$	$\frac{100}{100-M_{ar}}$	$\frac{100}{100-M_{ar}-A_{ar}}$
空气干燥基	$\frac{100-M_{ar}}{100-M_{ad}}$	1	$\frac{100}{100-M_{ad}}$	$\frac{100}{100-M_{ad}-A_{ad}}$
干燥基	$\frac{100-M_{ar}}{100}$	$\frac{100-M_{ad}}{100}$	1	$\frac{100}{100-A_d}$
干燥无灰基	$\frac{100-M_{ar}-A_{ar}}{100}$	$\frac{100-M_{ad}-A_{ad}}{100}$	$\frac{100-A_d}{100}$	1

（3）燃料燃烧所需理论空气量计算公式：

1）固体或液体。1 千克固体或液体燃料完全燃烧并且燃烧产物中无自由氧存在时，所需要的空气量（指干空气）称为理论空气量或化学计量空气量。并以标准状态下 V_0（m^3/kg）或 L_0（kg/kg）表示：

$$V_0=0.0889C_{ar}+0.265H_{ar}+0.0333S_{ar}-0.0333O_{ar} \tag{1-9}$$

式中，V_0 为理论空气量，（m^3/kg）；C_{ar}、H_{ar}、S_{ar}、O_{ar}为收到基质量分数。

2）气体燃料：

$$V_0=0.0476\times\left[0.5H_2+0.5CO+\sum\left(m+\frac{n}{4}\right)C_mH_n+1.5H_2S-O_2\right]$$

式中，V_0（干空气/干燃气）为理论空气量，m^3/m^3；

H_2、CO、C_mH_n、H_2S、O_2 为燃气中各种可燃组分的体积百分数,%。

1.2.2　火电厂生产工艺流程

燃煤火电厂采用火车或汽车运输原煤到卸煤沟，卸下的煤用输煤皮带运到储煤场堆放，储煤场的煤经过堆取料机、输煤系统运送到锅炉原煤仓，原煤经过给煤机、中速磨等制粉系统碾磨成煤粉，在一次风的携带下经过燃烧器进入炉膛内燃烧。锅炉是将燃料的化学能转变为热能的装置，一次风携带煤粉进行燃烧，二次风供给燃烧充足的空气，燃料放出的热量被水冷壁、过热器、再热器、省煤器、空预器等受热面吸收后转变成高温、高压的过热蒸汽，进入汽轮机驱动转子旋转做功，本过程将热能转变为机械能。排放的废烟气经过脱硝系统、除尘系统、脱硫系统净化处理后，从烟囱排入大气，除尘系统收集的飞灰和脱硫系统的产物石膏运送到工厂进行综合利用。汽轮机通过联轴器连接同步发电机，将机械能转变为电能。发电机出线分两路，一路经过厂用变压器供电厂设备使用，一路经过升压变压器输送到电力网供用户使用。高温高压蒸汽在汽轮机内做功后，排入凝汽器凝结成水收集在热井中，用凝结水泵加压后经过低压回热加热器进入除氧器脱除水中的氧气，再用给水泵加压后经过高压加热器进入锅炉侧省煤器联箱，最后在锅炉内吸热转变成高温高压蒸汽，工质完成闭式循环。火电厂做功蒸汽用水在化学车间去除杂质后变成高纯去离子水，多数补充到凝汽器热井中，有些系统设计补充到除氧器中。凝汽器的冷却水进入冷却塔喷淋冷却后，经过循环水泵输送到凝汽器构成闭式循环。火电厂生产工艺流程如图 1-4 所示。

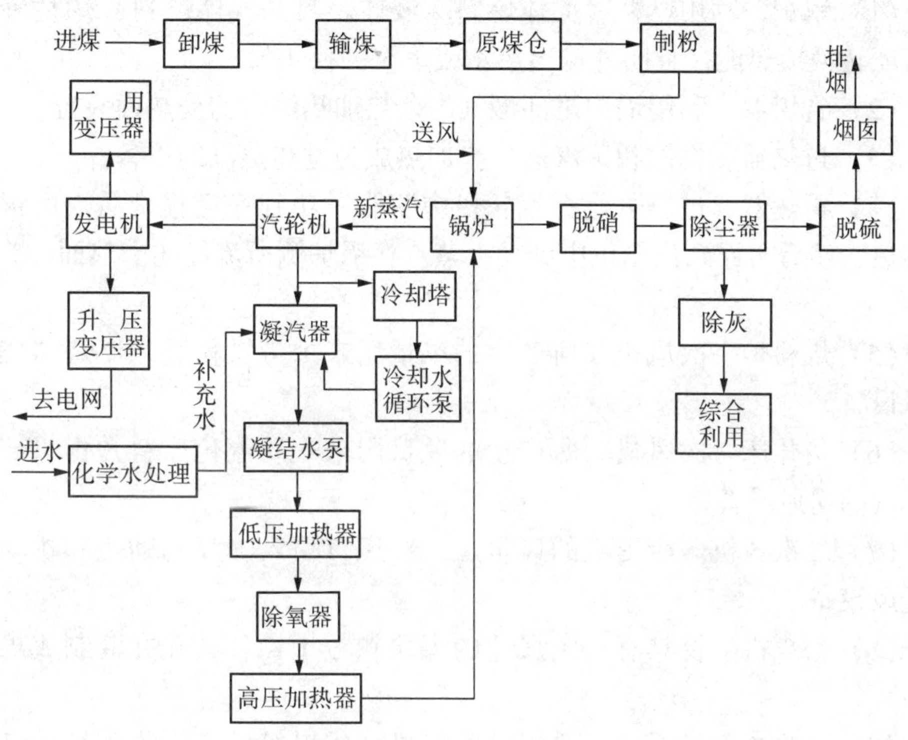

图 1-4　火电厂生产工艺流程

火力发电的主要问题是提高热效率，降低排放废物对大气、土壤和水资源的环境污染，办法是提高过热蒸汽的温度和压力，采用各种脱硫、脱硝和除尘措施。世界上最先进的超超临界机组的热效率达到 40%左右，大型超超临界供热机组的热效率能达到 60%以上。

电能的利用包括输电、变电、配电和用电等过程，形成复杂的电力网。电力系统由发电厂、电力网和电力负荷三部分组成。近些年，我国电力工业发展迅速，已建成多个以300兆瓦和600兆瓦大型机组包括1000兆瓦为主力的现代发电厂，形成以500千伏超高压输电线路为主的跨省大型电力系统，全国性的大电力系统已经形成，在技术上和经济上有很大的优越性。

1.3 火电设备

1.3.1 火电设备定义

火电设备从锅炉系统、汽轮机系统、发电机及配电系统、化学水处理系统、公用系统等方面进行分类定义。

1. 锅炉系统

（1）锅炉。利用燃料（固体燃料、液体燃料和气体燃料）燃烧释放的化学能转换成热能，且向外输出热水或蒸汽的换热设备。

（2）省煤器。利用锅炉尾部烟气的余热加热给水的受热面装置。

（3）过热器。将饱和蒸汽进一步加热成为过热蒸汽的设备。

（4）再热器。过热蒸汽在汽轮机中膨胀做功到一定程度后返回锅炉进行加热，然后再回到汽轮机中做功。蒸汽在锅炉侧所流经的受热面称为再热器。

（5）煤粉炉一次风机。所产生的风量用来携带煤粉进入燃烧器燃烧的送风设备。

（6）流化床一次风机。所产生的风量用来吹动流化床料并提供部分燃烧空气的送风设备。

（7）二次风机。所提供的风量从二次风口喷入炉膛起助燃和扰动作用的送风设备。

（8）磨煤机。将具有一定尺寸的煤块颗粒干燥、破碎并磨制成煤粉的设备。

（9）直吹式制粉系统。原煤经磨煤机磨成煤粉后直接吹入炉膛燃烧的系统。

（10）中间储仓式制粉系统。是将磨好的煤粉先储存在煤粉仓中，然后根据锅炉运行负荷的需要，经给粉机送入炉膛燃烧的系统。

（11）给煤机。能够按照要求负荷输送原煤的设备。

（12）燃烧器。使燃料和空气进入炉膛时能充分混合、及时着火和稳定燃烧的设备。

2. 汽轮机系统

(1) 汽轮机。一种将蒸汽的热能转换成机械能的旋转式动力机械。

(2) 数字电液调节系统。汽轮机控制系统中以计算机为基础的数字式电气液压控制系统。

(3) 汽轮机润滑油系统。给汽轮发电机组轴承提供润滑、密封，甚至提供汽轮机调节、保安等任务的供油系统。

(4) 除氧器。汽轮机回热系统中一种能够提高给水温度并且除去给水中的溶氧和其他气体的混合加热器。

(5) 低压加热器。连接在凝结水泵和给水泵之间，压力一般不大于4.5兆帕，利用汽轮机抽汽加热给水的热交换器。

(6) 高压加热器。连接在给水泵和锅炉省煤器之间，压力一般不大于30.5兆帕，利用汽轮机抽汽加热给水的热交换器。

(7) 凝汽器。能够建立并维持真空将蒸汽从气态变为液态回收凝结水的热交换设备。

(8) 给水系统。将除氧器水箱中的主给水通过给水泵提高压力，经过高压加热器进一步加热之后，输送到锅炉的省煤器入口，作为锅炉的给水的管路系统。

3. 发电机及配电系统

(1) 同步发电机。利用电磁感应原理将机械能转换成电能的设备。同步发电机由转子和定子组成。定子包括定子铁芯、定子绕组、机座、端盖、轴承等；转子主要由转子本体、励磁绕组（绕组线圈）、护环、风扇等组成。

(2) 定子铁芯。构成发电机磁路和固定定子绕组的重要部件。同步发电机有三种绕组，即定子绕组、转子绕组和阻尼绕组。

(3) 定子绕组。这种缠绕在铁芯上面，为了切割磁力线感应电动势的线圈称为定子绕组。

(4) 机座。承受转子的重量及运行时的电磁力矩和短路力矩的设备。发电机的定子固定在机座上，机座的强度还要考虑加工、运输和吊装需要。

(5) 端盖。保护定子绕组的端部，且担任转子两端风扇的导流并使发电机两端密封，构成一个密闭循环通风系统的设备。

(6) 转子。产生一个旋转磁场，通过电磁感应原理将旋转动能转变为定子绕组中电能的设备。

（7）转子绕组。缠绕在转子本体上，为了建立旋转磁场的同心式线圈称为转子绕组。

（8）电力变压器。利用电磁感应原理，把交流电从一种电压等级变换成同频率的另一种电压等级的设备。

（9）电力网。由发电厂、变电所、输配电线路和用户组成的网络。

（10）断路器。一种安装在输电线路上、在正常及故障情况下能断开负荷电流和短路电流的开关设备。

（11）互感器。将电力系统一次设备的高电压和大电流变成易于测量和控制保护的低电压和小电流的变换设备。

4. 化学水处理系统

（1）过滤器。一般是钢制的圆柱形密闭容器，内部设有进水装置、填料、出水装置，一定压力来水从进水装置进入容器，通过滤料处理后从出水装置流出的装置。

（2）反渗透装置。利用一种膜［孔径一般不大于 10 埃米（10×10^{-10} 米）］，能够阻挡所有溶解性盐及相对分子质量大于 100 的有机物，如细菌、病毒、热原等，但允许水分子透过。

（3）离子交换装置。离子交换剂是一类能发生离子交换的物质，其中有机离子交换剂又称为离子交换树脂，能将本身所具有的某种与水中同符号电荷的离子发生相互交换。

1.3.2 火电设备分类管理

随着电厂管理的不断精细化和自动控制的需要，火电设备分类管理是整个发电生产过程安全、经济、可靠的重要环节。对系统和设备进行分类的主要方法有线分类法和面分类法。线分类法是将分类对象按选定的若干属性（或特征）逐次分成若干层级，每个层级又分成若干类目。同层类目之间构成并列关系，同一分支的不同层级类目之间构成隶属关系。面分类法是将分类对象按选定的若干属性（或特性）分成彼此互不依赖、互不相干的若干面，每个面中又可分成许多彼此独立的若干类目。

从能量转换的角度看，火电厂生产过程即燃料在锅炉中燃烧，燃料的化学能转变为蒸汽的热能；在汽轮机中，蒸汽的热能转变为转子旋转的机械能；在发电机中机械能转变为电能。与三大主机相关的设备称为该主机的辅助设备或辅机。按线分类法，将火电设备分成 9 个系统：①锅炉系统，②汽机系统，③电气系统，④热工自动控制系统，⑤化学水处理系统，⑥燃料系统，⑦烟气环保处理系统，⑧土建系统，⑨公用系统。每个系统下面分若干分系统和设备，具体分类如下：

例如锅炉系统，该系统由锅炉本体和锅炉辅助系统两大部分组成。

锅炉本体包括水冷壁、过热器、再热器、省煤器、汽包、燃烧器、构架和炉墙等主要部件，构成生产蒸汽的核心部分。水冷壁按结构形式分光管式和膜式内螺纹管式；过热器按蒸汽流程分顶棚过热器、包墙或分隔墙过热器、低温过热器、屏式过热器及高温过热器；省煤器分光管式、鳍片管式、膜式和旋转肋片管式等几种。燃烧器分直流燃烧器和旋流燃烧器；空气预热器分管箱式和回转式，回转式又分为风罩回转式和受热面回转式两种。

锅炉辅助设备包括烟风系统、制粉系统、输灰除渣系统、脱硫脱硝系统、除尘系统等。

再如烟气环保系统，包括脱硫系统、脱硝系统、除尘系统、输灰除渣系统等。

烟气脱硫系统按吸收剂和脱硫产物在脱硫过程中的干湿状态可分为干法脱硫、湿法脱硫和半干法脱硫，系统组成包括石灰石储运系统、石灰石浆液制备及供给系统、烟气系统、二氧化硫吸收系统、石膏脱水系统、石膏储运系统、浆液排放系统、工艺水系统、压缩空气系统、废水处理系统、氧化空气系统、自动电控制系统。

烟气脱硝系统包括氨（尿素）区工艺系统、计量分配系统、氨气/空气混合系统、喷射系统、脱硝反应器等。

除尘器按工作原理分为静电除尘器、布袋除尘器、电袋复合除尘器、水膜除尘器、湿式静电除尘器等。除尘系统包括除尘器本体系统和辅助系统，除尘器本体包括收尘极系统、放电极系统、布袋、除尘骨架、烟箱系统、气流均布装置、振打系统、壳体、平台等。

输灰系统包括空压机、仓泵、气（水）力输灰管、水泵、灰库、散装机、气化风机等；除渣系统包括风冷（水冷）式排渣机、碎渣机、渣库、湿式（干式）卸料机等。

1.4 火电行业政策

1.4.1 火电行业结构调整政策

截至 2015 年底，全国发电装机容量达到 15.3 亿千瓦，其中，火电装机容量占总装机容量的比重为 65.9%，常规水电占 20.9%，风电占 8.6%，核电占 1.8%，其他（主要为太阳能发电）占 2.8%。根据社会发展要求，“十三五”能源规划将构建安全、清洁、高效、可持续的现代能源战略体系，坚持“节约、清洁、安全”的发展方针，落实“节能优先、立足国内、绿色低碳、创新驱动”四大战略。火电行业面临重大的结构调整，将涉及众多的设备制造商、发电集团、电网公司、环保集团等企业，未来的发展规划将做出相应调整，具体政策调整如下。

1. 促进煤电联营

国家发展和改革委员会印发了《关于发展煤电联营的指导意见》（发改能源〔2016〕857号）。该指导意见指出，截至2014年底，煤炭企业参股控股燃煤电站达1.4亿千瓦，发电集团参股控股煤矿年产能突破了3亿吨。随着我国经济社会发展进入新的阶段，煤、电行业内外环境发生深刻变化，相比国内煤、电产业规模，目前煤电联营规模仍然较小，资源配置效率亟待提升，相关支持政策有待进一步完善。发展煤电联营应遵循“市场为主、企业自愿，统筹规划、流向合理，调整存量、严控增量，互惠互利、风险共担，联营合作、专业经营”的基本原则，针对不同重点方向选择最合适的模式：一是大型煤电基地坑口电站优先采用煤电一体化模式；二是低热值煤等资源综合利用电厂适合煤电一体化模式；三是不具备一体化条件的，鼓励采取大比例交叉持股模式。

2. 优化火电能源结构

优化能源结构，加大油气开发力度和大幅提高可再生能源比重，降低煤炭消费总量，适度发展现代煤化工，大力发展水电、核电、风电、太阳能、地热能等新能源，推进能源技术和体制创新。“十三五”期间稳步开发鄂尔多斯、锡盟、晋北、陕北、宁东、哈密、准东共九大煤电基地，东部地区在新建项目的审批上，施行“以煤定电”“上大压小”政策，只能选择大容量、高能效、低排放机组。加快发展生物质能、地热能，积极开发沿海潮汐能资源。做好煤炭清洁高效利用，使火电排放标准达到天然气发电排放标准，对燃煤机组全面实施超低排放和节能改造，使所有现役电厂每千瓦时平均煤耗低于310克，新建电厂平均煤耗低于300克，鼓励用背压式热电机组解决供暖，优先发展高效热电联产机组，发展热电冷多联供。加快推进700℃超超临界燃煤发电、第四代核电、海上风电、光热发电、大规模储能、地热能利用等技术研发应用。鼓励采用清洁高效、大容量超超临界燃煤机组。

《国家应对气候变化规划（2014—2020年）》指出，到2020年天然气消费量在一次能源消费中的比重达到10%以上，利用量达到3600亿立方米。

优先建设生物质多联产项目，加快发展沼气发电，推动城市垃圾焚烧和填埋气发电，加快生物质液体燃料产业化进程，积极发展生物质供气，2020年全国生物质能发电装机容量达到3000万千瓦。开展整体煤炭气化燃气-蒸汽联合循环发电和燃煤电厂碳捕集、利用和封存示范工程建设。

3. 可再生能源补贴将设总额限制

“十三五”期间，将大幅度提高可再生能源比重，到2020年，风电和光伏发电装机分别达到2亿千瓦和1亿千瓦以上，风电价格将与煤电上网电价相当，光伏发电与电网销售电价相当，相当于风电从目前0.6元/千瓦时降到0.4元/千瓦时，太阳能从0.9元/千瓦时降到0.6~0.7元/千瓦时。

4. 环境污染治理

“十三五”期间，完成35蒸吨及以上燃煤锅炉脱硫脱硝除尘改造、水泥行业脱硝改造，大型发电集团单位供电二氧化碳排放水平控制在每千瓦时650克以下，推广高效节能工艺及余能余热利用技术。开展全国危险废物普查，加强含铬、铅、汞、镉、砷等重金属类重金属废物以及生活垃圾焚烧飞灰、抗生素菌渣、高度持久性废物等的综合治理，建设危险废物处置设施。大力发展循环经济，从源头和全过程控制温室气体产生和排放，健全资源循环利用回收体系。

1.4.2　污染防治技术政策

1. 从技术路线的角度去防治

目的是使得燃煤电站氮氧化物的排放大幅减少。技术手段可采用污染控制、燃烧控制、烟气脱硝等同燃料相结合的综合防治措施。

2. 从低氮燃烧的角度去防治

从燃煤电站的工艺设计、设备选型等角度，考虑高效的低氮燃烧技术和装置，从而在根源上减少氮氧化物的产生、排放。

3. 从烟气脱硝的角度去防治

(1) 对新建、改建、扩建的燃煤电站设置脱硝设施。

(2) 针对不同的机组、煤种，分别选择：①选择性催化还原技术；②选择性非催化还原技术；③选择性非催化还原技术与选择性催化还原联合技术；④其他烟气脱硝技术。

4. 从新技术开发的角度去防治

(1) 开发烟气脱硝技术、脱硫脱硝协同控制技术以及氮氧化物资源化利用技术的发明专利和实用新型专利。

(2) 开发低成本高性能催化剂原料，开发新型催化剂和失效催化剂的再生与安全处置技术的实用新型专利。

（3）开发在线连续监测装置的发明专利。

5. 从运行管理的角度去防治

（1）采用低氮燃烧技术，发挥低氮燃烧装置的功能。

（2）烟气脱硝设施设置专人管理、维护，并定期培训管理、维护人员。

（3）燃煤电厂应按照《固定污染源烟气排放连续监测技术规范（试行）》（HJ/T 75—2007）装配氮氧化物在线连续监测装置，采取必要的质量保证措施，确保监测数据的完整和准确。

6. 从监督管理的角度去防治

燃煤电站监督管理主管部门不得随意停运烟气脱硝装置。各级环境保护单位加强对燃煤电站的脱硝设施定期检查、监督。

思考题

1. 简述常规火电工作原理和分类方法。
2. 简述燃气轮机主要部件及热力循环的概念。
3. 简述生物质发电主要形式的区别，生物质气化工艺分类和工作原理。
4. 简述垃圾发电主要的工艺方式和污染防治措施。
5. 简述火电厂生产工艺流程。

第 2 章　火电厂污染与控制

火电厂生产电能的全过程中，各种排放物对环境的影响超过一定限度而造成环境质量的劣化。这些排放物包括燃料燃烧过程排出的尘粒、灰渣、烟气，电厂各类设备运行中排出的废水、废液，以及电厂运行时发出的噪声。

2.1　火电厂污染概述

2.1.1　火电厂污染物种类

火电厂污染物分为固体、液体和气体以及噪声，主要有以下 6 种。

1. 粉尘

粉尘包括降尘和飘尘，主要是燃煤电厂排放的尘粒。我国火电厂年排放粉尘约 600 万吨。尘粒不仅本身污染环境，还会与二氧化硫、氮氧化物等有害气体结合，加剧对环境的损害，其中尤以 10 微米以下飘尘对人体更为有害，一般燃煤电厂的飞灰尘粒中，小于 10 微米的占 20%~40%。

2. 二氧化硫

煤中的可燃性硫经在锅炉中高温燃烧，大部分氧化为二氧化硫，其中只有 0.5%~5%再氧化为三氧化硫。在大气中二氧化硫氧化成三氧化硫的速度非常缓慢，但在相对湿度较大、有颗粒物存在时，可发生催化氧化反应。此外，在太阳光紫外线照射并有氧化氮存在时，可发生光化学反应而生成三氧化硫和硫酸酸雾，这些气体对人体和动、植物均非常有害。大气中二氧化硫是造成酸雨的主要物质。

3. 氮氧化物

火电厂排放的氮氧化物中主要是一氧化氮，占氮氧化物总浓度的 90%以上。一氧化氮生成速度随燃烧温度升高而增大，它的含量百分比还取决于燃料种类和氮化物的含量。一氧化氮毒性不大，但在大气中可氧化生成二氧化氮，其毒性是一氧化氮的四五倍。二氧化氮刺激呼吸器官，能深入肺泡，对肺有明显损害。一氧化氮则会引起高铁血红蛋白症，并损害中枢神经。

4. 废水

火电厂的废水主要有冲灰水、除尘水、工业污水、生活污水、酸碱废液、热排水等。酸碱废液主要来自锅炉给水系统，不同的锅炉给水处理系统排出的酸碱废液量不同。热水排入水域后超过水生生物承受的限度，则会造成热污染，对水生生物的繁殖、生长均会产生影响。

5. 粉煤灰渣

粉煤灰渣是煤燃烧后排出的固体废弃物。其主要成分是二氧化硅、三氧化二铝、氧化铁、氧化钙、氧化镁及部分微量元素。

6. 噪声

火电厂的噪声主要有锅炉排汽的高频噪声、设备运转时的空气动力噪声、机械振动噪声以及电工设备的低频电磁噪声等。其中以锅炉排汽噪声对环境影响最大。排汽噪声最大可达 130 分贝。

2.1.2 污染物产生环节

火电厂对环境的污染主要是大气污染、水污染、固体废物污染及噪声污染，这些污染物的产生与火电厂汽水系统、燃烧系统、电气系统运行关系极大。

1. 汽水系统

为了进一步提高其热效率，一般都从汽轮机的某些中间级后抽出做过功的部分蒸汽，用于加热给水。在现代大型机组中都采用这种给水回热循环。此外，在超高压机组中还采用再热循环，即把做过一段功的蒸汽从汽轮机的某一中间级全部抽出，送到锅炉的再热器中加热，再引入汽轮机的以后几级中继续膨胀做功。在膨胀过程中蒸汽压力和温度不断降低，最后排入凝汽器并被冷却水冷却，凝结成水。凝结水集中在凝汽器下部由凝结水泵打至低压加热器和除氧器，经加温和脱氧后由给水泵将其打入高压加热器加热，最后打入锅炉。

汽水系统中的蒸汽和凝结水，由于经过许多管道、阀门和设备，难免产生泄漏等各种汽水损失，因此必须不断向系统补充经过化学处理的补给水，这些补给水一般都补入除氧器或凝汽器中。

2. 燃烧系统

燃烧系统由锅炉的输煤部分、燃烧部分和除灰部分组成。

锅炉的燃料——煤，由皮带机输送到煤仓间的原煤仓内，经过给煤机进入磨煤机磨成煤粉，然后和经过空气预热器预热过的空气一起喷入炉内燃烧。烟气经除尘器除尘后由引风机抽出，最后经烟囱排入大气。

锅炉排出的炉渣经碎渣机破碎后连同除尘器下部的细灰一起由灰渣（浆）泵经灰管打至贮灰场。

3. 电气系统

发电厂的电气系统，包括发电机、励磁装置、厂用电系统和升压变电所等。发电机发出的电能，其中一小部分（占发电机容量的4%~8%），由厂用变压器降低电压供给水泵、送风机、磨煤机等各种辅机和电厂照明等设备用电，称为厂用电（或自用电）。其余大部分电能，由主变压器升压后，经高压配电装置、输电线路送入电网。

发电厂的整个生产系统除上述基本系统以外，还有供水系统、化学水处理系统、输煤系统和热工自动化等各种辅助系统和设施。

4. 产生污染物的环节

火力发电厂主要产生污染物的环节如下：燃烧过程、水处理过程、燃煤存储、燃油存储及装卸过程、汽轮机发电过程、灰渣储存过程、燃煤运输过程、灰渣运输过程。

（1）燃烧过程。由于煤中含有其他物质，在锅炉中产生大量的炉渣和废气，炉渣输送到灰渣厂集中存放，产生的烟气通过脱硝、除尘、脱硫后经烟囱排放。利用化石燃料能量的主要方式就是燃烧。燃烧化石燃料会产生很多污染物，主要有粉尘、二氧化硫、氮氧化物等。

1）粉尘。粉尘主要存在于燃烧化石燃料后产生的烟气中，由于其相对密度较小，因而可随着高温烟气流动，如果直接排放到大气环境中，将对周边环境产生很大的危害。

2）二氧化硫。由于煤、重油等化石燃料中还有硫元素，在燃烧时这部分硫会被氧化生成二氧化硫，二氧化硫是主要的酸雨源，直接排放会使周边的土地酸化，从而降低农作物的产量和腐蚀周边建筑物。

3）氮氧化物。氮氧化物的产生主要有两个来源，一是化石燃料中的氮被氧化，二是空气中的氮气在高温下和氧气、碳氢化合物反应而生成。

氮氧化物是锅炉排放气体中的有害物之一。在燃烧过程中，氮氧化物生成的途径有三条：

A. 热力型氮氧化物。是空气中氮在高温（1400℃以上）下氧化产生的。

B. 快速型氮氧化物。由于燃料挥发物中碳氢化合物高温分解生成的碳氢自由基和空气中氮气反应生成氰化氢和氮，再进一步与氧气作用以极快的速度生成氮氧化物。

C. 燃料型氮氧化物。燃料中含氮化合物在燃烧中氧化生成的氮氧化物，称为燃料型氮氧化物。

(2) 水处理过程。火电厂是用水大户，产生的废水经处理后回用，排放量很少。但是，在废水处理过程中产生一些污泥，其中含煤废水处理产生的污泥，可以作为原料综合利用，其他的为一般工业固体废物。

(3) 燃煤存储、运输过程。在风力作用下煤中细微颗粒进入大气污染大气环境；在煤场周围飘尘的沉降，影响周围植被生长和污染土壤。

(4) 灰渣储存、运输过程。在储存时需要占用一定量的土地，破坏了该土地上的植被，造成生态损坏；灰渣粒径较小，在风力作用下形成扬尘进入大气，污染大气环境，影响大气环境质量；灰渣周围飘尘的沉降，影响周围植被生长和污染土壤。

2.2 影响污染物产生的因素

2.2.1 煤质

煤炭是自然界不可再生的资源。煤的种类繁多，由于成煤年代、成煤原始物质、还原程度、成因类型上的差异以及各种变质作用的并存，致使煤炭品种多样化。碳和氢是煤炭燃烧过程中产生热量的重要元素，氧是助燃元素，三者构成了有机质的主体。

煤炭燃烧时，氮不产生热量，常以游离状态析出，但在高温条件下，一部分氮转变成氨及其他含氮化合物。煤中有机质是复杂的高分子有机化合物，主要由碳、氢、氧、氮、硫和磷等元素组成，而碳、氢、氧三者总和约占有机质的95%甚至更多；煤中的无机质也含有少量的碳、氢、氧、硫等元素。碳是煤中最重要的组分，其含量随煤化程度的加深而增高。泥炭中碳含量为50%~60%，褐煤中碳含量为60%~70%，烟煤中碳含量为74%~92%，无烟煤中碳含量为90%~98%。

煤炭的种类和性质对电厂锅炉燃烧设备的结构、选型、受热面的布置以及运行的经济性和可靠性都有很大影响。因此，大中型的电厂锅炉都是根据一定的煤种计算设计的。对电厂锅炉热力工作影响大的指标主要有：干燥无灰基挥发分、收到基灰分、收到基水分、干燥基全硫、收到基低位发热量及灰熔融性。

1. 挥发分

不同的电厂锅炉对挥发分都有具体的要求，设计使用低挥发分煤炭的锅炉，燃用高挥发分的煤炭，其安全性和经济性将受到较大影响。因此，电厂的煤炭要按设计的挥发分要求选择和供应。从炉型情况分析，层燃炉、室燃炉炉型对煤炭的挥发分要求更为严格；旋风炉、沸腾炉和循环流化床锅炉对煤种要求较为宽松，可选用煤炭的挥发分区间较大，煤种适应性强，特别是近几年新建的循环流化床锅炉，对挥发分要求更为宽松。

2. 灰分

灰分对燃烧的影响首先表现为：灰分高会使火焰传播速度减慢，着燃推迟，燃烧温度下降，燃烧稳定性变差，甚至造成灭火；同时灰分过高，还容易加剧设备的磨损，缩短设备使用寿命。灰分过低，在层状燃烧时，由于灰渣太薄容易把炉篦烧坏。从灰分的适应性看，循环流化床锅炉对灰分适应性最强。

3. 水分

水分既是数量指标又是质量指标，煤的水分升高，发热量降低，锅炉排烟温度升高，影响发电锅炉的燃烧效率。在使用煤粉燃烧的锅炉中，入炉前对煤粉要进行干燥处理，以减少水分对发电锅炉燃烧带来的影响。

4. 硫分

煤中硫是最有害的化学成分。煤燃烧时，其中硫生成二氧化硫，腐蚀金属设备，污染环境。煤中硫的含量可分为五级：高硫煤，大于4%；富硫煤，大于2.5%，小于或等于4%；中硫煤，大于1.5%，小于或等于2.5%；低硫煤，大于1.0%，小于或等于1.5%；特低硫煤，小于或等于1%。煤中硫又可分为有机硫和无机硫两大类。

硫燃烧后生成二氧化硫和三氧化硫，它们极易与烟气中的水蒸气化合成硫酸蒸气，对发电设备产生腐蚀作用，同时，二氧化硫和三氧化硫排放到空气中，对大气环境造成严重污染。另外，高硫煤炭在存放过程中，容易发生变质自燃，影响煤炭的燃烧效果。

5. 发热量

煤的发热量是设计发电锅炉时的一个重要指标。发热量低于设计指标，炉内温度水平降低，影响煤粉的燃点和燃尽，锅炉热效率下降，当发热量低到一定程度时，将引起燃烧不稳，灭火放炮，以致必须投油助燃；反之，煤的发热量高于设计水平，炉膛温度必然升高，煤灰大多软化、熔融，容易结渣。

6. 灰熔融性

层状燃烧方式对煤的灰熔融性要求不高。悬浮燃烧采用固态排渣方式，灰熔融性软化温度低于1350℃就有可能造成炉膛结渣，妨碍锅炉的连续安全运行。悬浮燃烧采用液态排渣方式，一般使用灰熔融性偏低的煤。

2.2.2 氧的浓度

氧含量只要发生细微的变化，都会对排放浓度的折算结果产生很大影响。锅炉运行时各参数的控制，特别是对锅炉炉膛出口烟气含氧量的最优化控制，可以提高锅炉的热效率，减少氮氧化物的排放。适当的氧含量可以防止炉内受热面结渣，炉膛出口氧含量在临界值变低后，则烟气中一氧化碳浓度急剧升高。在运行中有效控制烟气氧含量，是锅炉污染物排放达标的关键。

氮氧化物的排放中70%来自于煤炭的直接燃烧，燃烧过程中产生的氮氧化物主要是一氧化氮和二氧化氮（被通称为氮氧化物）。在绝大多数燃烧方式中，产生的一氧化氮占90%以上，其余为二氧化氮。

2.2.3 温度

电厂锅炉的主蒸汽温度是整个机组经济、安全运行的重要因素。主蒸汽温度过低会大大降低锅炉的效率，主蒸汽温度每降低2℃，锅炉的效率相应会减少0.15%左右，同时还会导致汽机末级的蒸汽由于湿度过大而对叶片造成损坏；而主蒸汽温度过高不仅容易对汽机的进汽设备造成损坏，还可能会烧坏机组的过热器。

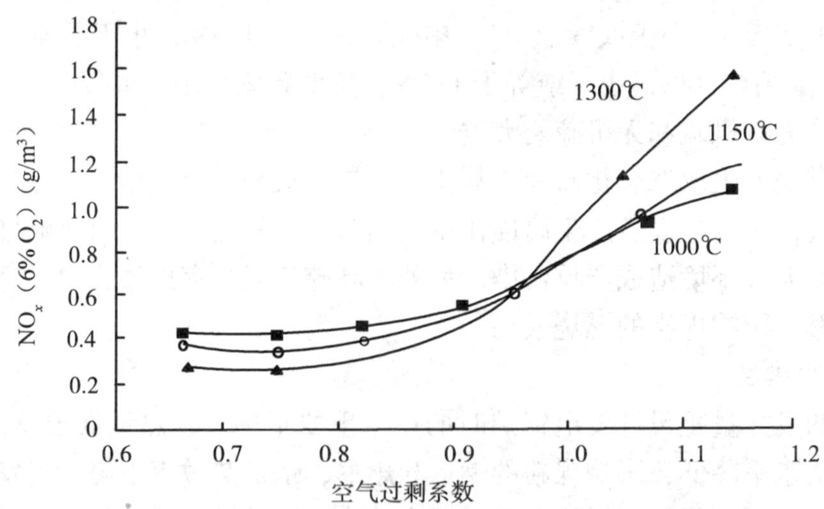

图2-1 不同温度和不同空气过剩系数对氮氧化物产生量的影响曲线

影响炉膛出口的烟气温度的因素有：①燃烧器型号及布置位置；②受热面的大小；③炉膛的形状系数；④受热面结渣和积灰程度的变化；⑤锅炉负荷的变化；⑥过剩空气系数的变化。炉膛温度是各个参数综合影响的结果，是参数变化的外在表现，因此温度的控制影响锅炉污染物的排放。关于氮氧化物生成量与火焰温度的关系，一般来说，热力型氮氧化物、燃料型氮氧化物和快速型氮氧化物的生成量随火焰温度变化而变化。

2.3　我国火电行业大气污染治理现状

电力工业是重要的基础性行业，面对资源约束趋紧、环境污染严重、生态退化的严峻形势，按照国家大气污染防治行动计划，火电行业长期承担大气污染物的减排重任。为此，火电行业本着创新驱动和推广应用并重的方针，以科技创新为动力，以先进环保技术为依托，以削减大气污染物排放量为根本，遵循“高效清洁燃烧-污染物协同控制-废物资源化”为一体的控制路线，持续研发、应用低能耗、低物耗、低污染、低排放，资源利用率高、安全性高、经济性高、环境性高的先进的环保技术，实现电力工业绿色发展、循环发展和低碳发展。

为有效应对有史以来最严厉的环保法规，实现烟尘20~30毫克/立方米、二氧化硫50毫克/立方米和氮氧化物100毫克/立方米的排放限值，火电行业已在现役先进的除尘、脱硫和脱硝技术的基础上，积极研发、示范、推广可行的新技术、新工艺和创新技术，并有机结合技术和管理等因素，“建设好、运行好”烟气治理设施，持续提高火电厂大气污染物排放的达标能力。

电力工业在“十一五”大气污染物控制取得巨大成就，烟尘、二氧化硫控制达世界先进水平，超额完成国家节能减排任务的基础上，面对世界上最严排放标准《火电厂大气污染物排放标准》（GB 13223—2011），该标准与美国、欧盟和日本相比，无论是现役机组还是新建机组，烟尘、二氧化碳和氮氧化物排放限值全面超过了发达国家水平。“十二五”期间电力工业在大气污染控制方面迈出新步伐，取得新成就。

（1）除尘。99%以上的火电机组建设了高效除尘器，其中电除尘约占90%，布袋除尘和电袋除尘约占10%。烟尘排放总量和排放绩效分别由2010年的160万吨和0.50克/千瓦时，下降到151万吨和0.39克/千瓦时。

（2）脱硫。脱硫装机容量达6.8亿千瓦，约占煤电容量的90%（比2011年的美国高约30个百分点），其中石灰石-石膏湿法占92%（含电石渣法等）、海水占3%、烟气循环流化床占2%、氨法占2%。二氧化硫排放总量和排放绩效分别由2010年的926万吨和2.70克/千瓦时，下降到883万吨和2.26克/千瓦时（低于美国2011年的2.8克/千瓦时）。

（3）脱硝。约 90%的机组进行了低氮燃烧改造，脱硝装机容量达 2.3 亿千瓦，约占煤电容量 28.1%，规划和在建的脱硝装机容量超过 5 亿千瓦，其中采用 SCR 法的占 99%以上。氮氧化物排放总量和排放绩效分别由 2010 年的 1055 万吨和 2.6 克/千瓦时，下降到 948 万吨和 2.4 克/千瓦时（高于美国 2010 年的 249 万吨和 0.95 克/千瓦时）。

2.3.1 氮氧化物控制技术

火电行业形成了以低氮燃烧和烟气脱硝相结合的技术路线。

（1）低氮燃烧。技术成熟、投资和运行费用低，是控制氮氧化物最经济的手段。主要是通过降低燃烧温度、减少烟气中氧量等方式减少氮氧化物的生成量（200~400 毫克/立方米），但它不利于煤燃烧过程本身，因此低氮燃烧改造应以不降低锅炉效率为前提。

（2）选择性催化还原法。技术最成熟、应用最广泛的烟气脱硝技术，是控制氮氧化物最根本的措施。其原理是在催化剂存在的情况下，通过向反应器内喷入脱硝还原剂氨，将氮氧化物还原为氮气。此工艺反应温度在 300~450℃，脱硝效率通过调整催化剂层数能稳定达到 60%~90%。与低氮燃烧相结合可实现 100 毫克/立方米及更低的排放要求。其存在的主要问题是空预器堵塞、氨逃逸等。

（3）选择性非催化还原法。在高温条件下（900~1100℃），由尿素氨作为还原剂，将氮氧化物还原成氮气和水，脱硝效率为 25%~50%。氨逃逸率较高，且随着锅炉容量的增大，其脱硝效率呈下降趋势。

（4）正在研发的新技术。

1）脱硫脱硝一体化技术。针对我国 90%以上燃煤电厂采用石灰石-石膏湿法脱硫工艺的特征，国电科学技术研究院开展了“大型燃煤电站锅炉湿法脱硫脱硝一体化技术与示范”研究，旨在石灰石-石膏湿法工艺的基础上，耦合研究开发的脱硝液、抑制剂、稳定剂等，在不影响脱硫效率的前提下，实现氮氧化物的联合控制。

2）低温选择性催化还原技术。其原理与传统的选择性催化还原工艺基本相同，两者的最大区别是选择性催化还原法布置在省煤器和空气预热器之间高温（300~450℃）、高尘（20~50 克/立方米）端，而低温选择性催化还原法布置在锅炉尾部除尘器后或引风机后、FGD（脱硫系统）前的低温（100~200℃）、低尘（约 200 毫克/立方米）端，可大大减小反应器的体积，改善催化剂运行环境，具有明显的技术、经济优势，是具有与传统选择性催化还原法竞争的技术，是现役机组的脱硝改造性价比更高的技术。目前，正在开展热态中间放大试验。

3）炭基催化剂（活性焦）吸附技术：炭基催化剂（活性焦）具有比表面积大、孔结构好、表面基团丰富、原位脱氧能力高，且具有负载性能和还原性能等特点，既可作为载体制得高分散度的催化体系，又可作为还原剂参与反应。在氨存在的条件下，用炭基催化剂（活性焦）材料作为载体催化还原剂可将氮氧化物还原为氮气。

2.3.2 烟尘控制技术

火电行业形成了以技术成熟可靠的电除尘器为主（90%），日趋成熟的袋式除尘器和电袋复合除尘器为辅的格局。为适应新标准要求，更高性能的除尘技术正处于研发、示范、推广阶段。

（1）电除尘技术。应用广，国际先进，同时涌现了一些改进技术，如高频电源、极配方式的改进、烟尘凝聚技术、烟气调质技术、低低温电除尘技术、移动电极电除尘技术等。

（2）袋式和电袋复合除尘技术。是近5年快速发展起来的除尘技术，正处于总结应用经验、规范发展的阶段。

（3）湿式电除尘技术。其工作原理与传统干式电除尘相似，依靠的都是静电力，所不同的是工作环境为一“湿”一“干”，其装置通常布置在湿法脱硫设施的尾部。由于其处理的是湿法脱硫后的湿烟气，在扩散荷电的作用下，能有效捕集烟气中的细颗粒物及易在大气中转化为PM2.5（指大气中空气动力学当量直径小于或等于2.5微米的颗粒物，或称可入肺颗粒物）的前体污染物（三氧化硫、氨、二氧化硫、氮氧化物）、石膏液滴、酸性气体（三氧化硫、氯化氢、氟化氢）、重金属汞等，实现烟尘浓度10毫克/立方米及烟气多污染物的深度净化。目前，已建立了300兆瓦、600兆瓦的示范工程。

2.3.3 二氧化硫控制技术

火电行业形成了以石灰石-石膏湿法脱硫为主（92%）的技术路线，通过近10年来对脱硫工艺化学反应过程和工程实践的进一步理解以及设计和运行经验的积累与改善，在脱硫效率、运行可靠性、运行成本等方面有很大的提升，对电厂运行的影响明显下降，运行、维护更为方便。目前，该技术正处于高效率、高可靠性、高经济性、资源化、协同控制新技术的研发、示范、推广阶段。

对新建的“增量”机组，新标准要求二氧化硫排放限值为100毫克/立方米、重点地区为50毫克/立方米。要实现该限值，单靠传统的湿法脱硫技术难以实现，需采用新技术，如已得到应用的单塔双循环、双塔双循环技术，正在开发的活性焦脱硫等技术。

对现役的“存量”机组，要求的排放限值为50~200毫克/立方米、高硫煤地区为400毫克/立方米，且于2014年7月1日开始实施。由于脱硫设施“十一五”期间非常规的井喷式发展，无论是技术本身，还是工程建设、安装调试、运行维护等均需要适合国情的调整、改进和优化。如核心技术的消化、复杂多变工况的适应能力；因建设工期紧造成设计投入力度低，缺乏对个案分析，简单套用成功案例；受低价竞争影响，大多按400毫克/立方米设计，设计裕度小，关键设备、材料的质量达不到工艺要求；系统调试不充分，缺乏优化经验；运行管理水平还达不到主机水平；电煤质量不可控，硫分大多高于设计值等。因此，超过90%的按照2003年版标准建设的现役脱硫设施，要满足新标准要求，需要优化调整、技术改造甚至推倒重建。

2.3.4 PM2.5控制技术

火电行业对PM2.5的控制主要体现在三个方面：

（1）利用电除尘器、平板布袋除尘器和电袋复合式除尘器等高效除尘设施，最大限度地减少PM2.5一次颗粒物的排放。

（2）利用高效脱硫设施和脱硝设施，最大限度地减少易在大气中形成PM2.5的前体污染物（如二氧化硫、氮氧化物、三氧化硫、氨等）。

（3）在湿法脱硫设施后面流程建设烟气深度净化设施（如湿式电除尘器等），对燃煤烟气排放的烟尘、二氧化硫、氮氧化物、三氧化硫等多污染物进行末端协同控制，实现烟尘排放不超过10毫克/立方米、二氧化硫排放不超过50毫克/立方米、氮氧化物排放不超过100毫克/立方米。

2.3.5 烟气脱硝技术总结及展望

（1）选择性催化还原是最早实现工业化应用的氮氧化物脱除技术，其过程要求严格控制氨与一氧化氮的比率。

（2）有关催化分解法及催化还原法这两类反应的催化剂虽然研究得很多，但是仍与实际要求有很大的距离。寻找新型催化材料，探索新的催化剂制备技术以及设计新的催化工艺流程以求得突破，是目前具有实际意义的研究工作。

（3）电子束照射和脉冲电流晕放电是当今烟气脱氮的一大发展方向，可以同时处理大型火力发电厂的二氧化碳、二氧化硫、氮氧化物和飞灰，但存在着设备和运行费用高的缺点。如果设备和运行费用能得到进一步控制，此技术有良好的应用前景。

（4）传统的液体吸收、吸附脱硝技术，工艺过程简单，投资较少，虽然存在不少的问题，但通过处理手段和操作工艺的不断完善，必将焕发出新的生命力。

（5）微生物法目前还处于实验阶段，存在着明显的缺点，例如填料塔的空塔气速、烟气温度、反硝化菌的培养、细菌的生长速度和填料的堵塞等问题都有待于解决，它的实际应用取决于工艺的不断完善。随着人们对微生物净化含氮氧化物废气处理工艺研究的不断深入，该技术将会从各方面得到全面发展。

思考题

1. 火电厂项目产生的污染物种类有几种？
2. 影响污染物产生的主要因素有哪些？
3. 简述二氧化硫、氮氧化物、粉尘的控制措施。

第3章　SCR脱硝技术

氮氧化物是大气污染的主要成分之一，我国氮氧化物排放量中70%来自于煤炭的直接燃烧，而电力工业又是我国的燃煤大户，因此火力发电厂是氮氧化物排放的主要来源之一。电厂烟气中氮氧化物的排放控制是我国“十二五”的重点工作之一，现行的干法烟气脱硝方法主要是选择性催化还原法（Selective Catalytic Redution，简称SCR）和选择性非催化还原法（简称SNCR）。SNCR无需催化剂，SCR工艺需要催化剂。SCR脱硝技术具有脱硝率高（最高可超过90%）、选择性好、成熟可靠等优点，广泛用于火电厂，是燃煤机组脱硝工艺的主流。

SCR系统中最关键的部件是催化剂，其成本通常占脱硝装置总投资的30%~50%。该催化剂以二氧化钛（简称脱硝钛白粉）为载体，主要成分为五氧化二钒-三氧化钨（三氧化钼）等金属氧化物，每立方米催化剂干基质量0.5吨，其中脱硝钛白粉占催化剂干基重量的80%左右。SCR催化剂按照加工成型与物理外观划分，主要分为蜂窝式、板式及波纹式三种，其中蜂窝式与板式是主流类型，蜂窝式催化剂是目前市场占有份额最高的催化剂类型，它是以钒-钨-钛为主要活性材料，采用捏合方式将各种物料充分混合，再经模具挤出成型，最后经过干燥和煅烧而制成的。

3.1　能源结构及其消耗

根据《2016年BP世界能源统计年鉴》分析，2015年，全球一次性能源消费保持低速增长，能源结构从煤炭为主转向更低碳能源为主。中国的消费进一步放缓，消费增长率逐渐放缓到1.5%。2015年，全球来自能源消费的二氧化碳排放仅增长了0.1%，这是继1992年以来最低增速（除2009年经济衰退时期外）。中国由于加快了经济结构的调整和利用可再生资源的能源转型，2015年二氧化碳排放量下降1.5%。

2015年中国一次能源消费各类型能源占比情况如图3-1所示。

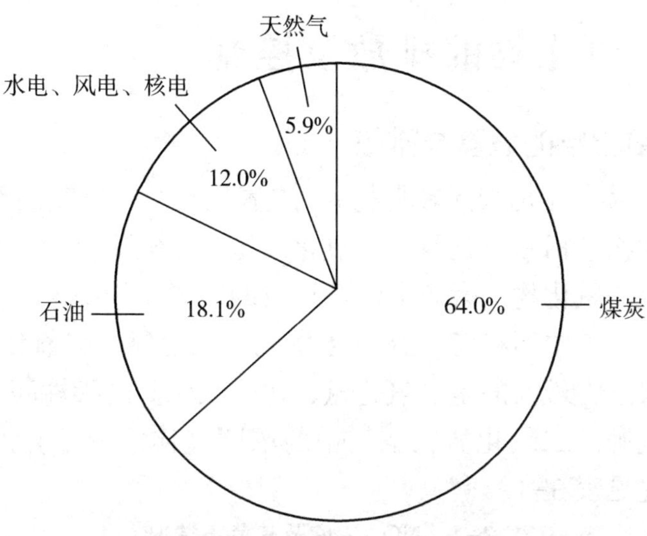

图 3-1　2015 年中国一次能源消费结构

2015 年我国的能源结构虽然持续改进，但是煤炭依然是中国能源消费的主导燃料，全年能源消费总量为 43.0 亿吨标准煤，比上年增长 0.9%。其中，煤炭消费量下降 3.7%，但其消费量依然占能源消费总量的 64.0%。《2015 年国民经济和社会发展统计公报》显示，2015 年，中国总发电量是 58105.8 亿千瓦时，其中火电是 42420.4 亿千瓦时，占总发电量的 73%。这种以煤炭为主要一次能源的生产和消费结构已经带来了严重的环境污染问题。在煤炭燃烧过程中，一方面提供了大量的蒸汽和热能，另一方面向大气排放的各种污染物（酸雨、温室效应等），从而破坏了可持续发展的经济和环境基础。由于大气中的酸性气体超标（二氧化硫和氮氧化物），我国酸雨区面积约占国土总面积的 40%。

根据中国环境保护部《2015 年环境状况公报》报告，2015 年，480 个监测降水的城市（区、县）中，酸雨频率平均值为 14.0%。出现酸雨的城市比例为 40.4%，酸雨频率在 25%以上的城市比例为 20.8%，酸雨频率在 50%以上的城市比例为 12.7%，酸雨频率在 75%以上的城市比例为 5.0%。

为了进一步改善大气环境质量，2015 年我国全面实施燃煤电厂超低排放和节能改造，环保部印发了《全面实施燃煤电厂超低排放和节能改造工作方案》（环发〔2015〕164 号），要求加快现役燃煤发电机组超低排放改造步伐，其中东部地区 30 万千瓦及以上公用燃煤发电机组、10 万千瓦及以上自备燃煤发电机组 2017 年前总体完成；中、西部地区 30 万千瓦及以上燃煤发电机组分别在 2018 年、2020 年前完成。并明确了超低排放电价补贴、发电量奖励、排污费激励、信贷融资支持等政策措施。

3.2 氮氧化物的排放及控制

3.2.1 氮氧化物的危害与排放

氮氧化物、粉尘（可吸入颗粒物）、二氧化硫、一氧化碳等是大气主要污染物，氮氧化物包括一氧化氮、一氧化二氮、二氧化氮、三氧化二氮、五氧化氮等多种氮的氧化物。燃煤火电厂排放的氮氧化物中绝大部分是一氧化氮，一氧化氮在大气中不稳定，被氧化生成二氧化氮，二氧化氮比较稳定。其中对人体健康危害最大的是二氧化氮，比一氧化氮的毒性高 4 倍，可引起支气管炎和肺气肿。二氧化氮在空气中的浓度（体积分数）对人体或其他生物的危害情况见表 3-1。

表 3-1　NO_2 浓度及其危害情况

NO_2 的体积分数（$\times10^{-6}$）	对人体或其他生物的危害情况
0.5	连续暴露 4h，肺细胞病理组织发生变化；3~12 个月，会出现肺气肿，对感染的抵抗力减弱
1	闻到臭味
2.5	>7h，豆类、西红柿等作物的叶子变为白色
3.5	>2h，细菌对动物感染能力增大
5	闻到很难闻的臭味
10~15	眼、鼻、呼吸道受刺激
25	人只能短时间停留
50	1min 内，人的呼吸异常，鼻子受刺激
80	3~5min 内，引起胸痛
100~150	30min 内，至多 1h，人就会因肺水肿而死亡
>200	人瞬间死亡

氮氧化物除了作为一次污染物对人体健康产生危害外，还会导致多种二次污染的生成。以一氧化氮和二氧化氮为主的氮氧化物是形成光化学烟雾和酸雨的一个重要原因，光化学烟雾具有特殊气味，刺激眼睛，伤害植物，并能使大气能见度降低。氮氧化物与空气中的水反应生成的硝酸和亚硝酸是酸雨的成分，其大量排放也是形成区域灰霾和细粒子等污染的重要原因，从而使我国经济相对发达地区，尤其是北方部分城市大气环境质量日趋下降，严重影响居民的正常生活及身体健康。近年来国内权威研究表明，随着氮氧化物排放量的增加，我国酸雨污染类型由硫酸型向硫酸和硝酸复合型逐渐转

变，硝酸根离子在酸雨中所占的比例逐渐增加，由20世纪80年代的1/10上升至近年来的1/3。“十一五”期间，随着氮氧化物排放的快速增长，我国区域酸雨形势恶化，从而在一定程度上抵消了我国在二氧化硫减排方面所付出的努力。

氮氧化物已成为影响全球环境空气质量的重要因子之一。2006~2014年我国火电主要污染物排放情况如图3-2所示。

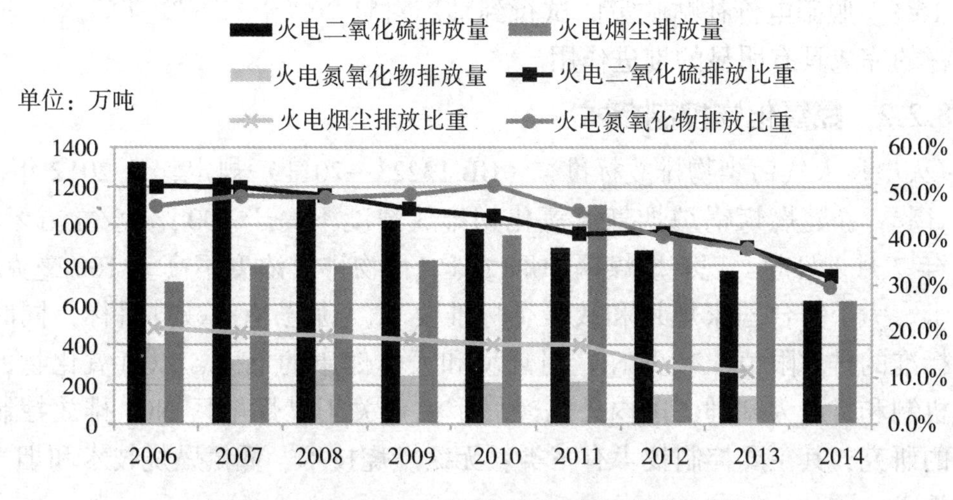

图3-2　2006~2014年我国火电主要污染物排放情况

国家和地方有关部门逐步加强了对氮氧化物排放的控制，将其重点列入“十二五”规划的约束性指标。根据《国家环境保护“十二五”规划》，明确要求2015年重点行业和重点地区氮氧化物排放总量比2010年减少10%，即全国氮氧化物排放量削减2046.2万吨。减排重点区域主要集中在珠三角、长三角、京津冀和成渝等经济相对发达地区。2011~2013年间总体看效果明显（表3-2）。目前，“十二五”规划的约束性指标已经完成。国务院印发的《“十三五”生态环境保护规则》依然将氮氧化物的排放列为约束性指标，要求到2020年氮氧化物排放总量比2015年减少15%。

表3-2　2011~2013年全国氮氧化物排放量　　单位：万吨

排放源 年份	合计	工业源	城镇生活源	机动车	集中式
2011	2404.3	1729.7	36.6	637.6	0.4
2012	2337.8	1658.1	39.3	640.0	0.4
2013	2227.4	1545.6	40.7	640.6	0.5
变化率（%）	-4.7	-6.8	3.6	0.1	

2011 年 11 月，国家发展和改革委员会针对燃煤发电机组进行脱硝电价改革试点，以补偿电厂新建/扩建脱硝系统导致成本的增加，对符合国家政策要求的北京、天津、河北等 14 个省（区、市）的燃煤发电机组在现行的基础上增加 0.008 元/千瓦时。2012 年上半年，伴随着试点政策的开展，全国 NO_x 排放量第一次出现同比下降趋势，扭转了 2011 年 NO_x 排放不降反升的不利局面；同时，全脱硝机组平均脱硝效率达到了 40.3%，比上一年增加了 16%。脱硝电价补贴政策的试行到推广对整个“十二五”期间 NO_x 消减目标的完成具有明显的推进作用。

3.2.2 氮氧化物控制技术

《火电厂大气污染物排放标准》（GB 13223—2011）规定，从 2012 年 1 月 1 日起，新建燃煤锅炉烟气氮氧化物排放浓度不高于 100 毫克/立方米，2014 年 7 月 1 日起，现有燃煤锅炉烟气氮氧化物排放浓度不高于 100 毫克/立方米。为了符合国家规划和政策、标准要求，满足 NO_x 减排目标，同时达到标准的排放限值，减少 NO_x 对环境和人体健康的危害，以氮氧化物的生成机制和特点为基础，国内外已经做了大量关于燃煤电厂 NO_x 排放控制技术的研究，其主要控制技术有三类：无氮燃烧技术、低氮燃烧技术和烟气净化技术。

1. 无氮燃烧技术

一种通过控制燃烧过程从而控制 NO_x 生成的清洁燃烧技术，分为化学链燃烧技术和 O_2/CO_2 燃烧技术。

（1）化学链燃烧技术。通过载氧体在空气反应器和燃料反应器之间交替循环反应来实现燃烧的一种新颖的无火焰燃烧技术。通过此技术，燃料燃烧过程中不直接与空气接触，因此反应过程中不产生燃料型 NO_x；同时，由于燃烧过程是没有火焰的气、固反应，其温度远远低于一般的燃烧温度，因而可有效地抑制热力型 NO_x 的生成。

（2）O_2/CO_2 燃烧技术。首先将空气中的氮气分离出来，保持燃煤在纯 O_2 或 O_2/循环烟气或 O_2/CO_2 状态下燃烧。通常情况下，O_2 或 O_2/CO_2 气氛的高比热性将导致火焰传播速度降慢，从而导致 O_2 或 O_2/CO_2 气氛下比相同氧含量的 O_2/N_2 气氛下的火焰温度低，致使 NO_x 在 O_2/CO_2 再循环过程中逐步分解降低。研究显示，O_2/CO_2 气氛下 NO_x 的排放不到常规空气燃烧技术过程中产生的 1/3，是一种高效的无氮燃烧技术。

2. 低 NO_x 燃烧技术

采取技术手段抑制 NO_x 的生成或还原燃烧过程中已产生的 NO_x，包括低氧燃烧技术、空气分级燃烧技术、燃料分级燃烧技术、烟气再循环技术和低 NO_x 燃烧器技术。

（1）低氧燃烧技术。一种较为简单的降低 NO_x 的排放技术。要达到低氧燃烧效果，控制重点是燃烧器中燃料与空气的分配比例，使空气与燃料充分混合、均匀单一。通过低氧浓度燃烧可有效控制 NO_x 生成，同时减少排烟热损失、提高热效率。应用低氧燃烧技术可使 NO_x 降低 15%~20%。

（2）空气分级燃烧技术。基本原理是在主燃区和燃尽区之间将煤粉燃烧过程分成两个阶段，将燃烧过程所需空气分两次喷入锅炉，从而减少燃烧区空气量，使煤粉进入锅炉时形成一个燃料富足的区域。采用空气分级燃烧技术可大大降低 NO_x 生成，排放量降低 30%~40%。

（3）燃料分级燃烧技术。该技术是众多炉内控制 NO_x 排放技术中最为有效的，一般过程是将油、天然气或煤粉等作为二次燃料。燃烧过程中，已生成的一氧化氮遇到未完全燃烧产物一氧化碳、氢气、碳、碳氢化合物和二次燃料中的烃根 CH_i 时，一氧化碳被还原为氮气。对于燃料分级燃烧，改变再燃区的燃料与空气之比是控制 NO_x 排放的关键因素，利用燃料分级燃烧可使 NO_x 生成量降低 40%~50%。

（4）烟气再循环技术。烟气再循环技术同样是国内外常用的降低 NO_x 排放量的技术之一。该技术的核心过程是将锅炉尾部的低温烟气抽回并再次混入助燃空气中，经燃烧器直接送入锅炉膛内或与一次风、二次风混合后送入炉内，从而有效抑制燃烧区域的温度升高和氧浓度增加，从而抑制 NO_x 生成，同时还能有效防止锅炉结渣的生成。

（5）低 NO_x 燃烧器技术。该技术通过优化设计燃烧器结构或设计改变通过燃烧器的风煤比，以达到在燃烧器着火区实现空气分级、燃烧分级或烟气再循环效果，保证煤粉着火燃烧的同时，有效降低 NO_x 的生成量。

3. 烟气净化技术

烟气净化技术，即通过技术手段对燃烧过程中产生的烟气中的 NO_x 进行净化消除，分为湿法烟气脱硝和干法烟气脱硝两种方法。常用的脱硝技术主要有碱吸收、酸吸收、选择性催化还原、选择性非催化还原、吸附法等。另外，新型烟气脱硝技术如电子束、脉冲电晕、微生物法等技术方法也受到国内外的广泛关注。

（1）湿法烟气净化技术。①利用一氧化氮和二氧化氮在硝酸中的溶解度比水大的原理来净化含 NO_x 废气的稀硝酸吸收法；②采用氢氧化钠、碳酸钠、氢氧化钾、一水合氨等碱性溶液作为吸收剂对 NO_x 进行化学吸收的碱性溶液吸收法；③利用氧化剂将一氧化氮氧化为二氧化氮，然后通过碱液吸收的氧化还原吸收法；④利用液相络合吸附剂直接与一氧化氮反应，从而使一氧化氮直接从气相转入液相的络合吸收法等。

（2）干法烟气净化技术。主要包括选择性催化还原法、选择性非催化还原法以及两种方法结合技术。①SCR 是以氨气或液氨为还原剂，通过在催化剂表面与氮氧化物反应生成无毒害作用的氮气和水，从而达到降低氮氧化物的效果，脱硝效率比较高，可达到 70%~90%。②SNCR 是在没有催化剂的情况下，利用高温条件（900~1100℃），向烟气中注入适当浓度的氨气或尿素等含有氨基的还原剂，有选择性地将烟气中的氮氧化物还成原无毒无害的氮气和水，SNCR 的脱硝效率较 SCR 低，一般可达到 25%~50%。③ SNCR-SCR 混合法，SNCR 与 SCR 结合使用，反应前段采用 SNCR 法，即高温段（900~1100℃），后段用 SCR 法，为低温段（320~400℃），在反应后段加装适量脱硝催化剂；用还原剂氨或尿素注入一次过热器或者二次过热器后端；运用 SNCR-SCR 方法可使较少的二氧化硫氧化为三氧化硫，氨逃逸率低。采用 SNCR-SCR 混合烟气脱硝技术脱硝效率为 40%~70%。

（3）其他烟气净化技术。这些技术主要包括：

1）电子束技术。通过高能电子（一般为电子束中本身所含或放电产生的高能电子）与烟气中的气体分子强烈碰撞，生成活性自由基（·O、·OH、·O_3、·HO_2 等），与氮氧化物作用从而将其氧化，再与注入烟气中的吸收剂氨反应，生成硝酸铵等固体颗粒物。在反应器出口收集硝，产生的烟气则直接排放。

2）脉冲电晕法。这是直接作用在烟气本身的一种高效净化技术，通过超高压脉冲放电将需处理的烟气在极短时间内瞬间激活，自由能猛增，产生活化分子，导致化学键断裂，生成单一原子气体或单质固体微粒，从而达到烟气净化的目的。

3）微生物法。以二氧化氮作为氮源，利用合适脱氮菌的同化作用目标污染物将其还原成氮气。具体过程是，烟气中二氧化氮先溶于水形成硝酸根和亚硝酸根，然后被脱氮微生物还原为氮气，同时一氧化氮吸附于微生物表面并直接还原为氮气。

4）吸附法。利用吸附剂净化废气中氮氧化物，吸附剂通常采用多孔性固体材料。

5）光催化氧化法。利用二氧化钛良好的光催化性能，在接受光辐射后产生电子空穴，电子空穴产生的化学能夺取氮氧化物体系中自由电子，从而导致氮氧化物被活化、氧化生成硝酸根，达到净化目标污染物的效果。

为实现氮氧化物减排目标，促进火电行业可持续发展，低氮燃烧技术作为燃煤电厂氮氧化物减排的首选技术已不满足总量控制要求，因此环保部颁布的《火电厂氮氧化物防治技术政策》（环发〔2010〕10号）明确规定：位于大气污染重点控制区域内的新建、改建、扩建的燃煤发电机组和热电联产机组应配置烟气脱硝设施，并与主机同时设计、施工和投运。非重点控制区域内的新建、改建、扩建的燃煤发电机组和热电联产机组应根据排放标准、总量指标及建设项目环境影响报告书批复要求建设烟气脱硝装置。

3.3　SCR脱硝技术

为了达到日益严格的排放标准，烟气脱硝技术应运而生。一是选择性催化还原技术，脱硝效率可达到70%~90%。二是选择性非催化还原技术，由于投资、运行费用较低，在工业锅炉、水泥行业氮氧化物减排方面将发挥重要作用。三是SCR/SNCR联合烟气脱硝技术，结合了SCR和SNCR两者优势，脱硝效率适中。加了达到严格的大气污染物排放标准，改善目前大气环境，我国火电90%左右的脱硝工艺采用SCR技术，从而需求大量脱硝催化剂。

3.3.1　SCR脱硝催化剂

选择性催化还原法由于具有脱硝效率高、反应过程无副产物、装置简单、运行可靠、维护方便等诸多优点，因而得到国内外广泛应用。催化剂是SCR的核心部分，性能好坏直接影响整体脱硝效果。催化剂初装费用占脱硝系统总投资的40%~50%，其中建设成本占烟气脱硝工程成本的20%以上，运行成本占30%以上。近年来，美、日、德等发达国家不断投入大量人力、物力和资金，研究开发高效率、低成本的烟气脱硝催化剂，重视在催化剂专利技术、技术转让、生产许可过程中的知识产权保护工作。

最初的催化剂是铂-铑和铂等金属类催化剂，以氧化铝等整体式陶瓷做载体，具有活性较高和反应温度较低的特点，但是昂贵的价格限制了其在发电厂中的应用。因此，从20世纪60年代末期开始，日本日立、三菱、武田化工三家公司通过不断的研发，研制了二氧化钛为基材的催化剂，并逐渐取代了铂-铑和铂系列催化剂。该类催化剂的成分主要由五氧化二钒（三氧化钨）、三氧化二铁、氧化铜、氧化镁、氧化钼、氧化镍等金属氧化物或起联合作用的混合物构成，通常以二氧化钛、氧化铝、氧化锆、二氧化硅、活性炭等作为载体，与SCR系统中的液氨或尿素等还原剂发生还原反应，目前成为电厂 SCR 脱硝工程应用的主流催化剂产品。

1. 按材料划分脱硝催化剂类型

（1）贵金属催化剂。贵金属催化剂是以贵金属铂等作为活性组分，氧化铝为载体的催化剂。贵金属催化剂一般活性高并且反应温度低。贵金属催化剂在二十世纪七八十年代应用普遍，但价格昂贵且易和硫反应，逐渐被金属氧化物类催化剂取代。

（2）金属氧化物催化剂。目前广泛应用的一类催化剂，主要以钒、铁、铜、铬、锰、镁、钼等一种或多种元素作为活性组分，钛、铝、锆、硅的氧化物或活性炭、分子筛等作为载体。这类催化剂有较好的催化性能，相比于贵金属催化剂，其制作成本更低，且具有比表面积大的微孔结构，得到国内外广泛应用。

（3）分子筛型催化剂。该类催化剂是目前国内外研究的热点，又称沸石催化剂，以分子筛为催化剂活性组分或活性组分之一。常见的分子筛催化剂有分子筛裂化催化剂和载金属分子筛催化剂。由于交换态的铵离子分解及氢离子交换，分子筛催化剂通常具有优异的酸催化活性。目前燃煤电厂广泛使用的催化剂是以锐钛矿型二氧化钛为载体负载钒氧化物作为活性组分，辅以三氧化钨为助催化剂的蜂窝状金属氧化物催化剂。

2. 按结构划分脱硝催化剂类型

（1）蜂窝状催化剂。该类催化剂是将二氧化钛或二氧化硅等作为载体与活性成分混合并充分搅拌至均匀，然后通过机械挤压使催化剂结块成型，最后通过焙烧活化而成。蜂窝状脱硝催化剂是目前商业化利用度最高的催化剂，其具有氮氧化物转化率高、孔隙率高、机械性能好且使用周期长等多种优势。

（2）平板式催化剂。该类催化剂是采用平板式钢制筛板作为支撑，通过加压的方式将活性组分涂覆在筛板的两面，然后置于高温焚烧炉焙烧活化，最后将催化剂单体组装为整体式的催化剂单元。平板式催化剂虽然市场化程度不及蜂窝状催化剂，但平板式催化剂在防止飞灰堵塞、耐磨和抗中毒方面优于蜂窝状催化剂。

（3）波纹式催化剂。波纹式催化剂是将金属、陶瓷类筛板制成波纹状，然后通过浸渍法将活性组分负载在筛板两面，最后通过焙烧活化制得。相比于平板式催化剂，波纹式催化剂表面呈现一定的波纹状，从而增加与烟气的接触面积。

3.3.2　SCR 脱硝机制

SCR 脱硝技术的基本原理如反应式（3–1）、（3–2）所示，采用氨气（或尿素、碳氢化合物等）作为还原剂，在一定的温度条件下利用催化剂的催化性能将氮氧化物还原为无毒无害的氮气和水的过程。工业上主要使用氨气作为还原剂：

$$4NH_3+4NO+O_2 \longrightarrow 4N_2+6H_2O \tag{3-1}$$

$$8NH_3+6NO_2 \longrightarrow 7N_2+12H_2O \tag{3-2}$$

对于燃煤电厂，烟气中氮氧化物以一氧化氮为主，因此脱硝过程主要按照反应式（3–1）进行，同时伴随着其他副反应的进行：

$$4NH_3+3O_2 \longrightarrow 2N_2+6H_2O \tag{3-3}$$

$$2NH_3+2O_2 \longrightarrow N_2O+3H_2O \tag{3-4}$$

$$4NH_3+5O_2 \longrightarrow 4NO+6H_2O \tag{3-5}$$

因此，为保证 SCR 催化剂处于最佳活性区间，并保证良好的脱硝效果，脱硝系统反应温度一般维持在 300 ~ 420℃，电厂烟气温度一般为 350℃左右，有利于维持催化剂良好的脱硝效果。整体来说，不同的脱硝技术在实际应用中的比较如表 3–3 所示。

表 3–3　不同的脱硝技术效率、原理、适应性比较

	低氧燃烧技术	炉内喷氨脱硝 SNCR	尾部烟气脱硝 SCR
脱硝效率	10% ~ 50%	20% ~ 40%	60% ~ 90%
脱硝原理	改变燃烧条件	炉内喷入还原剂将生成的氮氧化物还原	在催化剂的作用下，利用还原剂与烟气中的氮氧化物反应生成氮气和水
适应性	仅需对锅炉炉膛进行改造，对新建和改造机组均适用	技术适应性差；不适用于无烟煤电厂；但系统简单，适用于老机组改造且对氮氧化物排放要求不高的区域	技术适应性强；适用于要求脱硝效率较高的新建和现役机组改造；适用于对空气质量要求较敏感的区域

思考题

1. 氮氧化物对人体健康和生态环境有哪些危害？
2. 简述我国能源结构情况，试说明氮氧化物的控制技术有哪些。
3. 说清 SCR 脱硝原理和最佳活性区间。
4. SCR 脱硝催化剂是如何分类的？

第4章　废SCR脱硝催化剂的产生

SCR脱硝催化剂，也就是我们常说的“选择性脱硝催化剂”，其用量占国内外燃煤电厂脱硝所用催化剂的90%以上。这类脱硝催化剂采用了二氧化钛、五氧化二钒、三氧化钨等重金属作为骨架和催化元素，本身就含有一定的毒性，而在使用期间，烟气中大量的铬、铍、砷和汞等重金属又对这些催化剂造成了二次污染，成为富含各类重金属成分的有害物料。中国环境科学研究院对我国部分燃煤电厂产生的废烟气脱硝催化剂的危险特性的分析结果表明，废SCR脱硝催化剂的主要危险特性为浸出毒性，其中铍、铜、砷的浸出浓度普遍高于新脱硝催化剂的浸出浓度；部分企业废烟气脱硝催化剂中铍、砷、汞的浸出浓度超过《危险废物鉴别标准　浸出毒性鉴别》（GB 5085.3—2007）的有关要求，极易造成环境污染。因此，废弃的SCR脱硝催化剂已经成为配备脱硝装置的燃煤电厂面临的一个严重的环保问题。2014年8月，国家环保部正式发布《关于加强废烟气脱硝催化剂监管工作的通知》和《废烟气脱硝催化剂危险废物经营许可证审查指南》，将废烟气脱硝催化剂（钒钛系）纳入危险废物进行管理。《国家危险废物名录》（2016版）将其归类为“HW50废催化剂”，工业来源为“环境治理”，废物名称定为“烟气脱硝过程产生的废钒钛系催化剂”。

4.1　SCR烟气脱硝催化剂的组成

目前国内SCR脱硝装置中所使用的绝大部分催化剂都是钒钛型五氧化二钒-三氧化钨（三氧化钼）/二氧化钛系列的，其中含有0.3%~1.5%的五氧化二钒，3%~5%的氧化钨（或氧化钼）、80%~90%的二氧化钛及其他物质。

图4-1展示了应用于不同燃料类型的蜂窝式SCR脱硝催化剂（催化剂单元块）。图4-2展示了板式催化剂的结构。

表4-1展示了典型的SCR脱硝催化剂中组分含量范围。在使用寿命结束的废催化剂中还含有大量来自于与烟气接触时沉积的微量组分，特别是在

煤燃烧过程中产生的低浓度的钾、钠、钙、砷及其他金属化合物。与此同时，部分飞灰颗粒也会黏附在催化剂表面。

图 4-1　不同燃料类型的典型蜂窝式脱硝催化剂

图 4-2　板式催化剂的结构

表 4-1　典型的 SCR 脱硝催化剂组成

组分	含量	组分	含量
TiO_2	80%～90%	MoO_3	0～5%
V_2O_5	0.3%～1.5%	SiO_2	0～10%
WO_3	3%～5%	其他物质	0～10%

针对不同项目的烟气工况及脱硝要求，每个催化剂供应商都有不同的催化剂配方设计，特别是针对脱硝效果要求较高的装置。因此，不同催化剂制造商供货的不同装置所产生的废催化剂的成分差异很大。

4.2 SCR 脱硝催化剂的安装

通常 SCR 脱硝催化剂采用“2+1”的安装方式，即先安装 2 层催化剂，约 3 年后，再加装第 3 层。3 层一起使用 4~5 年后开始更换第 1 层，过 2~3 年后更换第 2 层，再过 2~3 年后更换第 3 层，如此循环，如表 4-2 所示。根据这一规律，2014 年开始产生废 SCR 脱硝催化剂约 2.4 万立方米/年，此后持续增加，至 2018 年废 SCR 脱硝催化剂的产生量将可达到 7.6 万立方米/年。

但在实际使用过程中，有些工程一直使用 2 层催化剂，待其中一层失活后才进行更换。在更换使用国产脱硝催化剂后，由于使用劣质煤以及脱硝运行状况偏离等原因导致催化剂报废周期缩短，从而使得废 SCR 脱硝催化剂产生数量增加。

表 4-2 烟气脱硝催化剂安装方式示意

年份	2011	2015	2018	2020	2022
绝对时间	第 1 年	第 4 年	第 8 年	第 10 年	第 12 年
催化剂床层情况（圈内数字代表床层序号）	①②	①②③	②④	③④⑤	④⑤⑥
催化剂新增量	2 层	1 层	1 层	1 层	1 层
催化剂新废弃量	—	—	1 层	1 层	1 层
年份	2011	2015	2018	2020	2022
绝对时间	第 1 年	第 4 年	第 8 年	第 10 年	第 12 年
催化剂床层情况（圈内数字代表床层序号）	②②	③②③	③④	③④⑤	④⑤⑥
催化剂新增量	2 层	1 层	1 层	1 层	1 层
催化剂新废弃量	—	—	1 层	1 层	1 层

按照国家“十二五”环境保护规划，若在 2015 年底要求完成现役火电机组的脱硝工程改造，则需要 2010~2015 年度按照以下脱硝工程改造进度完成：即新增机组完成脱硝改造的比例为 2010 年 30%、2011~2015 年 50%，每年原有机组完成脱硝改造比例为 39%。根据 2013~2018 年度国内 SCR 脱硝催化剂供应量的变化情况，部分研究者计算了 2013~2018 年间 SCR 脱硝催化剂的使用量，每年实际（计划）完成烟气脱硝工程安装量如表 4-3 所示。

表4-3 各年度火电项目安装烟气脱硝工程的实施量 单位：MW

年度	2013	2014	2015	2016	2017	2018
火电总容量	866000	913000	960000	1007000	1054000	1101000
新增容量	47000	47000	47000	47000	47000	47000
新增容量实施脱硝工程量	47000	47000	47000	47000	47000	47000
原有容量实施脱硝工程量	98112.78	98112.78	192849.6	192849.6	204127.8	72848.22
本年度总计未改造机组总量	643134.5	546984	450833.4	261840.8	72848.22	-127197
脱硝工程实施量合计	145112.8	145112.8	239849.6	239849.6	251127.8	119848.2

4.3 废SCR脱硝催化剂产生的原因及数量

在理想状态下，SCR脱硝催化剂可以长期使用，但在实际运行中，各种原因都可能导致催化剂活性降低，寿命缩短。随着催化剂使用时间的增长，催化剂发生热老化，因过热而导致活性组分晶粒的长大甚至发生烧结而造成催化活性下降；也会因与烟尘中含有的某些元素发生化学反应部分或全部丧失活性；亦会因一些污染物（诸如油污、焦炭等）积聚在催化剂表面上或堵塞催化剂孔道而降低活性。对于失活的催化剂，首先考虑的处理方式是催化剂的再生。催化剂再生是对失活催化剂进行浸泡洗涤、添加活性组分以及烘干的工艺处理，最终使催化剂恢复大部分活性。但并不是所有的失活催化剂都能够通过再生方式处理利用，如果失活催化剂采用再生方式仍不能恢复活性，则需要对其进行回收和废弃处理或进行资源化利用。

根据国家相关统计数据，2015年底，全国火电机组装机容量达到9.6亿千瓦，其中10万千瓦以上燃煤机组装机容量达到6.2亿千瓦。“十二五”期间氮氧化物治理具体要求是：东部及其他地区省会城市单机容量20万千瓦及以上的现役燃煤机组必须实行脱硝改造，其他地区单机30万千瓦及以上的现役燃煤机组必须实行脱硝改造。因此，在2015年底前全国完成的烟气脱硝实施工程总量达到5.7亿千瓦。根据燃煤机组对SCR脱硝催化剂需用量平均为0.8立方米/兆瓦计算，2015年底前SCR脱硝催化剂的需求总量为45.6万立方米，2015年底燃煤电厂脱硝催化剂使用量达到60~80万立方米，脱硝催化剂一般运行24000小时后将面临失活，为满足脱硝排放要求，需将已失活催化剂更换为新鲜催化剂。

另外，根据中国电力企业联合会的估算，“十二五”末有约7亿千瓦火电装机容量安装脱硝装置，55~60万立方米脱硝催化剂在线运行；到2020年以后，我国火电厂总装机容量将稳定在10亿千瓦左右，80~90万立方米脱硝催化剂在线运行。按照每兆瓦机组每年产生0.25~0.3立方米废SCR脱硝催化剂计算，2020年以后我国每年将产生废SCR脱硝催化剂25~30万立方米/年（SCR脱硝催化剂的密度按照0.5吨/立方米计，合13~15万吨/年）。部分研究者计算了各年度废SCR脱硝催化剂产生数量（表4-4）。

表4-4 各年度废SCR脱硝催化剂的产生量　　单位：t

年度	2014	2015	2016	2017	2018	2019
烟气脱硝废催化剂产生量	3668.8068	3126.03	17976.77	17333.21084	36546.48	44898.47
年度	2020	2021	2022	2023	2024	2025
烟气脱硝废催化剂产生量	57214.9	73408.83	69350.69	92513.21	94983.74	92513.21
年度	2026	2027	2028	2029	2030	2031
烟气脱硝废催化剂产生量	94983.74	92513.21	94983.74	92513.21	94983.74	92513.21
年度	2032	2033	2034			
烟气脱硝废催化剂产生量	34983.74	92513.21	94983.74			

综上所述，2014年已经陆续产生废SCR脱硝催化剂，并保持持续增加趋势。由于脱硝催化剂本身含有五氧化二钒、氧化钨、二氧化钛及其他金属化合物，同时在燃煤烟气脱硝过程中进行使用，催化剂表面会富集大量的铅、汞、镉等金属化合物，如不能对其妥善、合理地综合利用或无害化处理处置，将会降低大气污染治理成效，同时会增加二次污染环境风险。因此，掌握废SCR脱硝催化剂的确切产生数量，对于其再生、回收利用以及无害化处理处置具有重要意义。

思考题

1. 何为废SCR脱硝废催化剂？它是如何产生的？

2. 在火电厂烟气脱硝过程中催化剂是如何安装的？

3. 到2020年我国火电厂每年将产生多少废SCR脱硝催化剂？你是如何计算的？

第5章 脱硝催化剂失活及案例分析

SCR脱硝催化剂失活是烟气脱硝过程中的关键问题。引起催化剂失活的原因有多种，烧结、磨损和堵塞现象都会引起催化剂的失活。通过合理设计，优化脱硝反应器内的流场，可以减轻催化剂出现较严重的磨损，但磨损的部分无法修复。堵塞的主要原因在于：针对具体项目工况催化剂节距选择不合理，实际运行中烟气的灰含量大于设计值。许多种金属氧化物、非金属氧化物以及盐酸盐和硫酸盐都能够导致SCR脱硝催化剂中毒。催化剂中毒的原因是复杂并且各不相同的，碱金属元素能够中和活性位的酸性并减少活性位的数量，碱土金属元素的沉积会造成孔结构的堵塞，飞灰中的砷会堵塞进入活性位的通道等。同时，大多数SCR脱硝催化剂失活都不是受某单一因素影响，而是受到各种错综复杂的因素互相影响的。比如：低飞灰状况下，砷中毒是催化剂活性降低的主要原因；高飞灰状况下，硫酸钙引起的堵塞又是引起催化剂失活的主要原因。研究总结SCR脱硝催化剂的各种失活机制，可以有针对性地根据锅炉特性、燃料特性以及飞灰成分进行烟气脱硝系统的优化设计，制定恰当的防止催化剂失活的措施，对延长催化剂寿命、降低SCR脱硝系统的运行维护费用具有重要意义。

5.1 脱硝催化剂的活性及其失活

脱硝催化剂的主要性能是对氨还原烟气中氮氧化物反应的催化活性，这点与它的结构形式无关，即与催化剂是蜂窝式、板式还是波纹板式是没有关系的。催化剂的活性可用活性系数K来表征，这个参数与催化剂材料的化学和物理成分、烟气中的化学成分、烟气温度、传质系数（主要取决于烟气的流速）等有关：①催化剂的活性对脱硝效率具有重要的影响，直接影响烟气中的氮氧化物是否达标排放；②催化剂的活性对氨逃逸量的影响也很大，直接关系到氨逃逸量是否超标等；③催化剂活性指标对催化剂的寿命管理与更换计划具有较强的指导意义；④催化剂活性指标也是运行优化与调整的依据。通常用下式描述正常失活催化剂的活性：

$$K=K_{oe}\ (t/\tau) \tag{5-1}$$

式中：K——在某一时间 t 时的催化活性；

t——运行时间；

K_{oe}——催化剂初始活性；

τ——催化剂使用寿命常数。

图 5-1 所示为根据式（5-1）绘出的催化剂的失活曲线。由图 5-1 可以看出，随着催化剂活性的降低，为了保持恒定的脱硝效率，通常需要注入更多的氨，从而增加了氨逃逸。当氨逃逸达到最大排放限值时，脱硝效率降低，必须安装新的催化剂来维持原来的设计水平。经常采用催化剂的剩余活性作为时间的函数，量化为 K/K_0（相对活性），新鲜的催化剂的相对活性为 100%。

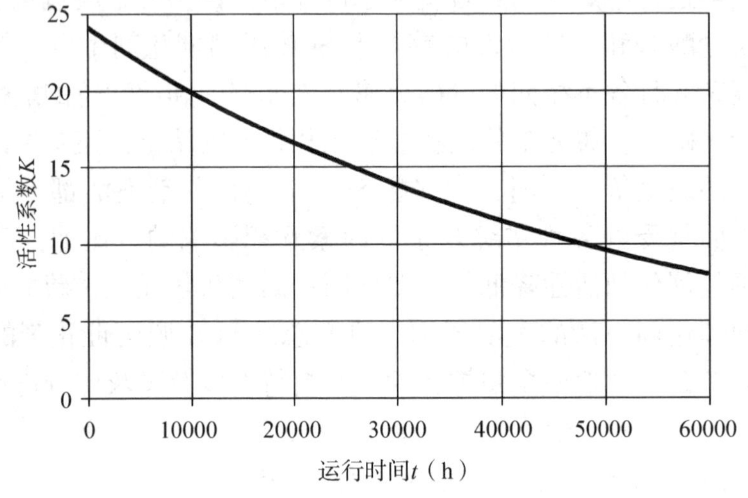

图 5-1　典型催化剂的失活曲线

催化剂失活是指催化剂在使用一段时间后，其活性、机械强度以及选择性等性能指标逐渐下降，甚至失去继续使用的价值。催化剂失活是一个复杂的物理和化学过程。通常将催化剂失活分为三种类型：中毒失活、烧结和热失活、催化剂堵塞失活。催化剂各种失活情况如图 5-2 所示。

另外，催化剂因机械强度不好、容易破碎，运行过程中增加床层压降，必须停运而更换新鲜催化剂的过程，有时也归属为失活范畴。实际上，催化剂的失活过程往往是以上各种失活过程的综合结果。但对某一具体催化反应而言，由于反应过程和所使用的催化剂的独特性，其失活过程以某种失活类型为主。

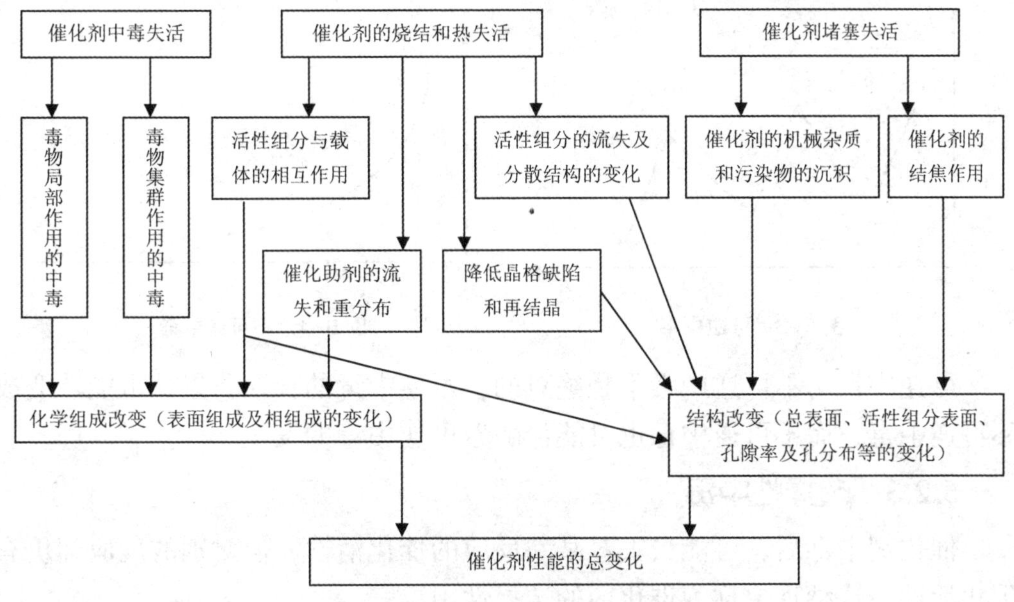

图 5-2　催化剂各种失活情况

5.2　催化剂的中毒失活

催化剂的活性和选择性由于某些有害物质的影响而下降或丧失的过程称为催化剂中毒。催化剂中毒的实质是由于催化剂表面活性中心吸附了各种有毒、有害物质，或进一步转化为较为稳定的表面化合物，因此钝化了其催化活性，致使催化剂不能正常地参与对反应物的吸附，催化活性及选择性降低甚至完全丧失。按照有毒、有害物质的活性特征，催化剂中毒可分为可逆中毒（或暂时性中毒）、不可逆中毒（或永久中毒）和选择性中毒三种类型。

5.2.1　可逆中毒

催化剂的可逆中毒是指有毒、有害物质在催化剂活性中心吸附或化合后，因生成的键能较弱，可采用适当的方法除去这些毒物，或使用不含毒物的纯净原料气，可使催化剂的性能基本恢复，甚至完全恢复。可逆中毒时活性的下降与运行时间的关系如图 5-3 所示。

5.2.2　不可逆中毒

催化剂的不可逆中毒是指有毒、有害物质与催化剂相互作用，在活性中心区域上形成了稳定的化合物或造成其结构的破坏，难以用一般的方法将其去除，从而使催化剂永久性地丧失部分或全部活性。催化剂发生不可逆中毒时，活性的下降与运行时间的关系如图 5-4 所示。

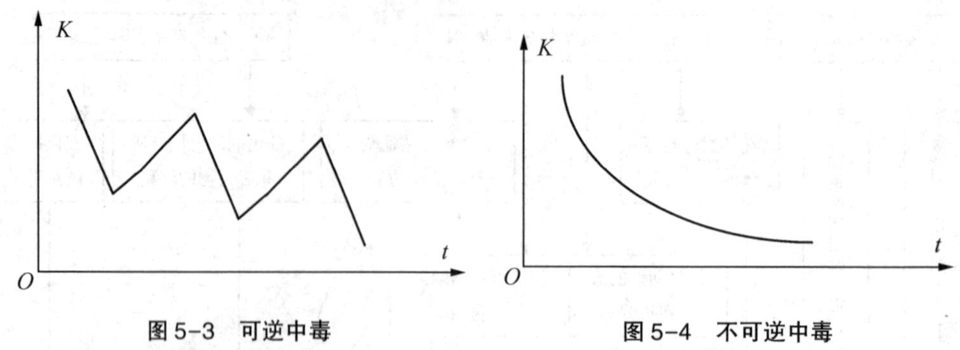

图 5-3　可逆中毒　　　　图 5-4　不可逆中毒

可逆中毒与不可逆中毒不是绝对的，可逆中毒的长期积累就可能转变成不可逆中毒，而不可逆中毒也可能伴随着可逆中毒的发生。

5.2.3　选择性中毒

催化剂中毒后，可能失去对某一反应的催化活性，但对别的反应却仍有催化活性，这种现象称为催化剂的选择性中毒。

催化剂的选择性中毒在工程上具有经济意义，在某些情况下，它可以提高目标反应物的选择性，减少副反应的发生。

5.3　催化剂的烧结和热失活

催化剂烧结是指催化剂在高温下反应一段时间后，其活性组分的晶粒长大，比表面积缩小。烧结是引起催化剂失活，特别是负载型金属催化剂失活的主要原因。高温除了引起催化剂烧结外，还会引起其他变化，主要有化学组成和相组成的变化、活性组分被载体包埋、活性组分由于生成挥发性物质或可升华的物质而损失等，这些变化称为热失活。但烧结和热失活之间有时难以明确区分，烧结引起的催化剂变化中往往也包含热失活的因素在内。

5.3.1　催化剂烧结的类型

1. 比表面积减少

无论是氧化物、硫化物还是金属催化剂及负载型金属催化剂，绝大多数都是多孔性物质，它们在烟气脱硝过程中，特别是在经受高温过程后，其结构参数（如表面积、孔隙率、孔分布、金属晶粒大小及分散度等）都会发生改变。大多数催化剂在高温下都将逐渐发生不可逆的结构变化，只是其变化的快慢和大小程度因催化剂的不同和受热情况不同而有差异。

通常负载型金属催化剂烧结时，首先烧结的是载体的微孔结构，随着温度的升高和受热时间的延长，微孔烧结变大，催化剂的平均孔径增大，总孔隙率下降，比表面下降。烧结使金属微晶发生聚集长大，金属分散度下降，活性金属表面积下降。金属晶粒甚至还会因部分载体微孔结构的崩塌而陷入氧化物载体之中，处于被载体包埋的状态，金属晶粒被包埋得越深，其暴露的表面积越小。同时，由于载体孔结构的崩塌，还会进一步影响催化剂的活性及选择性。

2. 晶格的不完整性减少

制造完成的催化剂通常存在错位或晶体不完整性，在这些晶体不完整部位附近的原子由于具有较高的能量，容易形成催化剂的活性中心。而在催化剂发生烧结时，产生新的介稳表面或使不稳定的表面积消失，并在扩散阶段发生晶型转变，使晶体不完整性减少或消失，结晶稳定化造成催化剂活性部位显著减少。

催化剂烧结不仅影响催化剂活性，还影响其选择性。通常烧结是不可逆过程，故由此引起的催化剂失活是永久性失活，无法再生。但对负载型金属催化剂而言，在其载体结构未遭烧结破坏的情况下，有些金属晶粒的聚集长大可通过再分散方式恢复其活性。通常温度越高，催化剂烧结越严重。对负载型金属催化剂来说，金属组分的烧结温度往往比载体烧结温度低。而催化毒物的毒化作用也会加剧催化剂的烧结，甚至会引起低温烧结。

5.3.2 金属氧化物的烧结过程

一般认为，高表面积的氧化物催化剂在高温下的烧结过程有三个阶段：

（1）小晶粒之间通过搭桥相互连接起来。

（2）小晶粒相互扩展，使搭桥处形成封闭的孔隙。

（3）小晶粒间连接处完全封闭的孔渐渐消失形成大晶粒。

5.3.3 催化剂的热失活

高温的作用下，催化剂各组分之间会发生固相化学反应，或者发生相变和相分离，从而引起催化剂活性和选择性的下降，以下就是催化剂热失活的几种表现。

1. 固相间的化学反应

催化剂在高温下发生的固相化学反应，主要指负载的金属组分与载体或助剂之间的反应。例如，对于氧化铜/γ-三氧化二铝催化剂来说，在300℃时氧化铜就有可能与γ-三氧化二铝反应形成尖晶石结构的铜-三氧化二铝，并诱导载体γ-三氧化二铝于700℃转化为α-三氧化二铝；而正常情况下，γ-三氧化二铝转化为α-三氧化二铝的温度为1100℃左右。

2. 相变和相分离

在低温下，催化剂中很多组分均处于介稳状态；但在催化剂运行温度下，催化剂上长时间遭受热的作用，其介稳体系会向更加稳定的状态转变。而这种转变过程往往会由于各组分的相互作用而得以加剧。催化剂发生相变和相分离的结果是活性和选择性下降、强度下降。

例如，工业上使用较为广泛的二氧化钛载体有3种晶形：锐钛型、板钛型和金红石型。表5-1所示是这3种晶粒的主要参数。其中，金红石型晶形的二氧化钛最为稳定，加热到一定温度后，板钛型和锐钛型晶形都会转变为金红石型晶形。工业上常用的五氧化二钒-三氧化钨/二氧化钛催化剂，其载体二氧化钛由锐钛型向金红石型的转变就是该催化剂失活的原因之一。

表5-1 TiO_2 三种晶粒的参数

形态	相对密度 (g/cm^3)	晶格类型	Ti-O 距离 (nm)	E_g (eV)	ΔG_f^0 (kcal/mol)	比表面积 (m^2/g)
锐钛型	3.89	正方晶系	0.195	3.3	211.4	4~15
金红石型	4.25	正方晶系	0.199	3.1	-212.6	5~7
板钛型	4.13	斜方晶系				

5.3.4 催化剂活性组分的流失

催化剂在长期的运行中，尤其是在高温的热作用下，其各种组分均会有不同程度的流失，不仅活性组分会流失，助催化剂甚至载体组分也会流失。

1. 物理流失和化学流失

催化剂在使用过程中活性组分的流失，通常分为物理流失和化学流失两种。前者指反应气流成分不与催化剂活性组分作用时的流失，后者指气流成分与催化剂活性组分作用时的流失。催化剂金属组分的流失主要是通过生成易挥发的物质或可升华的化合物被反应气流带走而引起的。例如，在有一氧化碳、0~300℃的温度下，镍金属和铁金属催化组分都可能生成易挥发的四羰基合镍[$Ni(CO)_4$]和五羰基合铁[$Fe(CO)_5$]。

2. 失活组分升华流失机制

活性组分自固体催化剂表面进入气相的升华流失机制主要有以下几种：

（1）平行升华。一氧化碳在镍催化剂上发生的甲烷化反应时，吸附在镍催化剂上的一氧化碳，一边与氢反应生成甲烷，一边以生成羰基镍的形式流失。

（2）连串升华。以氧化钼为活性组分的催化氧化过程中，水是生成物。

水与氧化钼作用，生成可挥发的二羟基合氧化钼[$MoO_2(OH)_2$]被反应气流带走，导致氧化钼的流失，就属于这种连串升华。

(3) 并列升华。在以五氧化二钒为主的催化剂中，原料气中若有氧化砷存在，就会形成三氧化二砷、五氧化二钒络合物而使五氧化二钒流失，该升华属并列升华。

(4) 独立升华。独立升华是指活性组分受热后，自载体表面脱附到气相的物理脱附过程，其升华流失过程与反应气流成分无关。

平行升华、连串升华、并列升华均属化学升华，独立升华属物理流失。

3. 影响活性组分流失的因素

影响催化剂活性组分流失的因素有操作压力、温度、底料的纯度、催化剂的组成、催化剂使用时间的长短及催化剂床层的位置等。

5.4 催化剂的积炭失活

催化剂在使用过程中，因表面逐渐形成炭的沉积物而使催化剂活性下降的过程称为积炭失活。随着积炭量的增加，催化剂的比表面积、孔容（孔体积）、表面酸度及活性中心数均会相应下降，积炭量达到一定程度后将导致催化剂的失活。

积炭越快，催化剂的使用周期就越短。与催化剂中毒相比，引起催化剂积炭失活的积炭物量比毒物量要多得多，积炭在一定程度上可延缓催化剂的中毒作用，但催化剂的中毒会加剧积炭的发生。与单纯的因物理堵塞而导致的催化剂失活相比，积炭失活还涉及反应物分子在气相和催化剂表面的一系列化学反应问题。在积炭的同时往往伴随金属硫化物及金属杂质的沉积。单纯金属硫化物或金属杂质在催化剂表面的沉积也与单纯的积炭一样，会因覆盖催化剂表面活性位或限制反应物的扩散而使催化剂失活。故通常将积尘、积硫及金属沉积物引起的失活，都归属于积炭失活一类。

5.4.1 积炭形成的机制

积炭既可以通过平行反应、连串反应产生，也可通过复杂反应顺序产生，若以 A 表示反应物，B 表示生成物，C 表示积炭，则相应反应顺序可表示为

平行反应：$A \xrightarrow{k_1} B$。

连串反应：$A \xrightarrow{k_2} C$，$A \xrightarrow{k_1} B \xrightarrow{k_2} C$。

催化剂的积炭按形成方式可分为非催化积炭和催化积炭两类。

1. 非催化积炭

非催化积炭指的是气相积炭或非催化剂表面上生成炭质物的焦油和固体炭质物的过程。气相积炭一般认为是烃类按自由基聚合反应或缩合反应机制进行的，在气相中生成的炭常统称为烟炭。

非催化形成的表面炭是气相生成的烟炭和焦油产物的延伸，它是在无催化活性的表面上生成的焦炭。无论是随原料加入或由气相反应生成的高分子中间体，都会在催化反应器内任何表面凝集。非催化表面起着收集凝固焦油和烟炭的作用，并促进这些物质的浓缩，从而进一步发生非催化反应。

此外，非催化积炭还包括原料中的残炭，它们通常是沥青质物、油雾等。

2. 催化积炭

催化积炭是指在催化活性中心上，进行主催化反应的同时，由副反应生成的炭。由反应物生成的炭称为平行积炭，由生成物形成的炭称为连串积炭。

不同反应物于不同反应温度和压力下，在不同催化剂上形成的催化积炭物的结构是不同的，按照催化积炭物的外表和微观结构，通常可分为薄片状石墨碳、无定形碳和碳纤维三大类。薄片状石黑碳具有接近理想石墨的结构，它的表面基本上平行于所沉积的固体表面。无定形碳也称为多晶碳，它是由与催化剂表面无一定取向的小晶粒构成的。

催化积炭与催化剂的性质密切相关，尤其与其酸性有关。在金属催化剂、金属氧化物催化剂及金属硫化物催化剂上都能发生催化积炭，但是其积炭的形成机制是各不相同的。金属催化剂上的积炭比氧化物催化剂上的积炭要复杂些。

5.4.2 影响催化剂积炭的因素

1. 原料情况

原料中的残炭含量高（如煤粉的不完全燃烧），则会增加催化剂上的积炭量。原料中所含的酸性杂质，往往会强化催化剂的酸性而增加积炭量。

2. 反应条件

原料气（烟气）中的组分、温度、压力、空间、速率等反应条件均会影响催化剂表面积炭，其中以反应温度的影响最主要。

3. 催化剂性能的影响

在多相催化反应中，催化剂的宏观结构（如孔径大小、结构及其分布情况，孔隙率、比表面积等）、催化剂的晶粒大小及表面酸碱度等皆会影响积炭形成的速率。

5.5　脱硝催化剂失活案例分析

燃煤电厂 SCR 脱硝催化剂使用过程中，导致其失活的主要情况是物理性失活和化学中毒。物理性失活主要有磨损、堵塞和活性位被覆盖等，造成脱硝催化剂性能下降；化学中毒则是由于沉积在催化剂上的某些化学元素与催化剂组分发生化学反应，导致催化剂活性位的减少甚至丧失。

5.5.1　催化剂磨损

磨损是由于飞灰冲刷催化剂的表面造成的，活性成分均匀分布的催化剂，磨损后催化剂的活性影响较小；而活性成分主要集中在表面的催化剂，磨损后对活性的影响较大。催化剂磨损程度的影响因素主要有烟气流速、飞灰特性和冲击角度及催化剂本身特性等。由于烟气脱硝过程的工作条件比较恶劣，烟气中含有酸性气体以及各种金属化合物，粉尘冲刷和酸性气体腐蚀以及各种化合物的共同作用导致催化剂受到损伤。同时，烟气流速越大（烟气流动的线速度通常控制在 6 米/秒以内），磨损越严重；飞灰硬度越大、冲击角度越大，磨损越严重。图 5-5 所示为磨损后的催化剂。

通过合理设计脱硝反应器流场，避免在反应器局部出现高流速区，可以避免催化剂出现较严重的磨损。催化剂的磨损部分无法修复。对于磨损情况比较严重的催化剂只能进行更换；对于相对完好的催化剂根据失活原因进行再生，可以保证烟气脱硝装置的运行，达到节约成本的目的。

5.5.2　催化剂堵塞

煤在锅炉内燃烧产生的灰分颗粒随烟气上升，到达反应器后直接飘落至催化剂孔道表面，而细小的灰粒在层流状态下先聚集于 SCR 反应器的上游部位，当聚集到一定程度后就会掉落到催化剂表面。由此，沉积在催化剂表面的飞灰就会越来越多，最终形成搭桥，引起催化剂堵塞，这就是飞灰引起催化剂孔内堵塞的原理。

催化剂的堵塞主要是由于铵盐及飞灰的小颗粒沉积在催化剂小孔内，阻碍了氮氧化物、氨、氧气到达催化剂的表面，从而引起催化剂钝化。发生这种现象将阻隔反应物与催化剂的接触，其结果是催化剂的活性大大降低（图 5-6）。

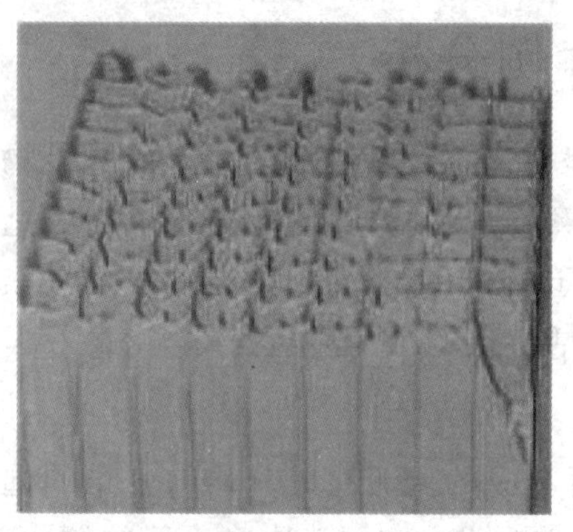

图 5-5 磨损后的脱硝催化剂

图 5-6 催化剂孔内堵塞

SCR 脱硝催化剂堵塞包括飞灰堵塞和硫酸钙堵塞等。常见的积灰形式主要有催化剂上表面积灰、催化剂背烟侧下表面积灰、工字钢梁上积灰。煤燃烧后所产生的飞灰绝大部分为细小灰粒，由于烟气流经反应器的流速较小，一般为 6 米/秒，气流呈层流状态，细小灰粒聚集于 SCR 反应器上游，到一定程度后掉落到催化剂表面。由此，聚集在催化剂表面的飞灰就会越来越多，最终形成搭桥，造成催化剂堵塞。烟气中除了细小灰粒，也可能存在部分粒径较大的爆米花状飞灰，颗粒一般大于催化剂孔道的尺寸，会直接造成催化剂孔道的堵塞。催化剂堵塞的主要原因有催化剂节距选择不合理、反应器内流场分布不均导致部分区域烟气流速过慢、实际运行烟气灰含量大于设计煤种或者校核煤种、吹灰器未按照要求使用等。飞灰中的氧化钙和三氧化硫反应生成硫酸钙，从而导致催化剂微孔堵塞。烟气中的氧化钙可以将气态二氧化二砷固化，从而缓解催化剂砷中毒的影响，但是氧化钙浓度过高又会加剧催化剂的硫酸钙堵塞。

积灰的预防措施是：在进行脱硝反应器结构设计时，应使反应器内的烟气流场均匀，尽可能利用烟气流速带走沉积在反应器内的飞灰。要求反应器内部结构简洁，尽可能减少在反应器内的加强筋、柱、梁，而是设在外壁上，避免出现平台与死角。在矩形催化剂梁的平面上部增设一双斜面结构，可以防止飞灰积存。催化剂模块上表面安装一层钢丝网，用于拦截、破碎烟气中粒径较大的灰粒，便于在每次定期检修中彻底清除催化剂上的积灰。人工清理只能清除表面积灰，一般采用真空抽吸的方法彻底清理催化剂孔道内的积灰，以恢复催化剂的流通能力。在第一层催化剂上方安装格栅网，用于拦阻、破碎大尺寸的爆米花状飞灰。在每层催化剂上方安装吹灰器，运行中定期开启吹灰器进行吹扫，根据需要可选用超声波、压缩空气、蒸汽三种形式的吹灰器。反应器出口是飞灰最易发生积淀的部位，可在出口的下壁板上装设机械振动清灰器，各清灰器轮流工作，在出口下端设置灰斗，收集沉积的飞灰。可采用动态模拟或物理模型装置，通过模拟烟气反应器入口、出口烟道及反应器内的流场分布，确定导流板的形式、布置的位置和数量，使烟气在进入反应器之前尽可能均匀分布，从根本上预防积灰。此外，动态模拟还可以优化氨-空气混合器及喷氨格栅的设计，保证还原剂氨与烟气的充分混合，提高脱硝效率，减少氨的逃逸。

5.5.3　“覆盖层”中毒

烟气飞灰中的氧化钙、三氧化二铝、二氧化硅等沉积在催化剂表面，导致催化剂表面微孔发生“堵塞”现象，阻碍氮氧化物与氨在催化剂表面发生烟气脱硝反应。此外，飞灰中的氧化钙沉积在催化剂表面，容易与三氧化硫反应生成硫酸钙，阻碍氮氧化物与氨结合，导致催化剂中毒。对于我国某些高钙煤质条件，在其他各种致毒因素同时存在的情况下，硫酸钙是导致催化剂失活的主要原因。

飞灰在催化剂表面的沉积是一个物理过程。相对于化学作用，物理作用一般是可逆的，而且沉积速度较慢。另外，周期性地蒸汽吹灰或声波吹灰会将沉积在催化剂表面的飞灰及时去除，故飞灰在催化剂表面的沉积通常不会是催化剂失活的主要原因。而且，通过调节气流分布，选择合理的催化剂间距和单元空间，沿通道上下方向布置催化剂等也可以达到减少飞灰沉积的效果。对于铵盐的沉积，可根据煤的含硫量和烟气中二氧化硫浓度，调节催化剂中活性组分五氧化二钒的含量。对燃烧高硫煤的锅炉，可采取适当降低SCR 脱硝催化剂中五氧化二钒的含量、提高助催化剂含量的方法，以减少二氧化硫的氧化（图 5-7）。

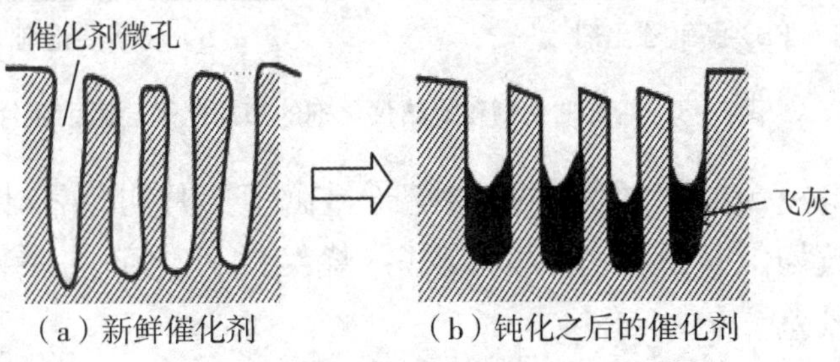

图 5-7　催化剂“覆盖层”中毒

5.5.4 烧结

烧结是催化剂失活的重要原因之一，而且催化剂的烧结过程是不可逆的。烧结导致的催化剂活性降低，是不能通过催化剂再生的方式恢复的。一般在烟气温度高于 400℃时，烧结就开始发生。按常规催化剂的设计，当烟气温度低于 420℃，催化剂的烧结速度处于可以接受的范围。当反应器入口烟气温度高于 450℃并持续一定时间时，催化剂的活性将会大幅降低。目前商用 SCR 脱硝催化剂多为五氧化二钒–氧化钨–二氧化钛系催化剂，催化剂的二氧化钛的晶型为锐钛型，烧结过程中，锐钛型晶体向金红石型转变，晶体粒径成倍增大，催化剂的微孔数量和有效比表面积大幅减少，即催化剂发生失活现象。在催化剂制造过程中，通过适当增加催化剂中氧化钨的含量，可以改善催化剂在高温下的热稳定性，从而提高其抗烧结能力。

目前国内烟气脱硝系统不设旁路，一旦进入烟气脱硝系统的烟气温度超出了催化剂所能承受的最高温度，烟气也只能流经催化剂。因此，在锅炉炉膛吹灰器不能正常吹灰、脱硝系统入口烟气温度大幅度上升等故障工况下，为了避免催化剂的烧结失活，应当果断地降低锅炉负荷，以保护脱硝催化剂。催化剂烧结会导致载体表面的活性成分团聚，导致二氧化钛载体晶型的变化。图 5–8 所示为对新鲜催化剂和烧结的催化剂（表面吹扫后）进行的扫描电子显示镜扫描。

（a）新鲜催化剂

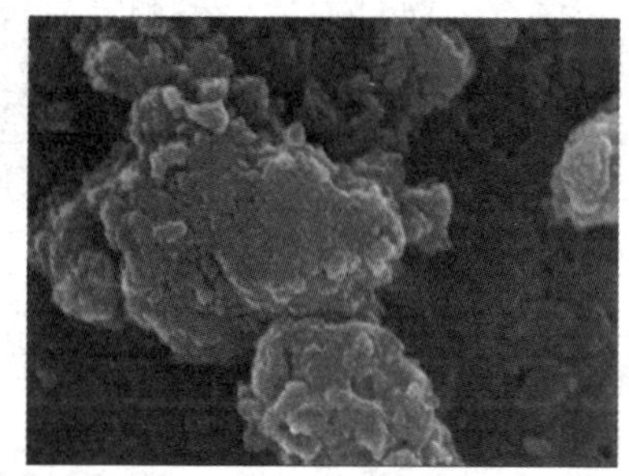

（b）烧结催化剂

图 5–8 新鲜催化剂和烧结催化剂的扫描电子显微镜照片

从扫描电镜 50k 倍放大的扫描电子显微镜照片可以看出，新鲜催化剂的颗粒大小比较均匀，分散性相对较好；烧结的催化剂的颗粒团聚现象严重，表面分散性较差。

5.5.5 碱金属中毒

烟气飞灰中所含有的碱金属（主要是钾和钠）能够直接和催化剂的酸性活性位发生反应，生成偏钒酸钾或偏钒酸钠吸附在活性催化剂的毛细孔表面并引起微孔堵塞，并造成催化剂活性组分的流失而钝化，催化剂的失活程度依表面碱金属的浓度而定。在水溶性状态下，碱金属具有很高的流动性，能够进入催化剂的内部，从而占据催化剂活性位，对催化剂产生持久的毒害作用。除碱金属氧化物以外，碱金属的盐类化合物也会导致催化剂的失活。

碱金属元素被认为是对催化剂毒性最大的一类元素。不同碱金属氧化物毒性由大到小的顺序为：氧化铯、氧化铷、氧化钾、氧化钠、氧化锂。除碱金属氧化物以外，碱金属的硫酸盐和氯化物也会导致催化剂的失活。

在燃煤电厂实际脱硝工程中，碱金属元素中钾由于含量较高，对催化剂活性的影响最为显著。碱金属化学中毒的机制是：钾（钠）与催化剂表面的 V—OH 酸位点发生反应，生成 V—OK，使催化剂吸附氨的能力下降（图 5-9），从而使参与一氧化氮还原反应的氨的吸附量减少，并降低了其参与 SCR 烟气脱硝反应的活性。Larsson 等利用电感耦合等离子体原子发射光谱法观察了氧化钾和硫酸钾在催化剂表层的浸入深度，指出了不同种类钾盐在催化剂表层的聚积位置和浓度是不同的。Zheng 等利用生物质燃料发电厂的调查研究并结合实验，对钾在催化剂内部的积累和渗透机制进行了研究，认为与催化剂孔洞尺寸相当的含钾气溶胶颗粒由于其较大的比表面积和扩散系数可直接渗入催化剂内部，与 V—OH 反应生成 V—OK。Zheng 等的研究还表明，催化剂钾中毒失活速率远大于比表面积减少的速率。由此可知，钾引起的催化剂中毒主要是化学中毒。Kamata 等通过脱硝活性实验证实，随着催化剂表面氧化钾含量的增加，一氧化氮转化率急剧下降，当氧化钾的沉积量达到 2%时，催化剂表面过量的钾降低 V—OH 和 W—OH 基团的酸强度，使得催化剂的活性进一步下降至几乎为零。Nicosia 等利用 $V_6O_{20}H_{10}$ 模型对钾中毒的五氧化二钒-氧化钨/二氧化钛催化剂中与活性钒物质键合进行密度泛函数理论计算，结合程序升温脱附、漫反射红外光谱以及 X 射线光电子能谱等分析手段，对碱金属中毒机制进行了研究，认为钾占据了催化剂表面的 $V_6O_{20}H_{10}$ 模型的非原子孔位，使得 V—OH Brönsted 酸位以及 V ═O 的活性受到抑制，从而使得催化剂的脱硝活性降低。对于大多数的烟气脱硝系统，避免蒸汽的凝结，可排除这类情况发生。对于燃煤锅炉，发生这种情况比较少，因为烟灰中的多数碱金属是不溶的；对于燃油锅炉，发生这种情形比较多，主要是水溶性的碱金属含量高；如果采用生物质燃料的锅炉，如采用秸秆和木材等，中毒也会很严重，因为这些燃料中的水溶性钾含量很高。

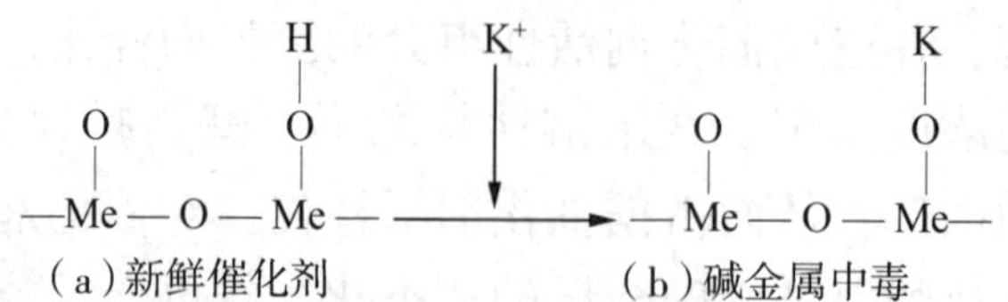

图 5-9　碱金属中毒机制

5.5.6　碱土金属的影响

碱土金属元素对于 SCR 脱硝催化剂的影响主要表现在，碱土金属氧化物在催化剂表面的沉积并进一步发生反应而造成孔结构堵塞。Benson 等对催化剂表面 X 射线衍射检测结果表明，催化剂表面沉积的碱土金属化合物主要为硫酸钙，其余为正硅酸三钙镁[$Ca_3Mg(SiO_4)_2$]和碳酸钙，其中，硫酸钙和碳酸钙是由氧化钙分别与三氧化硫和二氧化碳反应得到的。Nicosia 等通过氨的程序升温脱附和温反射红外光谱测量证实，钙也能够和钾一样，影响酸性位和 V═O 上氨的吸附，而对于酸性位则几乎没有任何影响，但在同等摩尔分数下，钙的影响比钾小。即飞灰中游离的氧化钙与三氧化硫发生反应，吸附在催化剂的表面，形成硫酸钙包围在催化剂的周围（图 5-10），从而阻止了反应物向催化剂表面扩散及进入催化剂的内部微孔。烟气中的氧化钙可以将气态三氧化二砷固化，从而缓解催化剂砷中毒的影响，但是氧化钙浓度过高又会加剧催化剂的硫酸钙堵塞。Scot 等的研究表明：在一定的砷浓度下，随着煤中氧化钙含量的增大，催化剂的寿命先增大后减小，这是由于在氧化钙含量较低时，催化剂的寿命主要受砷中毒影响，当氧化钙含量较大时催化剂的寿命主要受硫酸钙堵塞的影响。防止碱土金属对催化剂影响的措施是选择多喷嘴的耙式吹灰器对催化剂进行吹扫，并且蒸汽的过热温度超过 50℃，从而使灰分不会黏附在催化剂的表面。

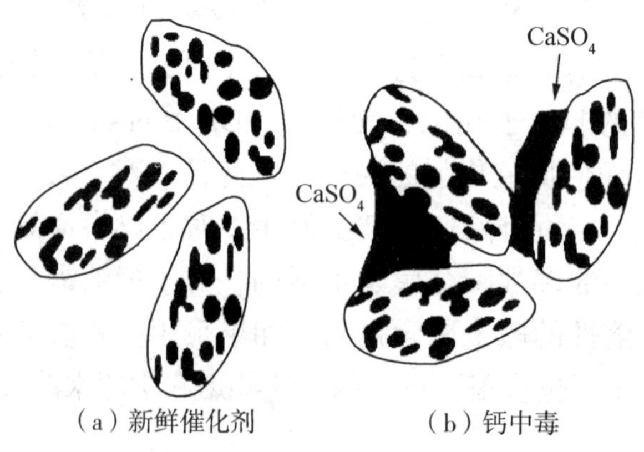

图 5-10　Nicosia 研究的钙中毒机制

5.5.7　二氧化硫中毒

烟气中含的二氧化硫也能使催化剂中毒。烟气中的二氧化硫在钒基催化剂作用下被催化氧化为三氧化硫，与烟气中的蒸汽以及氨反应，生成铵盐硫酸铵和硫酸氢铵，这样不仅会造成氨的浪费，而且还会导致催化剂的活性位被覆盖，导致催化剂失活。此外，二氧化硫与催化剂中的金属活性成分发生反应，生成金属硫酸盐导致催化剂失活。Stpbert 等的研究表明：对于高氧化钙煤，在其他各种致毒因素同时存在的情况下，硫酸钙是使催化剂失活的主要原因。在氧化钙与三氧化硫的反应过程中，氧化钙首先在催化剂表面沉积，沉积速度相对较慢，沉积在催化剂表面的氧化钙与烟气中的三氧化硫的反应属于气-固反应。由于在催化剂表面有活性物质催化氧化生成的三氧化硫，其浓度相对较高，反应速率很快，快速反应后生成的硫酸钙的体积会膨胀 14%左右，由此会遮蔽反应活性位，堵塞催化剂表面，影响反应物在催化剂表面的扩散。

5.5.8　砷中毒

煤炭是一种复杂的天然矿物，各种煤中砷的含量变化很大，一般为 3~45 毫克/千克。煤中的砷多数以硫化砷或硫砷铁矿（硫化亚铁 · 砷化亚铁）等形式存在，小部分为有机物形态。砷是大多数煤种中都存在的成分，烟气中气态砷的主要形态为三氧化二砷，在 SCR 脱硝催化剂所处的温度区间会部分生成五氧化三砷或六氧化四砷。SCR 脱硝催化剂的砷中毒是指：由气态砷的化合物不断聚积，堵塞进入催化剂活性位的通道；同时三氧化二砷还很容易与氧气以及催化剂中的活性成分五氧化二钒发生化学反应，在催化剂表形成五氧化二砷，导致催化剂活性成分被破坏。Morita 等给出的催化剂砷中毒机制见图 5-11，Pritchard 等给出的催化剂砷中毒机制见图 5-12。

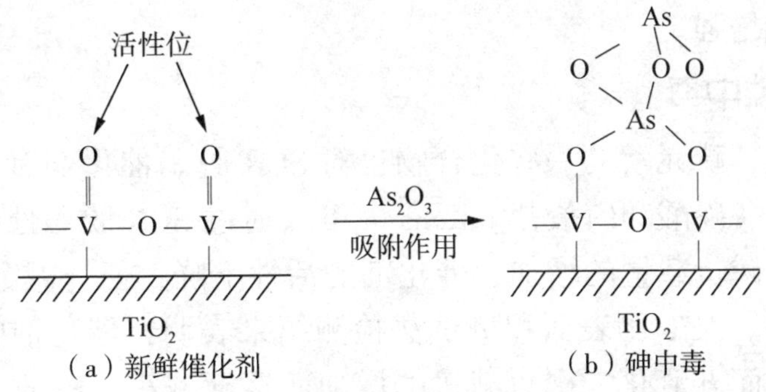

图 5-11　Morita 研究的砷中毒机制

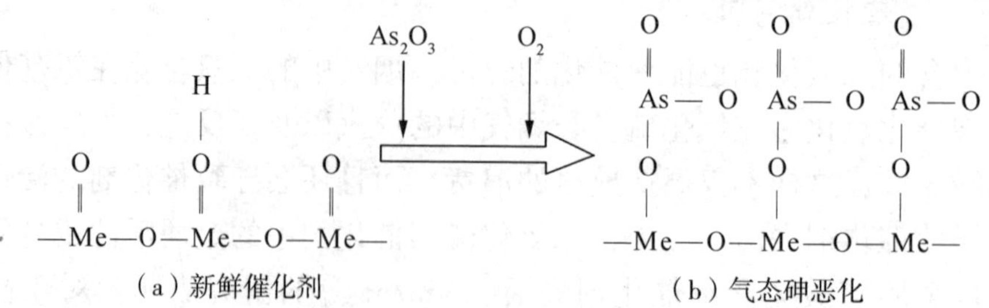

图 5-12 Pritchard 研究的砷中毒机制

Hans 等通过环境扫描电镜照片显示，三氧化二砷主要沉积并堵塞催化剂的中孔，即孔径为 0.1~1 微米的孔。砷的气相浓度取决于锅炉的结构形式和煤的化学组成，液态排渣锅炉所产生的烟气当中气态砷的浓度要远远高于固态排渣炉，但无论应用哪一种炉，催化剂都会出现明显的砷中毒现象。

在燃烧各阶段，采用一系列物理化学方法减少烟气中的砷含量，可有效降低砷对催化剂的中毒作用。如燃烧前，采用物理化学方法减少原煤中的砷含量；燃烧过程中，通过向炉内喷钙抑制气态砷的形成等，为现阶段去除砷对催化剂影响的主要方法。此外，从催化剂角度分析，可以通过改善催化剂的物理特性和化学特性两方面来避免催化剂砷中毒。比如，改善催化剂的化学特性，一是改变催化剂的表面酸位点，使催化剂对砷不具有活性，从而不吸附砷的氧化物；二是通过采用钒和钼的混合氧化物，经高温煅烧获得稳定的催化剂，使砷吸附的位置不影响烟气脱硝的活性位。Parvulescu 等的研究结果表明，以 $V_9Mo_6O_4$ 作为前驱物制得的五氧化二钒-三氧化钼/二氧化钛催化剂具有较强的抗砷中毒能力。相比于相同钒和钼负载量的催化剂，这种催化剂对砷化物的吸收容量明显增加，同时催化剂活性组分分布的改变及催化剂制备过程中新物质的生成改变了催化剂的表面张力，从而使得催化剂抗砷中毒的性能增强。

5.5.9 磷中毒

研究发现，磷元素的一些化合物也对 SCR 脱硝催化剂有钝化作用，包括五氧化二磷、磷酸和磷酸盐。Kamata 等人通过 SCR 脱硝性能试验，发现随着五氧化二磷负载量的增加，催化剂的活性下降，但与碱金属元素相比，影响要小很多。BET 比表面积测试法检测结果表明，催化剂的比表面积和比孔容随着表面五氧化二磷负载量的增加而逐渐减小。Kamata 等还通过漫反射红外光谱和拉曼光谱推导出催化剂的磷中毒机制。该机制认为磷取代了 V—OH 和 W—OH 中的钒和钨，生成了 P—OH 基团，P—OH 的酸性不如

V—OH 和 W—OH，但可以提供较弱的 Brönsted 酸性位，因此，当负载量较小时，催化剂的磷中毒现象并不十分明显。另外，磷也可以和催化剂表面的 V ═O 活性位发生反应，生成磷酸氧钒（$VOPO_4$）一类的物质，从而减少了催化剂活性位的数量，降低催化活性。

思考题

1. 选择催化还原催化剂失活的原因有哪些？

2. 研究总结 SCR 脱硝催化剂的各种失活机制有何意义？

3. 优化脱硝反应器内的流场，可以减轻催化剂出现较严重的磨损，试说明之。

4. 许多种金属氧化物、非金属氧化物以及盐酸盐和硫酸盐都能够导致 SCR 脱硝催化剂中毒，为什么？

5. 谈谈飞灰中的砷对 SCR 脱硝催化剂活性的影响。

第 6 章　SCR 脱硝催化剂检测

目前我国在烟气脱硝关键技术、装备、催化剂国产化研制和生产等方面均取得了重要进展，作为国家标准的《蜂窝式烟气脱硝催化剂》（GB/T 31587—2015）、《平板式烟气脱硝催化剂》（GB/T 31584—2015），规定了烟气脱硝催化剂的术语和定义、产品规格、要求、试验方法、检验规则、标志、包装、运输和储存等相关内容。另外，还有《烟气脱硝催化剂化学成分分析方法》（GB/T 31590—2015）。这些标准为 SCR 脱硝催化剂的生产、使用、运行、再生、废弃管理以及环境管理提供了科学依据，但如何落实和完善这些标准还有很多工作要做。

6.1　当前 SCR 工程及 SCR 催化剂运行现状

火电厂脱硝催化剂运行维护管理、多污染物协同控制、脱硝催化剂试验测试及寿命管理、引起催化剂失活的主要原因、SCR 脱硝催化剂再生技术运行情况和效果及工艺流程，设计和运行优化，脱硝检修常见问题分析与处理问题，均是当前 SCR 工程及 SCR 催化剂运行中的热点问题。SCR 催化剂运行的现状是：投资大、收益小，改造难、牵涉发电；煤质不能选择、工况要求严格、设备容易受损；催化剂价值高但性能又不断衰减，实为易耗品又不得延长使用；催化剂生产厂家水平参差不齐、产品供不应求；安装更换工期紧、质量堪忧，低负荷，也要达标排放；脱硝是新产业，从国外引进，缺少经验，不同的脱硝争议多，相应标准出台滞后。

在 SCR 技术的应用过程中，催化剂的制备生产是其中最重要的部分之一，其催化性能直接影响到 SCR 系统的整体脱硝效果。催化剂的更换与还原剂的消耗是 SCR 系统运行费用的最主要来源，同时催化剂的生产制备更是占据了 SCR 系统初期建设成本的 20%以上。

6.2 检测的必要性及其意义

在各种烟气脱硝过程中，随着SCR脱硝催化剂使用时间的不断增加，导致催化剂的活性逐步减弱。催化剂活性减弱除了会影响脱硝效率外，还会造成氨夹带数量的增加，影响粉煤灰质量。由于目前SCR脱硝催化剂价格较高、交货周期长，确定最佳催化剂更换时间是燃煤电厂采用SCR工艺所面临的普遍问题。业内专家以某电厂SCR脱硝催化剂为对象，对其表观活性、微观性能和表面沉积物进行全面、系统的测试与表征，研究发现：运行了25144小时后的催化剂活性（K/K_0）为0.72；孔径小于3.5纳米的孔道基本消失，比表面积下降的幅度为13.5%~17.7%；钒氧化物存在一定程度的流失；催化剂的晶体粒子也有抱团现象；另外，运行催化剂表面沉积的钙、钠、钾、磷的质量浓度分别是新鲜催化剂的4.5~5倍、115~140倍、4.6~5.7倍和7.4~7.9倍，同时存在砷的累积。

催化剂的使用寿命由运行期间催化剂的失效、失活过程所决定。催化剂在运行过程中存在活性下降的问题，造成催化剂失活的原因主要有两方面：一是烟气中许多化合物都是潜在的催化剂化学性毒害物质，如砷、磷、碱金属、碱土金属及金属氧化物等；二是烟气中烟尘的冲刷以及温度波动也会造成催化剂的物理性损伤。因此，脱硝催化剂性能的定期检测与评价是烟气脱硝系统运行管理中的一项重要的工作。催化剂性能直接影响到烟气中的氮氧化物是否达标排放，关系到氨的逃逸量是否超标，是否会在下游空预器等设备上产生积盐问题。催化剂性能指标对催化剂寿命管理与更换计划具有较强的指导意义，也是脱硝系统运行优化与调整的依据。全面开展脱硝催化剂性能检测与评价，在烟气脱硝系统的运行优化、再生工艺选择、延长催化剂的使用寿命、降低SCR系统的生产运行成本等方面均有较大意义。

6.3 催化剂标准体系构成

6.3.1 催化剂标准体系

《火电厂烟气脱硝催化剂检测技术规范》（DL/T 1286—2013）是首个关于烟气脱硝催化剂检测的行业标准，从2014年4月1日实施起就得到广泛关注，起到了积极作用。但它只是方法标准，没有技术指标，部分试验方法缺少详细参数，有待进一步完善。目前烟气脱硝催化剂的国家标准一部分已经出台。催化剂标准体系由两部分内容构成，包括：产品标准，如《蜂窝式烟气脱硝催化剂》（GB/T 31587—2015）、《平板式烟气脱硝催化剂》（GB/T 31584—2015）、《波纹式烟气脱硝催化剂》；方法标准，如《烟气脱硝催化剂化学成分分析方法》（GB/T 31590—2015）、《烟气脱硝催化剂性能测试方法》（该标准在制定中）。此外，还有其他涉及脱硝设施管理、运行维护、技术监督、检测等相关行业导则、规范等。催化剂检测标准规范导则见表 6-1。

表 6-1　催化剂检测标准规范导则

序号	名称	具体要求
1	《火电厂烟气脱硝技术导则》（DL/T 296—2011）	应定期取出催化剂测试块进行性能测试，其化学寿命和机械寿命应满足催化剂运行管理的要求
2	《火电厂烟气脱硝（SCR）装置检修规程》（DL/T 322—2010）	定期取出测试块进行性能测试，检测是否满足运行要求
3	《脱硝装置技术监督导则》	催化剂是脱硝装置的关键设备，其性能及状况好坏决定了脱硝装置运行质量。通常催化剂运行时间满 3 年或 24000h 后需要对催化剂进行性能检测与评价
4	《火电厂烟气脱硝催化剂检测技术规范》（DL/T 1286—2013）	3 大类、14 项指标的检测方法
5	中国国电集团公司二十五项重点反事故措施	新建、改造、加装或更换催化剂后的脱硝设施应进行性能试验，指标未达到标准的不得验收。催化剂应按照催化剂管理要求进行阶段性性能评估检验，建立性能指标档案及寿命曲线，并与设计值进行比对分析
6	《蜂窝式烟气脱硝催化剂》（GB/T 31587—2015）	蜂窝式烟气脱硝催化剂的术语和定义、产品规格、要求、试验方法、检验规则、标志、包装、运输和储存等相关内容
7	《平板式烟气脱硝催化剂》（GB/T 31584—2015）	平板式烟气脱硝催化剂的术语和定义、产品规格、要求、试验方法、检验规则、标志、包装、运输和储存等相关内容
8	《烟气脱硝催化剂化学成分分析方法》（GB/T 31590—2015）	钒钛系 SCR 脱硝催化剂中钒、钛、钨、钼、硅、铝、钡、钙质量分数的测定方法

6.3.2　催化剂产品标准内容

1. 几何特性指标

几何特性指标包括脱硝催化剂尺寸、几何比表面积和开孔率。

2. 理化特性指标

理化特性指标包括脱硝催化剂抗压强度（蜂窝式烟气脱硝催化剂）、黏附强度（平板式烟气脱硝催化剂）、磨损强度、比表面积、孔容、孔径及孔径分布、主要化学成分和微量元素。

3. 工艺特性指标

工艺特性指标包括脱硝催化剂单元体的脱硝效率、氨逃逸、活性、二氧化硫/三氧化硫转换率和压降，其中脱硝效率和氨逃逸指标应同时检测。

6.3.3　检测相关条件要求

1. 检测相关方

检测相关方包括催化剂生产供应商、催化剂运营商（火电厂）、脱硝（环保）工程公司、第三方检测机构。

2. 中国合格评定国家认可委员会认可的实验室

中国合格评定国家认可委员会认可的实验室应包括：检测人员、实验仪器、检测标准、ISO 17025 体系。

3. 较好的烟气脱硝催化剂检测、评价与性能诊断技术平台

该技术平台包括：扫描电镜、比表面积分析仪、原位漫反射红外光谱仪、物理化学吸附仪、X 射线荧光光谱仪、X 射线衍射仪等现代表征仪器；用于实验的红外烟气分析仪、便携式烟气分析仪、氨气分析仪、电子力学压力机、磨损率仪和黏附率仪等仪器；比较先进的装置，如全尺寸烟气脱硝催化剂活性检测装置、微型烟气脱硝催化剂活性检测装置、蜂窝式催化剂磨损实验装置。

4. 烟气流场的要求

烟气流场的要求包括确保氮氧化物/氨分布均匀、确保烟气速度均匀、减少烟气温度偏差、获得最小的烟气压降、减少积灰。

5. 反应器第一层催化剂上部的条件要求

（1）速度最大偏差。平均值的±15%。

（2）温度最大偏差。平均值的±10℃。

（3）氮氧化物/氨分布均匀性。5%。

（4）烟气入射催化剂角度（与垂直方向）。±10°。

6.4　常见的检测方法

催化剂检测分类包括出厂检测、验收检测、在线检测和再生检测。对脱硝催化剂进行性能检测评价是监管催化剂品质的重要手段之一。对于电厂来说，催化剂检测包含入场性能检测、运行过程中定期检测、再生前后性能检

测三个重要时段，覆盖整个催化剂寿命周期。

6.4.1 入场性能检测

新入厂催化剂在检测过程中经常发现以下共性问题：

（1）催化剂三种主要成分中钒、钨含量不足。氧化钨在催化剂中主要起到提高热稳定性和抗毒性的作用，有助于延长催化剂化学寿命，其含量通常在4%~7%为合理。其含量的高低直接关系到催化剂生产成本，纯钨目前市场价格昂贵。为降低生产成本，部分催化剂生产厂家的产品中氧化钨含量有逐步减少的趋势，低于技术合同的最低要求，这将影响到催化剂的活性和稳定性。

（2）成型催化剂单元体存在长度方向上的形变，孔道弯曲。这是因为催化剂在挤出和热处理阶段处置不当，引起单元体的变形，因而造成运行中催化剂压降的上升以及催化剂磨损程度的增加。

（3）由于在原料混炼过程中操作不当引起催化剂成型后质地不均匀，沿轴向和径向不同区域的组分含量分布存在较大偏差。偏差大将会严重影响催化剂的脱硝活性、二氧化硫/三氧化硫转化率等特性，并有可能造成催化剂机械强度的降低。

（4）催化剂比表面积和孔隙率偏低，孔容小，孔型分布不合理。这通常由二氧化钛载体品质不合格，或热处理环节操作不当引起，将会造成催化剂的脱硝活性偏低，惰化时间变短。

（5）催化剂质地松散或端面材质不合格。这是由于在混炼、捏合、挤出及热处理过程中操作不当引起的（图6-1），并缺少必要的端面硬化处理流程。催化剂质地松散将直接造成催化剂的抗磨损强度降低，同时易造成运行中催化剂从内部发生磨蚀和局部塌陷现象（图6-2）。

图6-1 新入厂催化剂混炼煅烧不均匀

图 6-2　运行不到时间催化剂内部坍塌

（6）催化剂活性低，在设计 *MR*（氨氮摩尔比）、*SV*（空间速度比）、水蒸气存在的情况下达不到合同要求的脱硝效率。部分催化剂生产企业为了追求合同额，与电厂签订的主要技术指标在出厂检测中都不能按技术条件完成测试。部分厂家的催化剂按照规范边界条件检测活性低于 35，活性低意味着催化剂使用寿命短、惰化速度快。

（7）电厂采购催化剂技术协议约束条件不规范、不清晰，部分电厂检测边界条件不明、约束指标模糊，尤其是因提效而采购的催化剂。比如，在对于不同干湿基条件下的脱硝率约束、硬化端和非硬化端磨损率约束、3 年后活性衰减率等重要指标值都没有严格清晰指定，被部分不良厂家钻空子。

以上问题都直接或间接影响催化剂寿命、脱硝效率和脱硝装置运行可靠性。因此，必须对入场催化剂进行检测。

6.4.2　运行过程中定期检测

1. 运行期内催化剂管理基本要求

（1）对于运行中的烟气脱硝催化剂，每间隔 8000～12000 小时应进行定期常规取样检测。

（2）脱硝催化剂超过设计使用寿命（24000～30000 小时）时，应进行强制检测。

（3）当脱硝催化剂运行出现异常时，不能满足相关性能指标，宜进行取样检测。

2. 脱硝催化剂的更换或加装控制

运行中脱硝催化剂定期取样的第三方特性检测报告，是判定是否需要进行催化剂更换或加装的主要依据。此处采取活性阈值（K/K_0）作为主要评判指标，其定义为已运行使用的催化剂活性（K）和新鲜催化剂活性（K_0）比值，可以描述催化剂的活性损失情况。其中，K 值来源于运行中催化剂取样检测得到的第三方特性检测数据；K_0 值来源于所对应新鲜催化剂入厂时的第三方特性检测数据。当各催化剂层抽样平均活性阈值为 0.6 时（一般生产厂家脱硝性能保证的阈值为 0.69），宜作为操作时间节点，进行脱硝催化剂的更换或加装。每次进行脱硝催化剂更换或加装操作时，应检查各层催化剂的积灰和堵塞情况，并进行必要的吹扫操作。

6.4.3 再生性能检测

当通过活性阙值判定需要进行脱硝催化剂的更换时，对指定层催化剂进行再生是优先考虑的一种可行操作方式。再生之前，应由再生企业进行脱硝催化剂的可再生判定，若催化剂结构阵列完整适合再生，方可采取再生操作；若不适合再生，则仍应采购新鲜催化剂进行更换。同时，废弃的催化剂应交由具有专门资质的企业进行回收和处理。再生企业完成脱硝催化剂再生后应当出具相关的产品性能鉴定报告，满足要求后方能对再生催化剂进行验收。

电厂相关的脱硝催化剂管理部门对脱硝催化剂的性能检测评估报告及数据应进行整理和归档。催化剂性能数据库应作为运行工况调整、催化剂再生和更换的重要数据支撑。为保证 SCR 脱硝系统稳定且高效地运行，应周期性地对系统内催化剂进行更换或加装，更换或加装操作以一层催化剂为单位。脱硝催化剂的加装推荐采用新鲜催化剂以“2+1”层催化剂布置方式。脱硝催化剂的更换可采用新鲜催化剂，也可对原催化剂进行再生处理；只有有效管理好催化剂，才能使催化剂效能提高，延长催化剂的生命周期。

6.5 国外检测方法

测量催化剂的活性和活性损失的方法有很多。在相当长的一段时间里，不同的国家、不同的行业、不同的工厂都各自按照自己习惯的方法。这种情况带来的一个问题是很难将各厂的测量结果进行比较，不利于催化剂研究和开发应用领域的经验交流与改进。

以美国利美特克公司为例，每年采用专用的邮寄包裹，向用户寄送工厂使用的同等规格单个催化剂模块，要求用户利用机组停运的机会，抽取有代表性的运行催化剂模块，利用邮寄来的原包装再把样品寄往美国康宁公司检测活性。催化剂层上产生的空位由邮寄来的新模块替代。通过检测，可判断催化剂的活性状况、中毒与磨损情况，并对催化剂的使用寿命做分析与预测。

最早统一检测方法的工作由联邦德国斯图加特的检测机构组织于 1989 年初发起。在该机构的组织下，德国为发电站和垃圾焚烧炉等的大型 SCR 脱硝装置制订了一项正式的催化剂试验计划。通过电站运行人员和催化剂制造厂家的合作，制定了一份导则，并推荐给所有的生产厂家和检测机构。该导则对烟气条件和分析试品统一了标准，利用已知的催化剂表面积和试验台上的烟气流速以及测量到的还原速度，计算出催化剂的活性常数，通过比较试验催化剂与新催化剂的活性，便可得出催化剂的活性损失。

应该指出的是，虽然各种在线监测技术都取得了长足的发展，但对催化剂而言，为了更确切地掌握它的老化程度和剩余使用寿命，定期从反应器中取出催化剂样品送到实验室进行测试，仍然是不可或缺的和最可靠的手段。加强以实验室测试为基础的对催化剂和反应器的检验程序，可及时置换和确定维护计划，是提高 SCR 系统技术经济性的切实保证。

目前，在德国通常使用 SCR 催化剂活性评估方法，除了由催化剂厂家提供的催化剂模块法（该法须在系统停运后才能进行）以外，还有一些运行中适用的方法，如氨逃逸量测试法、运行参数模拟法等，但这两类方法存在着费时及浪费人力的缺点。在德国曼海姆中心电厂进行了另一种方法的试验，并开发出一种简便可行的运行中催化剂活性测试法，该系统安装在该工厂的第 7 号机组上。

该系统有并联的两个脱硝反应器，烟气总流量为 1.5×10^6 立方米/小时，锅炉燃用德国煤，未处理的烟气中含灰量为 7 克/立方米，氮氧化物含量为 800 毫克/立方米。德国曼海姆中心电厂所用脱硝催化剂技术的参数见表 6-2。

表 6-2　德国曼海姆中心电厂所用脱硝催化剂技术的参数

参数	缩写	催化剂			
		一层	二层	三层	四层
烟气流量（m^3/h）	V_{fg}	1.5×10^6	1.5×10^6	1.5×10^6	1.5×10^6
催化剂体积（m^3）	V_{cat}	673	673	673	673
氯逃逸（mg/m^3）		5	5	5	5
单元长度（mm）	L	965	965	965	965
比表面积（m^2/m^3）	A	440	440	485	485

根据催化剂理论，催化剂体积可按式（6-1）计算，即

$$V_{cat}=-1/K\times V_{Rf}/A\times\ln（1-\eta/\alpha） \tag{6-1}$$

式中：V_{cat}——催化剂体积，m^3；

V_{Rf}——烟气流量，m^3/h；

K——活性系数；

A——催化剂比表面积，m^2/m^3；

η——NO_x 转化率；

α——NH_3/NO 摩尔比。

根据某一催化剂层之前及之后的氮氧化物摩尔流率，按式（6-2）可计算出氮氧化物的转化率 η，即

$$\eta = NO_e/NO_a \tag{6-2}$$

式中：NO_e——某一层催化剂出口 NO 摩尔流率，kmol/h；

NO_a——某一层催化剂入口 NO 摩尔流率，kmol/h。

按式（6-3）可计算出

$$\alpha = NH_3/NO_x \tag{6-3}$$

式中：NH_3——NH_3 摩尔流率，kmol/h；

NO_x——NO_x 摩尔流率，kmol/h。

按式（6-4）可求出活性系数 K 为

$$K = -1/V_{cat} \times V_{Rf}/A \times \ln\ (1-\eta/\alpha) \tag{6-4}$$

由表 6-2 可得出催化剂的比表面积 A 及体积 V_{cat}。对实验过程中的燃煤取样并做出分析后，可计算出烟气流量 V_{Rf}、氮氧化物的转化率 η。氮氧化物及氨的测试可依靠布置在每个催化剂层之前及之后的测试网络完成。由于烟气流量及催化剂层温度会影响氮氧化物的转化率，在测试中要尽量保持摩尔比 α 的恒定。

6.6 检测取样

为便于运行中脱硝催化剂测点取样，应将样块放于各分单元中心位置，取样时应避开催化剂截面边角取样，该区域取样不具备代表性。图 6-3 为催化剂端面取样点示意图。每次定期催化剂检测应在每层各取 2~4 条样品，且每层样品应错开，使得样品点更具有代表性。

（1）脱硝催化剂取样完毕后，在取样点应用同规格新鲜催化剂替代。

（2）每层脱硝催化剂在其寿命周期内不可在同一取样点重复取样。

（3）若单层脱硝催化剂中混杂有属于不同再生周期的催化剂（如一层内大部分为经过一次再生的催化剂，少部分催化剂尚未经过再生），则取样前应先判定该层催化剂的主要再生周期类型（如主要为经过一次再生的催化剂），取样时只选择该再生周期类型的催化剂，而避开其他再生周期类型。

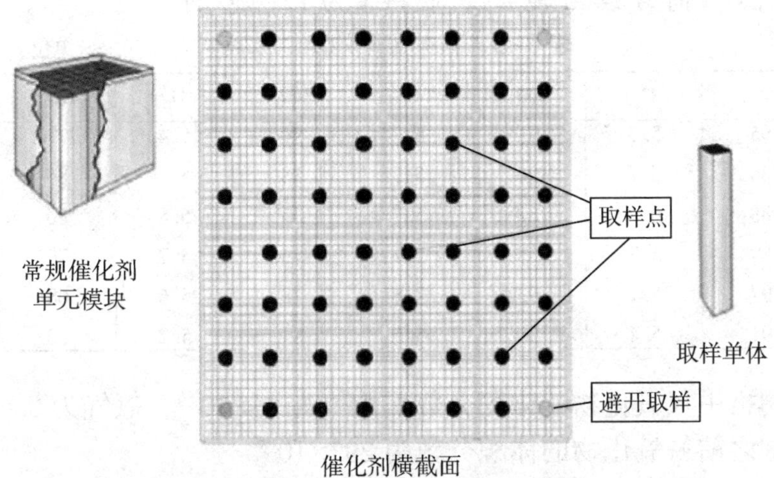

图 6-3　催化剂端面取样点

6.7　检测过程

6.7.1　条件

在一个完整的测试过程中，要尽量保持运行条件的稳定。由于一个完整的测试只需 4 个工作日，在这样短的时间内维持稳定的锅炉负荷相对而言比较容易。若燃烧的为同一煤矿的煤，则烟气中一氧化氮的浓度变化不大。

6.7.2　烟气流量 V_{Rf} 的确定

为保证 V_{Rf} 的准确测量，德国曼海姆中心电厂是通过所燃煤的成分、煤的消耗速率及烟气中测定的氧气浓度来计算 V_{Rf} 的，煤的消耗速率则通过工蒸汽量及煤的热值计算而来。

6.7.3　氮氧化物的测量

氮氧化物的测量是通过在每一催化剂层前后布置的测试网络，按德国工程师协会标准用非发散型紫外共振分析仪完成的。用此测试仪也能进行催化剂层之前及之后的氮氧化物及氧气浓度的测试。测试结果用数字记录仪记录。

6.7.4　氨的测量

根据注入的氨浓度可以计算出进入首层催化剂前的氨浓度。由各层催化剂中一氧化氮递减情况可以算出各层相应的氨浓度递减情况。

6.7.5　计算

表 6-3 和表 6-4 给出了德国曼海姆中心电厂某次实际测量值及计算实

例。试验锅炉负荷为 1400 吨/时，燃料量为 129 吨/时。

表 6-3　有关因子的测试浓度　　（单位：$\times10^{-6}$）

测点	NO_x	O_2	NO_x	O_2	NO_x	O_2	NO_x	O_2
6	95	5.7	102	5.7	90	5.4	77	4.8
5	86	5.7	96	5.7	88	5.4	86	5.0
4	88	6.4	82	5.7	65	5.8	80	5.4
3	89	5.3	88	5.7	76	5.7	70	7.1
2	97	5.1	93	7.1	78	5.6	68	6.4
1	91	5.4	90	5.5	84	5.2	60	5.5

测试网格中氮氧化物的体积分数平均值为 84×10^{-6}，氧气为 5.7%。

催化剂之前氮氧化物的体积分数为 293×10^{-6}。

催化剂之后氮氧化物的体积分数为 84×10^{-6}。

烟囱中氮氧化物的体积分数为 91×10^{-6}。

催化剂之后氧气的体积分数为 5.3%。

根据测试网络得出的数据，计算出某催化剂层之前及之后的氮氧化物浓度平均值并转换为湿基，从而计算出该层的氮氧化物转化率 η；根据氨的注入量及 NO_e 可算出当量比；由各层的 NO_e 及其差异可以确定出各层中氨的消耗量；某一层出口的残余氨量就是下一层进口的氨量，最后一层之后的氨量就是理论的氨夹带量。

根据式（6-4）可以求出某层的活性系数 K，结果见表 6-4。

表 6-4　催化剂活性系数 *K* 的确定

项目	单位	催化剂空层	催化剂层			
			1	2	3	4
运行时间	h		56000	56000	56000	32500
烟气流速（干基）	m^3/h		682507	682507	682507	682507
烟气流速（湿基）	m^3/h		740825	740825	740825	740825
催化剂体积	m^3		83.3	83.3	83.3	85
比表面积	m^2/m^3		440	440	440	485
NO［6% O_2、干基（V/V）］	$\times10^{-6}$	297	156	107	91	84
NO［湿基（V/V）］	$\times10^{-6}$	286	150	104	88	81
催化剂层之后的 NH_3	kg/h	116	39.5	13.3	4.5	0.6
催化剂层之后的 NH_3（V/V）	$\times10^{-6}$	206	70.3	23.6	8.0	1.1
活性系数 K	$m^3/(m^2\cdot h)$		21.8	22.0	22.0	36.1

6.8　催化剂活性跟踪

在火电厂机组停运期间，取不同层的催化剂单元采用催化剂单元法（或在机组不停运时，采用德国曼海姆中心电厂开发的催化剂活性测试法）进行活性检测，并对催化剂进行化学成分的分析，以了解催化剂毒性的积累和催化剂活性下降的原因。同时，采用脱硝潜力指标 P（$P=K/A_V$，A_V 为烟气流速与催化剂表面积之比）绘制各层催化剂 P 值和总 P 值随系统运行时间变化趋势图。跟踪这些数据的变化，可对催化剂使用寿命做出一个合理的预测，使 SCR 装置操作者能及时计划对催化剂的更换或再生工作，以确保催化剂层总 P 值在 SCR 装置正常运行所需最低 P 值之上，从而使脱硝装置保持良好的运行状态。

6.9　催化剂活性异常

当 SCR 系统出口烟气 NO_x 异常增大，出口飞灰中烟气含氨量较大时，需调整 SCR 的运行工况。如果调整后 NO_x 和含氨量仍然偏高，应尽快检查催化剂的活性。特别是开始时由于运行经验不足，飞灰中含氨量过高，在运行 30000 小时后，SCR 系统运行正常，飞灰中的氨含量控制在 50 毫克/千克以下。

6.10　催化剂检测技术的未来发展

作为脱硝催化剂全寿命管理技术服务机构的第三方检测机构，特别是国务院提倡环保治理政府购买第三方服务，前景广阔，任重道远，可以承担全方位全寿命周期服务的各项工作任务，打造包括检测、制造、再生、回收处理及专业培训完整的产业链。主要工作内容如下：

（1）脱硝催化剂性能检测与评价。

（2）评定烟气脱硝催化剂合格供应商。

（3）评审烟气脱硝催化剂的技术方案。

（4）提供催化剂寿命管理及加装、再生、更换、报废方案。

（5）建设脱硝催化剂运行在线数据库管理决策支持系统。

（6）编制脱硝催化剂生产、检测、运行管理的相关标准。

（7）开展脱硝催化剂检测技术研究、技术咨询、人员培训等。

思考题

1. 脱硝催化剂标准体系构成有哪些？

2. 脱硝催化剂产品标准指标有几种？都有哪些内容？

3. 常用的 SCR 催化剂检测方法是如何分类的？完成脱硝催化剂检测应具备哪些条件？

4. 脱硝催化剂检测未来发展前景如何？

第 7 章　废 SCR 脱硝催化剂再生方法

废 SCR 脱硝催化剂再生是指采用物理、化学等方法使其（废钒-钛系脱硝催化剂）恢复活性并达到烟气脱硝要求的活动。

首先，分析导致 SCR 催化剂失活的主要因素，然后依据分析结果，制订再生技术方案。一般再生工艺如下：①清除催化剂模块上面的积灰；②采用专用化学清洗药剂对失活催化剂进行化学清洗，去除导致催化剂表面化学和物理中毒的物质；③补充催化剂活性成分；④漂洗催化剂，以除去催化剂表面黏附的化学药剂；⑤干燥催化剂。

根据导致 SCR 脱硝催化剂失活的主要机制的不同，如催化剂的中毒、烧结、堵塞等，国内外研究者开展了很多相关的再生技术研究工作。失活 SCR 催化剂的再生技术有水洗再生、酸碱溶液处理再生、热再生、热还原再生、二氧化硫酸化热再生、活性盐溶液活化再生等。本章分别对失活 SCR 脱硝催化剂的各种再生技术进行总结，并重点介绍了目前电厂 SCR 脱硝催化剂再生的实际情况。

7.1　失活 SCR 脱硝催化剂的再生方法

7.1.1　水洗再生

水洗是一种简单、常用的再生方法。水洗再生的具体操作过程为：首先，用压缩空气对失活 SCR 脱硝催化剂进行冲刷，去除催化剂表面黏附不牢的粉尘；其次，用去离子水冲洗、清洗和溶解沉积在催化剂表面的可溶性物质和部分颗粒物；最后，用压缩空气进行干燥。水洗再生分在线清洗和离线清洗两种形式。在线清洗在反应器中进行，催化剂模块不必拆除；而离线清洗需将催化剂模块拆下来，在专门设施中清洗。水洗过程中需要记录清洗液的温度和 pH 值等参数。在清洗液中加入活性组分的前驱体。催化剂边清洗边浸渍，同时还需不断地补充流失的活性组分。水洗再生过程简单、效果显著，催化性能可恢复到80%以上。

水洗再生一般用作催化剂再生前的预处理。针对不同的催化剂污染物中毒情况，水洗再生对SCR催化剂活性的影响和再生效果不同。

1. 水洗再生碱金属（钠、钾）中毒脱硝催化剂

碱金属钠和钾在催化剂表面吸附和沉积是钒系催化剂最重要的失活原因之一，钠、钾中毒使其氧化能力和表面酸性位下降，导致催化剂对氨的吸附能力大幅下降。水洗可以有效地去除催化剂表面的一部分碱金属，使其含量下降，同时不会明显影响催化剂表面孔尺寸、孔结构和机械强度。研究表明，水洗再生后催化剂的脱硝活性有很大程度上的恢复，但是，水洗并不能完全恢复催化剂的活性。其原因在于单独依靠水的溶解能力，并不能去除全部的碱金属氧化物及其他不溶性的污染物，尤其是针对一些强吸附于催化剂表面酸性位的碱金属元素，水洗去除能力非常有限。另外，长时间的水冲洗，反而会导致催化剂表面活性物种（如钒和钨）的流失，从而造成不可逆的脱硝催化剂失活。

2. 水洗再生硫酸盐沉积中毒的脱硝催化剂

由于脱硝时催化剂表面有易溶于水的硫酸铵盐和硫酸氧钒生成，这部分固体物质沉积在催化剂表面，也容易造成催化剂失活。水洗催化剂微孔中的硫酸，在迁移过程中如遇到活性组分五氧化二钒，可以反应生成硫酸氧钒，从而造成部分五氧化二钒流失，使催化剂脱硫活性降低。

但是，相对于其他非钒系的低温SCR催化剂，如锰-铈/二氧化钛催化剂，当遭遇硫酸铵中毒（原料气中含有少量二氧化硫造成的中毒）后，通过超声水洗再生，锰-铈/二氧化钛催化剂的脱硝活性几乎达到新鲜催化剂的水平，沉积在催化剂表面的硫和氮大部分被水洗去除，相比于热再生和还原再生，水洗再生是最有效的硫酸铵中毒再生方法。

3. 水洗再生钙离子沉积中毒的脱硝催化剂

对于钙离子沉积中毒的脱硝催化剂，一般不建议采用水洗技术，虽然水洗后催化剂活性有一定程度上的恢复，但是仍远不如新鲜催化剂。水洗再生后，一方面催化剂表面钛、钒的浓度上升，钙的浓度减少，但未完全消失，水洗再生后的催化剂表面总体较光滑，但是有大面积板结现象，且表面沉积许多大颗粒物。另一方面，经水洗处理的失活催化剂的比表面积进一步减小，平均孔径进一步增大。这是因为水洗去除催化剂表面氧化钙的同时，氧化钙与水反应生成的微溶于水的氢氧化钙悬浊液，进一步涂覆在催化剂表面并引起表面覆盖和孔道堵塞。

7.1.2 酸碱液再生

大量研究证实，酸液处理对于提高碱（钠、钾）中毒SCR催化剂的脱硝活性效果最为显著。碱金属中毒的五氧化二钒-三氧化钨/二氧化钛催化剂进行酸洗再生时，催化剂经1%的硫酸溶液酸洗后，其脱硝活性几乎完全恢复。其原因在于硫酸化能增加活性位的酸性，在洗掉催化剂表面碱金属的同时，恢复了V—OH等活性位。酸洗后的催化剂检测不到碱金属，但检测到了硫，表明酸洗能够彻底洗掉氧化钾、氧化钠，同时在催化剂表面有硫酸根残留，硫酸根的存在能够产生Lewis酸性位和Brönsted酸性位。另外，酸洗再生后，样品恢复了新鲜催化剂的微观形貌，催化剂的机械强度有微小的增加。因此，酸洗是一种较好的催化剂再生方法。

同样，对于钠中毒的钒-钨/二氧化钛催化剂采用硫酸（0.5摩/升）清洗后，样品活性基本达到新鲜催化剂水平，酸洗已基本清除了催化剂表面的钠。

除了硫酸作为酸洗液外，其他酸液（如硝酸和氢氟酸）也有报道作为SCR的再生酸液。其中，硝酸对碱金属的溶解性得到显著提升，催化剂表面沉积的铁、钾、钠、硫（以硫酸根计）含量有很大程度的减少，脱硝活性增强。另外，针对二氧化硅沉积中毒的SCR催化剂，采用氢氟酸作为酸洗液，可以取得更好的再生效果。这是由于催化剂表面沉积的污垢的主要成分（二氧化硅和硫酸钙）很难溶于硫酸，反而使催化剂表面活性组分在超声波的剥离作用下溶解于硫酸，导致催化剂活性下降；相反，二氧化硅在氢氟酸的化学作用和超声波的剥离作用下被清洗下来，使催化剂表面的活性组分暴露出来，从而使催化剂活性升高。

也有文献报道称，氢氧化钠溶液作为再生清洗液。一般而言，需要针对中毒的具体原因，来确定采用何种碱液再生。如果是针对磷成分所毒化的SCR催化剂，可以采用碱金属氢氧化物在高于8.5的pH值下处理磷中毒的催化剂，以达到去除磷的目的。

7.1.3 热再生

热再生是指在惰性气体保护下，以一定的升温速率，提高反应器内的温度，保持一段时间，然后逐步降温，使沉积在催化剂表面上的铵盐受热气化、分解，吸附在催化剂表面的二氧化硫气体发生脱附，一起随惰性气体吹出反应器，使催化剂的比表面积、孔容、孔径等物理性能得到恢复，催化活性得以改善。

热再生的具体操作过程为：SCR催化剂在惰性保护气氛（如氩、氦等）

下，以一定的速率升温至一定温度，保持一段时间后，再在惰性保护气氛下降温，以防止氧化等反应的发生。由铵盐覆盖引起的 SCR 催化剂失活可以采用热处理的方法进行再生，这是由于铵盐具有热不稳定性。热再生可以使催化剂表面的硫铵化合物分解，形成氨和二氧化硫，使失活催化剂的活性得到一定程度的提高。其具体的反应方程式如下：

$$(NH_4)_2SO_4 \longrightarrow SO_3+2NH_3+H_2O$$

$$NH_4HSO_4 \longrightarrow SO_3+NH_3+H_2O$$

$$SO_3 \longrightarrow SO_2+1/2O_2$$

7.1.4 热还原再生

热还原再生过程与热再生过程类似，不同的是在惰性气体中混入了一定比例的还原性气体（例如氨）。在一定的温度条件下，可以利用还原性气体和催化剂表面与金属结合的硫酸盐发生反应，以实现催化剂的再生。比如，采用氩和氨（5%）-氩（95%）对五氧化二钒/活性炭催化剂进行热再生和热还原再生，结果表明，热还原再生对催化剂活性的恢复效果优于热再生。此外，热还原再生过程中产生的二氧化硫可以与还原性气体氨在室温下发生反应，生成固体亚硫酸铵盐。这可以实现硫的资源化利用，简化后处理工艺，提高脱硫脱硝反应的整体经济效益。有报道称，采用氨（5%）-氩（95%）热还原再生氧化铜/三氧化二铝催化剂，在 400℃左右硫酸盐化的铜能够得到有效的再生，但是对于硫酸盐化的铝，其再生效果不理想。当温度高于 400℃时，热还原再生后的氧化铜/三氧化铝催化剂，其比表面积和孔径分布与新鲜催化剂相差无几。

7.1.5 二氧化硫酸化热再生

二氧化硫酸化热再生是指在一定的温度下，将失活 SCR 催化剂置于一定浓度的二氧化硫气氛中一段时间，达到恢复催化剂脱硝活性的目的。对失活催化剂进行二氧化硫酸化热再生前，预先进行水洗再生是非常有必要的。二氧化硫酸化热再生主要提高催化剂表面的酸活性点位数。同时，有文献记载，载体二氧化钛用二氧化硫气体处理后，可以部分形成硫酸根/二氧化钛超强酸，增加载体的酸性和抗二氧化硫毒性的能力。

7.1.6 活性盐溶液活化再生

失活催化剂在经过水洗、酸洗再生后，其表面活性物质必然会部分流失，从而导致催化剂活性降低。因此，为了恢复或修补催化剂的活性组分和微孔结构，可以将预先处理好的催化剂放入活性盐溶液中进行活化，以达到恢复和提高催化剂脱硝活性的目的。活性盐的成分包含具有较强去污能力的渗透促进剂、表面活性剂，以及能够增加催化剂活性的其他成分，如偏钒酸铵、仲钨酸铵、仲钼酸铵草酸、去离子水等。失活催化剂浸渍活性盐后，重新在高温反应气氛中，其会发生如下反应：

$$2NH_4VO_3 \longrightarrow H_2O+2NH_3+V_2O_5$$

$$(NH_4)_{10} \cdot H_2(W_2O_7)_6 \cdot H_2O \longrightarrow 12WO_3+10NH_3+7H_2O$$

$$(NH_4)_6Mo_7O_{24} \cdot 4H_2O \longrightarrow 7MoO_3+6NH_3+7H_2O$$

活性盐溶液活化的有益效果至少有两点：①对 SCR 脱硝催化剂在进行清洗的同时又能同时补充活性成分，因此可以显著提高失活催化剂的活性；②经过再生后的催化剂完全能够被继续正常使用。

活性盐溶液再生也可以和酸洗步骤一起再生失活催化剂。比如，采用 $H_2SO_4+NH_4VO_3+5(NH_4)_2O \cdot 12WO_3 \cdot 5H_2O$ 混合溶液再生的催化剂，其脱硝活性大幅度提高，基本恢复到新鲜催化剂的水平。也有报道称，把催化剂放入含有 10 克/升的硫酸和 0.4%草酸的溶液中进行酸洗（酸洗装置底部鼓入气泡），最后放入含有 0.1 摩/升的硫酸氧钒和 0.15 摩/升的偏钨酸铵溶液中进行活性组分浸渍得到再生催化剂。活性测试表明，在 375℃时，再生催化剂一氧化氮转化率恢复为新鲜催化剂的 89%，并且再生催化剂和新鲜催化剂的二氧化硫/三氧化硫转化率都小于 1%，再生催化剂的强度没有明显减弱。

除了含钒、钨等活性盐再生溶液外，针对失活五氧化二钒-三氧化钨/二氧化钛催化剂，也可以补充不同的金属离子。比如稀土金属铈，铈负载到失活催化剂表面，虽然钒、钨元素的百分含量均有所降低，但负载铈后催化剂的氧化能力相比中毒催化剂有所增强。负载铈后催化剂的比表面积相比新鲜催化剂略微减少，这可能是因为铈元素以二氧化铈晶体的形式分布在锐钛矿二氧化钛载体上，相比无定形态或高分散的分布形式，使得比表面积减少。负载铈后催化剂脱硝活性得到一定程度上的提高。

7.1.7 复合再生

电厂 SCR 系统实际运行过程中受多种因素共同影响，催化剂失活原因较复杂，单一的再生方法对催化剂活性恢复的效果可能并不明显，因此需要考虑采用多种再生方法联用的方式对失活催化剂进行复合再生。并且催化剂在使用一定时间后活性组分流失严重，单纯对催化剂进行水洗、酸洗等方式再生后催化剂活性并不能恢复到初始状态，故应考虑对催化剂进行活性组分补充。

在已有研究的基础上，我们分析了各种再生方法的一般步骤、再生机制及再生效果。其中，水洗再生操作简便但再生效果的差异性较大，这与催化剂本身性质的差异性有关，针对商业钒钛基SCR脱硝催化剂，水洗效果较好。酸液处理再生与二氧化硫酸化热再生通常具有较好的再生效果，但新引入的催化剂表面硫酸盐的化学稳定性较差，另外酸液的腐蚀性通常会导致催化剂机械性能的下降。有关热（还原）再生的研究不多，但从已有成果可知，热（还原）再生具有一定的再生效果，且热（还原）再生的再生作用强于单纯的热再生。由于燃煤电厂催化剂失活原因的复杂性，单一的再生方式不能达到较好的再生效果，因此往往需要多种再生手段的共同作用来达到再生要求。催化剂复合再生技术是指将各种再生方法中的几种叠加联用的一种再生手段。复合再生技术灵活多变，可以根据不同电厂的自身特点组合不同的复合再生技术，可根据催化剂不同的失活原因进行有针对性的改善。因此，在实际应用过程中，往往需要根据SCR催化剂的配方、晶体构型、应用场合等因素，分析SCR催化剂失活的主要原因，选择适当的一种或者几种再生方法，才能达到提高或者恢复催化剂脱硝活性的目的。其中，复合再生将是以后燃煤电厂SCR脱硝催化剂再生的主要方式。

7.1.8 其他再生方法

采用微波-乙醇辅助方法对五氧化二钒-三氧化钨/二氧化钛进行洗涤再生。有关研究发现，由20%浓度的乙醇清洗后的催化剂的比表面积比中毒催化剂有所增加，催化剂的孔结构也有所增加，有利于活性盐溶液再生中浸渍得到更多的钒。微波辅助再生的方式对催化剂的晶体构型没有影响，再生后催化剂的表面比传统再生方式形成的催化剂更疏松多孔，催化剂强度比中毒催化剂高，比传统再生方式形成的催化剂也高。

为打开失活催化剂的微观纳米孔道，通常采用一些复孔剂来再生催化剂的表面多孔结构。复孔剂主要以聚乙二醇作为溶剂。取体积分数为30%的聚乙二醇溶剂加热至80℃并保温，与体积分数为1%的乳化剂OP（烷基酚与环氧乙烷合成品）混合均匀得到复孔剂溶液。经过复孔剂处理的催化剂的比表面积由53.5平方米/克变为83.6平方米/克，总孔容由0.208立方厘米/克变为0.326立方厘米/克。该复孔剂可在一定程度上恢复催化剂表面的孔道结构，改善催化剂因二氧化钛颗粒聚并和碱土金属堵塞造成的孔隙率和比表面积的下降，还有利于后续活性组分的进一步负载。

7.2 工业再生方式

7.2.1 工业再生方式的分类

目前国内外脱硝催化剂失活后的工业再生处理有现场再生和工厂再生两

类，而现场再生包括现场原位再生、电厂内现场再生及工厂再生三种方式。

1. 现场原位再生

又称原位再生，是指在脱硝催化剂模块不拆卸的情况下，在 SCR 反应器内，采用再生液（以除盐水为主的清洗介质）对脱硝催化剂模块逐一进行清洗，从而达到提高催化剂活性的目的。图 7-1 是催化剂在线原位再生的流程示意图。原位再生处理工艺通常仅针对要求并不严格的清洗和再活化，其优势在于无须进行催化剂的卸料和装填。对于涉及液体洗涤的处理工艺，在待处理的催化剂上部和下部分别加装盖子和收集器，以便将其同工艺上下游的其他部分分离，避免液体污染其他区域。反应器的构造，尤其是催化剂床层上部和下部的空间构造，往往会影响原位再生处理的效果。

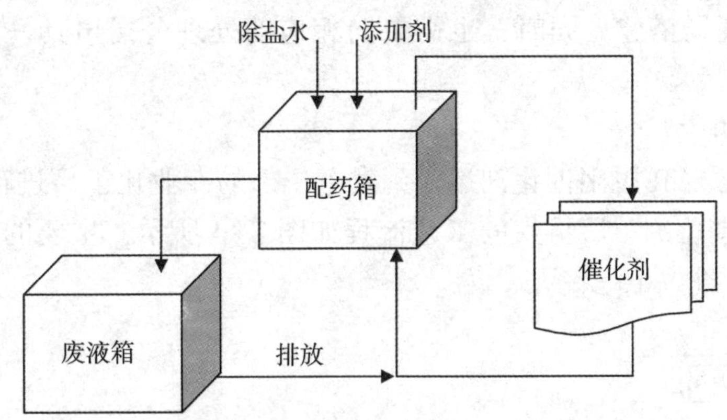

图 7-1 催化剂在线原位再生的流程

脱硝催化剂顶部喷嘴与底部液体收集系统构成一个密封不漏水的系统，顶部喷射除盐水，冲洗堵塞颗粒、表面釉质覆盖层，去除可溶性有毒物质（钠离子与钾离子），并在启炉时用热空气烘干，防止水分积存在催化剂晶体微孔上。催化剂在线原位再生系统的顶部注液装置和底部集液装置分别见图 7-2 和图 7-3。

图 7-2 顶部注液装置

图 7-3 底部集液装置

采用在线原位再生的优点是：不需拆卸催化剂模块，省去了催化剂的搬运；再生工期短；无废弃物处理费用；对催化剂无物理与化学损坏；经在线原位再生处理后，催化剂的运行时间得到了较大的提高。

2. 电厂内现场再生

将催化剂模块拆卸下来，在专用的设备内对其进行吹扫、除尘、清洗、浸泡、干燥。相比在线原位再生而言，电厂内现场再生的处理能力强，但是存在着容易造成二次环境污染的风险。

当反应器构造不适合进行原位再生处理时，现场再生处理可能就是较好的选择。这种处理节省了运输的成本和时间。当处理装置与催化剂运行装置的距离较远时，这类运输成本将相当大。在现场再生处理过程中，一些临时装置需要在现场搭建。同时，也需要向相应的处理公司出具一些临时许可证。

3. 工厂再生

就是将废 SCR 脱硝催化剂运输到发电厂外的专业化工厂进行再生处理。废 SCR 脱硝催化剂工厂再生的工艺流程如图 7-4 所示，主要的具体操作工艺如图 7-5～图 7-10 所示。

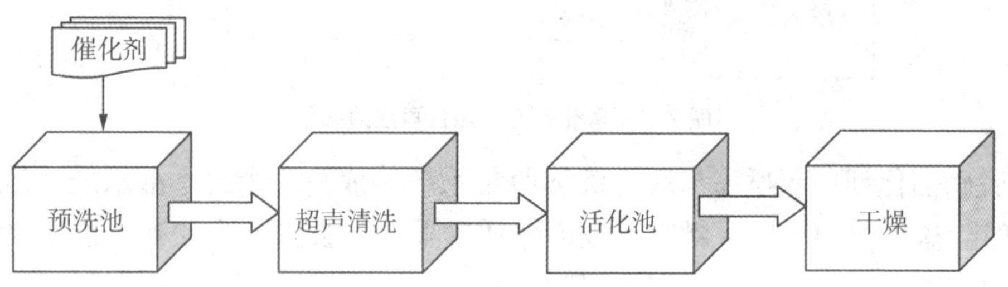

图 7-4　催化剂工厂再生工艺流程

图 7-5　将催化剂浸泡在预处理池内

图 7-6　对催化剂进行振荡

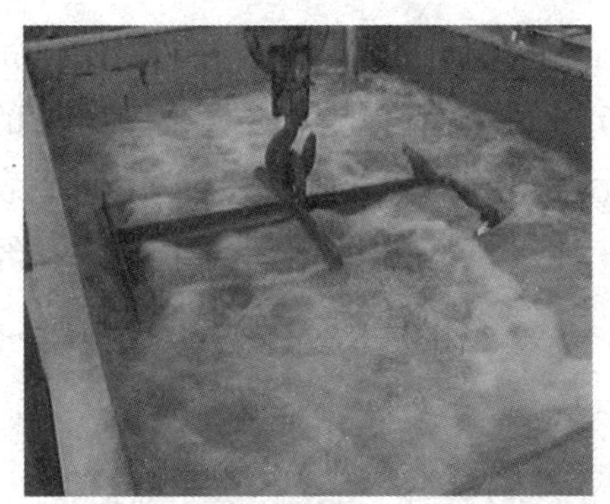

图 7-7　超声波清洗（1）

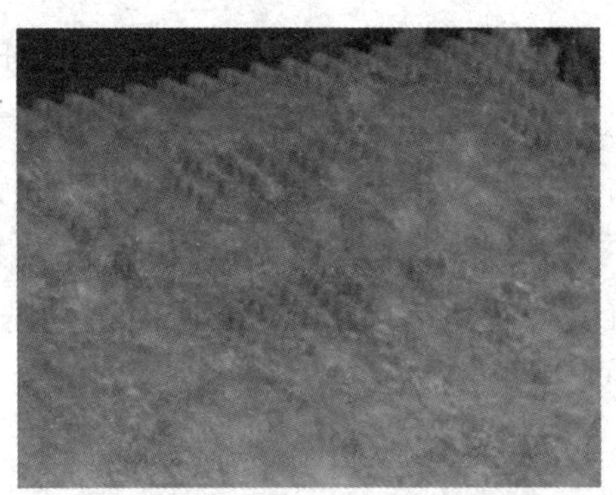

图 7-8　超声波清洗（2）

图 7-9　超声波控制

图 7-10　催化剂干燥

7.2.2　现场再生与工厂再生的对比

由于我国烟气脱硝工程起步不久，而且废 SCR 脱硝催化剂尚未大量产生，部分从事废烟气脱硝催化剂处理企业则采用原位再生和现场再生方式。部分欧洲国家和美国最初的时候尝试过现场原位再生和现场再生两种方式，但在 2005 年以后美国的电厂往往不再采用这种方式。其根本的原因就在于：美国的电厂和环境管理部门认为原位再生和现场再生不能彻底去除污染物，导致极易造成现场环境和水质的污染；而且现场再生的催化剂难以达到烟气脱硝要求的质量和性能。

1. 再生能力和效果对比

原位再生由于受到场地限制，只能完成部分催化剂再生过程（如清灰等），不能彻底清除各种污染物，同时在烟道内导致其不能对催化剂进行活性成分补充，不能有效地控制催化剂的干燥温度。电厂内的现场再生由于受到许多现场条件的制约，其生产能力远低于工厂再生的日处理量，且对不能再生的废弃（或报废）催化剂在现场根本无法处理。另外，从再生效果来看，工厂再生能够根据催化剂的不同中毒情况进行分析，有针对性地进行清洗、再生，通常能达到或者超过初始的活性阈值；而现场再生过程仅仅是把催化剂表面沉积物和负载物用物理化学方法简单清除，然后负载一定量的化学活性物质，催化剂内部的微孔畅通度无法得到有效的恢复，催化剂比表面积不能得到完全复原。工厂再生可作为一种最彻底的催化剂再生方式，经工厂再生处理过的废 SCR 脱硝催化剂的性能及活性完全恢复到原始新鲜催化剂的水平。

2. 使用效果对比

工厂再生是一个复杂的物理化学过程。工厂再生能够有效控制再生后的催化剂化学组分，能够为每一个客户量身定做，可以使催化剂恢复到新鲜催化剂的性能。而现场原位再生以及电厂内现场再生由于无法严格控制再生工艺，导致再生催化剂的失活速率很难达到与新催化剂相似的失活速率，而工厂再生在国外具有成熟的工艺和实际使用数据，失活速率几乎同新鲜催化剂保持一致。

3. 煅烧干燥程度对比

工厂再生可以严格控制烘干煅烧的环境，这对保证化学活性物的负载过程的有效性和保持催化剂的机械强度至关重要。工厂再生由于现场条件限制，无法对催化剂进行有效的热处理，容易导致活性恢复不完全。

4. 排污情况对比

清洗烟气催化剂有毒物质必须在一个保证人员和环境安全的场所内进行，防止扬尘和潜在的化学物质泄漏。工厂再生拥有专门的废水处理设施，可以对再生过程中产生的废水、废气及废渣进行系统的、有效的处理。由于无害化环境处理设备和废水处理系统无法在现场建设，而电厂内现场再生可能只能设置简易的污水处理装置，无法对催化剂清洗过程中产生的砷、钒、钼、钨等物质进行有效的无害化处理，导致再生过程产生的废渣、废液无法满足《污水综合排放标准》（GB 8978—1996）的要求，极易对电厂周边环境和水质形成二次污染，并容易对电厂工作人员产生较大的危害。

无论使用何种方法，在催化剂再生的活性物质再植入过程中都会使用到高浓度的含钒、钨等重金属离子化合物的化学再生液。工厂再生可以在工厂区域内严格控制该再生液的使用和运输；而现场再生必须在电厂内使用再生液，存在运输和使用中的安全隐患。在催化剂再生过程中要使用五氧化二钒等化学用品，特别是钒在高温下挥发性强，伴随着再生液在高温下产生的蒸气很容易被人体吸入造成危害，因此在清洗、再生过程中必须有严格的安全防护措施和控制步骤。而现场再生则无法达到上述要求，存在着较大的环境污染风险。

5. 对比总结

总体而言，经过工厂再生的催化剂与现场原位再生、电厂内现场再生的催化剂在性能上有本质的区别，详见表7-1。虽然原位再生和电厂内现场再生可能暂时使催化剂恢复一定的活性，但是由于没有从根本上去除中毒物质，容易造成无法恢复初始活性并在短时间内再次失活。工厂再生就是彻底解决现场再生缺陷的方法，同时考虑国外成熟市场的实践，建议我国烟气脱硝催化剂再生采用工厂再生方式，从而促进废SCR脱硝催化剂再生整个行业的健康、快速发展。

表7-1　工厂再生与现场再生的比较

	工厂再生	电厂内现场再生	现场原位再生
使用情况	国际上主流催化剂再生方案	2005年后美国已经不再使用	基本上不使用
再生设备	不需要长途运输、安装、拆卸，安全，利用率高，连续不间断作业	需要长距离运输设备，容易受到天气、场地等因素影响	用简易的喷淋设备在烟道内进行操作
再生前分析	配备完整的检测实验室，进行实时检测，调整配方并确保再生效果	抽取样品分析，不能全面反映脱硝催化剂失效、失活情况	不能进行再生前的检测分析
再生效果	1. 通过物理和化学方法的有机结合，可将催化剂表面和微孔堵塞物完全去除 2. 把化学中毒物（砷、磷和碱金属）有效地去除 3. 严格控制烘干煅烧的环境 4. 为每个客户量身定做的再生方案，可以使催化剂的化学性能恢复到新鲜催化剂的水平	1. 仅把表面沉积物和负载物用物理、化学方法简单清除 2. 催化剂内部的微孔无法得到有效的恢复，无法根本去除化学中毒物 3. 无法严格控制烘干煅烧的环境	1. 仅把表面沉积物和负载物用物理方法清除 2. 催化剂内部的微孔无法得到有效恢复
再生能力	大	小	大
存储能力	工厂内存放一段时间，避免损坏	现场再生，现场使用	现场使用
排污情况	1. 根据《污水综合排放标准》控制污水排放 2. 同步建设废水处理设施，不但可以对再生过程中产生的废水处理后达标排放，还可以对无法再生的废弃催化剂进行无害化处理	1. 现场再生所产生的废水，如果不经过专门的处理，砷、钒、钼、钨等物质含量会远远高于最高限值	1. 污水处理难度大

续表

	工厂再生	电厂内现场再生	现场原位再生
排污情况	3. 严格控制高浓度化学再生液的使用 4. 对电厂无任何二次污染	2. 现场再生极易对电厂周边环境和水质形成二次污染，对电厂工作人员产生较大的健康危害 3. 再生液使用过程中存在安全隐患	2. 污水处理难度大

7.3 工厂再生工艺路线

随着国内火电厂 SCR 烟气脱硝技术的进一步应用，将产生越来越多的失活催化剂，迫切需要失活催化剂的再生、利用、处理和处置技术。失活催化剂可通过再生、再利用等方式进行处理。其中，再生技术可以使催化剂活性恢复到新鲜催化剂活性的 90% 以上，从而有效延长催化剂的使用寿命，降低更换新鲜催化剂的成本，并减少废弃催化剂处置费用和降低给环境带来的二次污染，实现资源的可循环利用。一种典型的催化剂再生技术工艺路线见图 7-11。

7.3.1 失活催化剂检测

要对催化剂失活原因进行详细、准确的判断分析，即对其失活原因进行研究分析，通过对失活催化剂样品的各项物理化学性能（包括组分含量、比表面积、孔隙率、孔径分布、晶型结构、强度、活性等）指标的检测，确认催化剂失活的主要原因，为后续催化剂再生提供技术方案。

7.3.2 失活催化剂清扫

采用压缩空气吹扫等物理作用清除催化剂表面以及孔道内的飞灰，以便将催化剂孔道内外的飞灰清洗干净。

7.3.3 失活催化剂松散

催化剂的外表面积和微孔特性在很大程度上决定了催化剂的反应活性。简单的物理清扫无法清除催化剂微孔中的堵塞物，此时，通过加入特制的松散剂配合以超声、鼓泡的方式对催化剂进行松散处理，可以实现清除催化剂微孔中堵塞物的目的，提高孔隙率。

催化剂的清洗工艺重在以物理方法去除一些污染物，这些物质会降低催化剂去除氮氧化物的能力或影响其他操作参数（如压降）。大多数情况下，

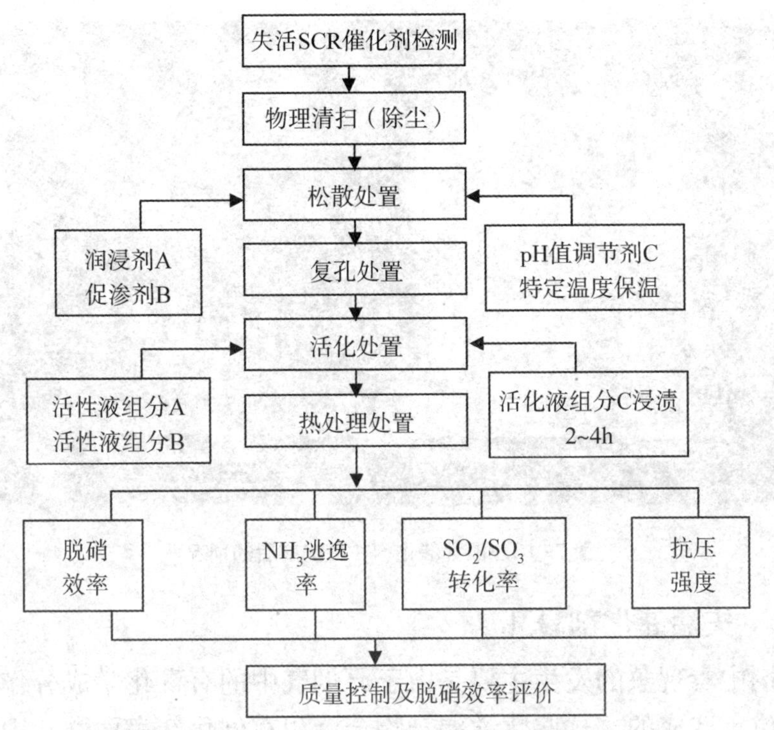

图 7-11　催化剂再生技术工艺路线

对催化剂进行清洗作业是为了去除大量沉积的灰尘，或其他导致烟道气通过催化剂通道时流速显著降低的污染物。

清洗通常是使用高压蒸汽、水或者化学溶液去除物理性污染材料。这种去除同时通过物理搅拌和溶解污染物达到目的。因此，此处的“清洗”同粗抽真空等原位处理措施不同。图 7-12 和图 7-13 分别显示了蜂窝状和板状催化剂在清洗前后的情况。

图 7-12　蜂窝状催化剂在清洗前后的情况

图 7-13　板状催化剂在清洗前后的情况

7.3.4　失活催化剂复孔

催化剂中毒现象的发生主要是由于原烟气中的有毒化学成分作用于催化剂的活性位点造成的。这些化学混合物会沉积在催化剂表面微孔内，与催化剂活性组分反应，但经过复孔添加剂的处理后，能很好地去除这些沉积在微孔内的有毒物质，恢复催化剂的活性位。

7.3.5　失活催化剂强化

催化剂在使用过程中受烟尘、水汽等影响而导致其表面磨损和抗压强度降低，通过强化添加剂的处理，可以进一步强化催化剂表面活性位、耐磨损能力以及抗压强度等，使再生后的催化剂达到更高的运行要求。

7.3.6　失活催化剂重新活化

在使用过程中，催化剂活性组分会因为机械磨损等原因而导致挥发流失，另外，再生过程中的水洗和酸洗也会引起活性物质的部分流失，因此需对催化剂进行活性物质再负载。

1. 再活化

催化剂的再活化通常是指在物理性清洗的基础上加一个针对催化剂化学毒性物质的去除步骤。通常的毒性物质包括碱金属（钠、钾）、碱土金属和特定的催化剂毒物（如砷、磷）。很多时候，真正化学中毒和物理性污染的区分是非常困难的，但再活化的目标只是对催化剂的催化活性进行再生，而不添加任何特定的催化活性组分，如钒、钼、钨等金属的氧化物。与清洗工艺对应的纯物理性污染相比，需要进行再活化的失活过程往往发生在分子/

化学尺度，故而再活化通常被认为是一种强度更高的处理工艺。

同清洗工艺相结合，再活化过程中的化学溶液通常不仅用于去除污染物，而且用于去除导致催化剂失活的化学毒性物质。该过程从本质上就比清洗的强度更大，这是因为这些通过化学结合固定在催化剂活性位上的化学毒性物质必须在这一过程中被剥离下来。同时，在再活化过程中必须保证参与脱硝的活性组分不受影响。故而再活化过程的设定必须较为复杂，以便针对性地去除某些毒性物质，而不引起其他副作用。再活化过程通常经历多个液体处理步骤，在每个步骤之间都会有干燥过程。同清洗工艺类似，这些干燥步骤对于整个工艺的效果也有非常重要的作用。某些催化剂中毒机制不适用于再活化工艺，这是因为在这些机制下单纯去除毒性物质而不降低有效催化活性组分是不可能的。

2. 深度再生

SCR 催化剂的深度再生是各类再生工艺中难度最大的一种，不但包含了再活化（清洗及对毒性物质的去除），而且在此基础上又增加了添加新的催化活性组分的步骤。这些新添加的活性组分往往是为了补充在之前去除毒性物质过程中所丢失的那些催化活性组分。由于在再生过程中，对催化活性组分进行改变，脱硝的性能可能有巨大的改变，在实际操作中，规定的目标往往是将催化剂再生恢复到原有的操作特性，但其最终的催化特性往往可以根据催化剂使用者的要求而进行调整。例如，若需要得到二氧化硫/三氧化硫转化率更低一些的催化剂，催化剂再生的目标就可以设定为不同于原始的性质。当然，在实际操作中，再生能够进行的催化性能改变，也视原始新鲜催化剂的情况而有所局限。

深度再生工艺通常由多级液相处理单元构成，每个步骤都设计有特定的目的，如去除污染物质、剥离毒性物质（同活性组分）以及添加/替换活性组分。在每个步骤之间通常都带有干燥阶段，这同再活化工艺相似。

7.3.7 失活催化剂热处理

失活催化剂热处理用于整个催化剂模块的干燥和煅烧，热源为热风。活化处置后，催化剂模块被送入梭式窑进行干燥，干燥完成后，催化剂在炉窑中进行煅烧。

7.4 再生质量控制及效果评价

在催化剂再生过程中，应执行以下质量控制步骤：

（1）在进入工艺操作前，对每个催化剂模块的外观进行检查，模块数量及任何最终检查结果均应被记录。

（2）对每个模块的清洗日期、时间和实际工艺步骤进行记录，以便能完全准确地记录清洗信息。

（3）检测温度和 pH 值。进行催化剂试样的测试可以确保催化剂再生的效果。一般要采用一个样本作为最低试验基准，在模块再生后要对多个样本进行测试，以确保再生的整体效果。测试的内容主要包括氢氧化钠活性、自由分子、机械强度、化学组成、二氧化硫/三氧化硫转化率等。

7.4.1 化学性能评价

（1）相对活性。催化剂使用一段时间后，其活性会损失，体现在动力学上，即氨选择性催化还原氮氧化物的一级反应速率常数（k）降低。因此，用相对于新鲜催化剂的动力学常数来表示失活后的相对活性（r_a）：

$$r_a = k_{deactivated}/k_{fresh} \times 100\% \tag{7-1}$$

式中：r_a——相对活性，%；

$k_{deactivated}$——失活催化剂的反应动力学常数，g/min；

k_{fresh}——新鲜催化剂的反应动力学常数，g/min。

（2）再生后催化剂活性恢复的程度。用下式表示：

$$E_r = \frac{k_{regeneration} - k_{deactivated}}{k_{fresh} - k_{deactivated}} \times 100\% \tag{7-2}$$

式中：$K_{regeneration}$——再生催化剂反应动力学常数，g/min。

其中，脱硝催化剂活性 K 的计算公式为

$$K = 0.5 \times AV \times \ln \frac{MR}{(MR - \eta) \times (1 - \eta)} \tag{7-3}$$

式中：K——催化剂单元体的活性，标准米/h；

AV——面速度，标准米/h；

MR——氨氮摩尔比；

η——NO_x 转化率。

（3）脱硝催化剂二氧化硫/三氧化硫转化率计算公式：

$$X = \frac{S_{3o} - S_{3i}}{S_{2i}} \times 100\% \tag{7-4}$$

式中：X——催化剂单元体的二氧化硫/三氧化硫转化率，%；

S_{3o}——反应器出口三氧化硫浓度，μL/L；

S_{3i}——反应器进口三氧化硫浓度，μL/L；

S_{2i}——反应器进口二氧化硫浓度，μL/L。

7.4.2　物理性能评价

（1）蜂窝式脱硝催化剂抗压强度：

$$p=\frac{F}{L\times M} \tag{7-5}$$

式中：p——抗压强度，MPa；

F——最大压力示值，N；

L——试样底部（或顶部）长度，mm；

M——试样底部（或顶部）宽度，mm。

（2）蜂窝式脱硝催化剂——磨损强度：

$$\xi_h=\frac{\left(1-\frac{W_2}{W_1}\times\frac{W_3}{W_4}\right)\times 100\%}{W} \tag{7-6}$$

式中：ξ_h——蜂窝式催化剂的磨损强度,%/kg；

W_1——测试样品测试前质量，g；

W_2——测试样品测试后质量，g；

W_3——对比样品测试前质量，g；

W_4——对比样品测试后质量，g；

W——磨损剂质量，kg。

（3）平板式脱硝催化剂黏附强度：

$$\lambda=\left(\frac{W_1-W_2}{W_1}\right)\times 100\% \tag{7-7}$$

式中：λ——黏附强度,%；

W_1——试样测试前质量，g；

W_2——试样测试后质量，g。

（4）平板式脱硝催化剂磨损强度：

$$\xi_p=\frac{2\times(W_1-W_2)}{3} \tag{7-8}$$

式中：ξ_p——平板式催化剂的磨损强度，mg/100 单位；

W_1——测试样品测试前质量，g；

W_2——测试样品测试后质量，g。

7.4.3　再生工艺指标

（1）再生后催化剂的活性恢复到新鲜催化剂的 95%及以上。

（2）再生后催化剂的二氧化硫/三氧化硫转化率小于1%。

（3）再生后催化剂须保持表7-2所示的物理性能。

表7-2　再生催化剂物理性能指标

催化剂类型	项目	指标	测试方法
蜂窝式，平板式	磨损强度	保持	《火电厂烟气脱硝催化剂检测技术规范》（DL/T 1286—2013）
蜂窝式	抗压强度	保持	
平板式	黏附强度	保持	

（4）同样运行条件下，再生催化剂的化学寿命应与新鲜催化剂一致。

7.5　工业再生案例介绍

某1000兆瓦燃煤火电机组SCR脱硝工程于2008年12月投入运行，2011年10月催化剂模块从SCR反应器取出时，累计运行时间约23000小时，催化剂活性设计阈值0.7（实际活性为原始活性的70%），取样单元相对活性测试值为0.75（实际活性下降为原始活性的75%）。SCR催化剂初装采用美国某公司生产的22孔蜂窝式催化剂。该1000兆瓦燃煤机组煤灰分主要成分分析见表7-3，灰分中氧化钙的质量分数达到15.09%（对于一般煤种，其含量为1%~3%），SCR脱硝运行工况为高钙项目。因此，钙中毒（硫酸钙中毒）是催化剂活性降低的主要原因。

表7-3　设计煤种灰分主要成分分析　（单位：%）

项目		分析结果
灰分主要成分分析	二氧化硅（SiO_2）	39.61
	三氧化二铁（Fe_2O_3）	13.02
	三氧化二铝（Al_2O_3）	16.12
	氧化钙（CaO）	15.09
	氧化镁（MgO）	1.26
	二氧化钛（TiO_2）	0.62
	氧化钾（K_2O）	1.00
	氧化钠（Na_2O）	1.36
	五氧化二磷（P_2O_5）	0.13
	三氧化硫（SO_3）	7.12
游离氧化钙		1.04

7.5.1 催化剂成分分析

从表7-4可以看出，失活催化剂活性成分（五氧化二钒）呈下降趋势，碱金属（氧化钾和氧化钠）、氧化钙和三氧化硫有显著增加趋势。相对于新鲜催化剂，五氧化二钒成分流失0.16%~0.2%；碱金属含量增加了2.4~6倍，氧化钙和三氧化硫约增加了2倍。这主要是因为：催化剂在运行过程中，由于灰分冲刷，引起了催化剂磨损，造成了五氧化二钒含量降低；由于长时间的运行，在催化剂的表面，沉积了大量的灰分，造成碱金属氧化物的增多；在烟气成分中，由于三氧化硫、氨、氧化钙和水长期存在，生成了具有黏性的硫酸氢铵和附着在表面上的硫酸钙层。

表7-4 催化剂样品成分分析 （单位：%）

项目	V_2O_5	WO_3	TiO_2	Na_2O	K_2O	CaO	SO_3
新鲜催化剂	1.07	6.40	85.10	0.020	0.035	1.25	1.42
失活催化剂1	0.90	6.43	85.20	0.095	0.085	2.35	2.95
失活催化剂2	0.94	6.35	84.95	0.10	0.080	2.42	2.93

7.5.2 比表面积及孔容测试

从表7-5可以看出，失活催化剂的比表面积和孔容出现了明显下降，减少了还原剂氨和氮氧化物反应空间，减少了活性位，导致催化剂活性降低。

表7-5 催化剂比表面积和孔容测试结果

实验编号	比表面积（m^2/g）	孔容（mL/g）
新鲜催化剂	50.03	0.34
失活催化剂1	40.53	0.28
失活催化剂2	41.53	0.27

7.5.3 催化剂微观形貌

从图7-14和表7-6可以看出，失活脱硝催化剂表面被硫酸钙附着，减少了催化反应的空间和覆盖了活性中心，阻碍氨和氮氧化物发生催化反应，此为导致催化活性降低的主要原因。

X射线荧光光谱分析、扫描电子显微镜-X射线能量色散谱分析、压汞仪和比表面积分析仪等的测试结果，表明了导致催化剂失活主要原因为活性成分五氧化二钒流失、硫酸钙中毒及碱金属中毒。

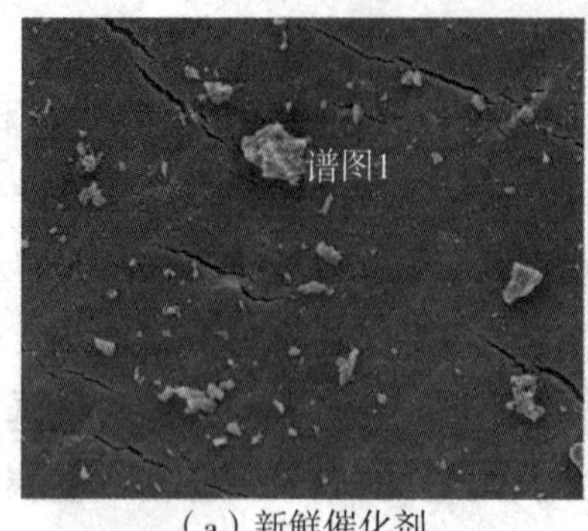

（a）新鲜催化剂

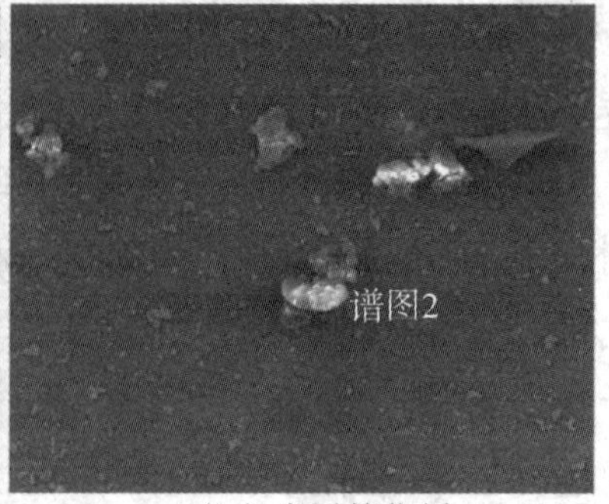

（b）失活催化剂

图 7-14　新鲜催化剂与失活催化剂的扫描电子显微镜分析

表 7-6　失活催化剂表面 X 射线能量色散谱方法分析结果（单位:%）

元素种类	S	Ca	Ti
失活催化剂表面物质	3.01	2.49	65.6
新鲜催化剂表面物质	1.75	0	58.9

7.5.4　催化剂再生后性能分析

1. 催化剂再生对比分析

失活催化剂经过再生处理后，基本上解决了催化剂堵孔的现象，其效果见图 7-15。

（a）失活催化剂再生前　　（b）失活催化剂再生后

图 7-15　脱硝催化剂再生前后对比

2. 再生效果

催化剂中试级再生效果见表 7-7。由表 7-7 可以看出，催化剂再生后，相对活性恢复到原始值的 98%，二氧化硫/三氧化硫转化率为 0.89%。

表 7-7　催化剂中试级再生效果

项目	数值
催化剂再生前相对活性	0.76
催化剂再生后相对活性	0.98
催化剂再生后 SO_2/SO_3 转化率（%）	0.89

7.5.5　国内外工艺路线的比较

再生后的催化剂经第三方检测，完全达到再生指标，与国外同类技术相比，对比指标如表 7-8 所示。

表 7-8　国内外再生技术对比

性能指标	再生后的催化剂	国外水平
相对活性	≥0.96	0.95
SO_2/SO_3 转化率（%）	≤1	≤1
机械强度	保持	保持
磨损强度	保持	保持

思考题

1. SCR 失活催化剂的再生方法有哪些？
2. 简述催化剂工厂再生工艺流程。
3. 请绘出催化剂再生技术工艺路线。
4. 如何进行再生质量控制及效果评价？
5. SCR 失活催化剂的再生控制工艺指标有哪些？

第8章 废SCR催化剂回收技术

8.1 废SCR催化剂回收的现状

电厂SCR脱硝催化剂通常采用的一种典型安装方式是：先安装2层催化剂，工作运行3年左右；加装1层，再运行3年，更换第1层；以后每3年时间更换最老的一层。如此，每层催化剂都是有寿命的，使用到期后就变成废催化剂。

对废催化剂不能随意丢弃，因为废催化剂中含有钒、钨、钼等金属元素，若被随意丢弃会造成污染环境的后果。因此，回收再利用技术是指从废催化剂中回收有价金属并加以应用，变废为宝，产生经济效益，使得脱硝产业能够形成良性循环局面，走上可持续发展道路。然而，国内对废SCR催化剂的回收体系还没有形成。目前，对废催化剂处理的主要途径有：填埋处理；返还给催化剂销售商；用作水泥原料或混凝土原料；研磨后与煤混烧；回收金属材料等。其中，回收催化剂中的贵金属是更加环保的处理方式，但这种处理方式的成本较高，在我国尚处于研究阶段。

在我国，废催化剂回收利用工作开展得比较迟，到目前为止，尚不存在专门的企业对废SCR催化剂进行回收，仅有的是从事一些回收金属钒的工作。在SCR催化剂中，钒的含量很低，并不能把回收钒的工作归属于废SCR催化剂的回收工作。而且对于废SCR催化剂，金属钨和钼的回收比钒的回收更加困难。如果没有专门的回收废SCR催化剂的技术，很难将金属从废催化剂中回收回来，反而会产生更多的固体废物。

在20世纪日本就关注回收废SCR催化剂了，在1970年日本就颁布了相关的法律确认废SCR催化剂为环境污染物，回收其中金属的种类多达24种。在美国也有法律规定，有害物质必须转化为无害物质才可进行下一步处理，掩埋废SCR催化剂要缴纳巨额罚款。在美国废SCR催化剂的回收处理工作已经有几十年的历史，已经形成了一种回收利用的产业。美国废SCR

催化剂回收公司有得克萨斯海湾公司、霍尔化学品公司、约翰逊马太公司、帕拉蒂公司、吉米利亚工业公司、联合金属公司、马茨冶金公司、格德勒公司等。英国的阿麦隆金属公司是一家全球性的催化剂回收再生公司，铂金属回收率可达 97%~99%。欧洲金属回收公司向全世界提供回收项目，处理各种有色金属和贵金属。法国的 Eurecat 公司是欧洲最大的催化剂回收企业，总的回收量占全世界的 5%~10%。

8.2　废 SCR 催化剂回收的重要性

8.2.1　废 SCR 催化剂中的稀有金属

1. 钒

钒是一种高熔点稀有金属，具有银白色光泽，熔点为 1890℃±10℃。在钒的化合物中，+5 价的化合物最为重要，如五氧化二钒（V_2O_5）和钒酸盐，它们是从矿石中提取钒的主要中间产物。金属钒在常温下的化学性质比较稳定，耐氯、盐、水腐蚀的性能比不锈钢强，不耐氢氟酸、硫酸、硝酸和“王水”的腐蚀。熔融的苛性碱（如氢氧化钠）也可溶解钒并生成相应的钒酸盐。

金属钒广泛应用于钢铁、有色金属加工、化学化工、轻纺工业、航空航天等领域。钒是我国当今发展现代工业、现代国防和现代科学技术不可缺少的重要金属。钒的总消耗量的 90%左右应用在钢铁行业。其主要消耗比例为：碳素钢和合金钢分别占 20%，高强度低合金钢占 25%，工具钢占 15%。含金属钒的合金钢由于强度大，已经被人们广泛用于输油、输气、建筑、桥梁、钢轨、车厢架等生产建设当中。目前，我国钒产业的发展还落后于世界先进水平，比如说在钢铁工业中，金属钒消耗强度仅为 20~25 千克/1000 吨钢，而发达国家的钒消耗量平均为 50 千克/1000 吨钢左右，约是我们的 2 倍，差距还是很大的。钒在有色合金中主要用于生产钒钛合金，如 Ti-6Al-4V、Ti-6Al-6V-2Sn 和 Ti-8Al-1V-Mo 等。特别是 Ti-6Al-4V 合金是用于制造飞机和火箭的优良高温结构材料。其次，金属钒应用于化工催化剂领域，金属钒具有其他元素难以替代的特殊活性。钒还被应用于磁性材料、铸铁、硬质合金、超导材料及核反应堆材料等领域。钒在锂钒电池、医药等新领域中的应用也在不断增加。

2. 钼

钼是一种难熔的稀有金属，是地球上一种储藏量非常稀少的资源，其含量只占地壳重量的 0.001%。金属钼在全球主要分布在中国、美国、智利、俄罗斯、加拿大等国。据 2011 年美国地质调查局公布的数据显示，全球钼储量在 2009 年是 98 万吨，我国的钼储量为 43 万吨，约占全球钼储量的 44%。美国是世界第二大钼资源国，钼储量占全球储量的 31.4%。钼是一种非常重要的、稀缺的并且不可再生的战略资源，对于一个国家工业发展有重要的作用。日本和俄罗斯等发达国家都相继建立了金属钼的战略储备。全球有六大原生钼矿床，我国具有河南栾川钼矿、陕西金堆城钼矿和吉林大黑山钼矿三大钼矿床。虽然我国钼资源十分丰富，但贫矿多、富矿少。

金属钼导热性能好、膨胀系数小、导电率大。金属钼溶于浓热的“王水”、硫酸或硝酸，而与氢氟酸、盐酸、碱的溶液、大多数非金属熔渣、液态金属和熔融玻璃均不反应。正是金属钼具备这些物理化学性质，钼及其合金都有着非常重要的应用价值，已经成为国民经济中一种重要的原料，一种不可替代的战略物质。

然而，我国乃至全球的钼资源的储量是有限的，在经济日益增长的情况下，钼的需求量不断增长，钼资源的消耗速度不断加快，使得有限的钼资源更加捉襟见肘。在这种情况下，秉着绿色可持续发展的原则，我们除了对一次开采资源进行加强制约和规范外，对钼资源的二次资源回收利用也必须提上日程。钼资源的二次回收来源主要是含钼的各种废催化剂（如废 SCR 催化剂），工业生产钼酸铵所产生的废水以及废钼金属制品及其废料。

3. 钨

钨是一种难熔的稀有金属，钨金属有着十分优良的物理性质和化学性质，熔点为 3390～3430℃，沸点为 5660℃，化学性质稳定，不同盐酸或硫酸作用，但与硝酸和氢氟酸的混合液共热时则溶解，微溶于硝酸和“王水”。钨被用于很多重要领域，如电子、冶金、石油以及航天等。在石油化工中，钨广泛应用于加氢裂化、加氢脱硫及异构化等反应的催化剂中。钨系催化剂和钼系催化剂有着类似的催化特性，而且它们的活性十分接近，一般在高温高压下反应。钨还可以用于制造骨架钨、灯丝、火箭喷嘴等。

另外，因为钨资源是不可再生的矿产资源，所以我们对钨资源的合理利用将直接关系到国家的安全和国家经济的发展。虽然我国现有的钨资源储量十分丰富，并且我国钨产品的产量以及钨资源的出口量也都是世界第一的，但是一直以来，我国对钨资源的开采存在不合理的现象，造成了钨资源的浪费，以致出现过度消耗的现象，同时政府对于钨资源的开采以及浪费的管理又存在许多问题。

虽然我国钨资源在数量上占有绝对的优势，居世界之首，但是我国钨资源的品位很低，即富矿很少，绝大多数是贫矿。我国的钨品位大于 0.5%的仅占 20%；而在钨矿的可采储量中，品位大于 0.5%的仅占 2%左右。1994～1999 年间，美国对世界的钨资源消耗情况做出的一项调查指出，世界钨资源储量总共减少了 30 万吨，而中国的钨资源储量减少了 17 万吨，约占世界消耗总量的 57%，我国的消耗占全世界的一半以上。可见，我国对钨资源的需求是巨大的，也可以反映出我国对钨资源的回收水平低。2001～2009 年，我国钨储量减少了 40.5 万吨，减少量是我国储量的 30%；基础储量减少 174.84 万吨，减少了 43.3%。2009 年，我国钨资源储量为 180 万吨（金属量），按照我国 2009 年钨矿的生产能力计算，我国钨的开采保证年限仅为 23.1 年。因此，我们对钨资源的回收利用是明智之举。

8.2.2　废 SCR 催化剂的使用及回收情况

2012 年底，全国的发电装机容量达 11.44 亿千瓦，30 万千瓦及以上的机组约合 5.73 亿千瓦，其中的 80%采用 SCR 脱硝工艺，脱硝市场达 4.59 亿千瓦。到“十二五”末，总量达 14 亿千瓦，在这期间新增装机约 2 亿千瓦，以 90%采用 SCR 脱硝工艺计算，则 SCR 催化剂最初需要 144000 立方米。到“十二五”末完成脱硝，年需求量达 28800 立方米。2015 年后，若每年新增装机容量为 20000 兆瓦，那么 2016～2020 年共新增 100000 兆瓦，SCR 催化剂的初装量需要 80000 立方米，年均为 16000 立方米，年均更换量为 10000 立方米。由上述分析可知，国内催化剂初装需要 70933 立方米/年，更换需求量 60667 立方米/年；若 30%采用再生、70%采用新催化剂，则新催化剂需求量为 113400 立方米/年，并且 1 立方米催化剂的质量约为 0.4 吨，则新催化剂需要量为 45360 吨/年。这么多的废催化剂不加处理，将会占用大量的土地资源，污染环境，最终会影响到我们自身的发展。

8.3　废 SCR 催化剂中钛的回收技术

8.3.1　钛酸盐沉淀分离

将固体碱与废催化剂混合在空气中灼烧熔融，加水分离可得二氧化钛。首先除去废 SCR 催化剂表面可能吸附的汞、砷及其他有机杂质，再加热至 650℃左右，然后粉碎研磨成颗粒（粒径≤200 微米）。再向其中加入碳酸钠并进行 650～700℃温度的焙烧，焙烧后加入热水，充分搅拌下浸取，过滤干燥后得到的是钛酸钠，主要类型有偏钛酸、正钛酸和聚钛酸盐。这种回收方法的原理是：五氧化二钒、三氧化钼和二氧化钛分别与碳酸钠反应生成偏钒酸钠、钼酸钠和钛酸盐，前两种都溶于水，而钛酸盐是难溶的，从而可以分离出钛酸盐。其具体反应式如下：

$$V_2O_5+Na_2CO_3 \longrightarrow 2NaVO_3+CO_2\uparrow$$

$$MoO_3+Na_2CO_3 \longrightarrow Na_2MoO_4+CO_2\uparrow$$

$$5TiO_2+Na_2CO_3 \longrightarrow Na_2O\cdot 5TiO_2\downarrow +CO_2\uparrow$$

8.3.2 二氧化钛沉淀分离

对废 SCR 催化剂先进行灰尘清除及机械粉碎。向粉碎后的废 SCR 催化剂中加入稀硫酸后进行分离得到二氧化钛不溶物。但是，这种回收方法的缺点是三氧化钨和三氧化钼微溶于稀硫酸，得到的二氧化钛中会含有金属钨和钼的氧化物。

另外，也可在对废 SCR 催化剂进行物理破碎后，在 650~700℃温度下进行高温焙烧、结块，再粉碎成粒径≤200 微米的粉末。将均匀的粉末投入 80~90℃的热水中，进行搅拌、浸泡［液固质量比为（5~10）∶1］，然后加入液固质量比为 4∶1 的氢氧化钠溶液，再加入与上述粉末的物质的量之比为 8∶1 的助溶剂碳酸钠，接着在 75~100℃温度下恒温搅拌得到固液混合物，进行固液分离操作，得到沉淀物和滤液。在所得的固体中加入硫酸钠粉末（钛离子和硫酸钠的质量比 1∶5）和水，再加入浓硫酸［钛离子和硫酸的物质的量之比为 1∶（1.85~2）］，加热煮沸至全部溶解，待冷却后加硫酸调节 pH 值>0.5，加水［钛离子和水的物质的量之比为 1∶（3.5~4.5）］稀释钛液，至溶液全部水解生成白色沉淀氢氧化钛，静置待其完全干燥后在 650~700℃温度下进行高温煅烧，得到二氧化钛产品。

还可将废 SCR 催化剂粉碎研磨至≤120 目，然后直接加入 200~700 克/升的氢氧化钠溶液，经过高温高压（130~220℃，0.3~1.2 兆帕）浸取 1~6 小时，浸取后的液固比［液体体积（立方米）与固体质量（吨）之比］为 2~15 立方米/吨，再固液分离得到滤渣，就是金红石型钛白粉。

8.4 废 SCR 催化剂中钒的回收技术

回收钒的方法有沉淀法、浸出-氧化沉钒法、电化学还原反萃法、高温活化法、干法回收金属钒、湿法回收金属钒、萃取分离法等。其中，沉淀法又可分为铵盐沉钒法、硫化沉淀分离法、煮沸沉钒法；浸出-氧化沉钒法可分为还原浸出-氧化沉钒法、酸性浸出-氧化沉钒法、碱性浸出-沉钒法。

8.4.1 沉淀法

1. 铵盐沉钒法

铵盐沉钒法是利用钒、钼、钨三种金属中，金属钒能够以偏钒酸根离子与铵根离子结合生成不溶于水溶液的沉淀，而金属钼、钨不能形成沉淀，从而将金属钒从钒、钨、钼中分离出来。此种方法的萃取率可以达到 98%左右，基本能实现将金属钒从废催化剂中分离出来的目的。

加酸调节含钼、钨和钒的碱性溶液的 pH 值至 8. 0~9. 0，偏钒酸钠与铵盐生成沉淀偏钒酸铵，将钒从废催化剂的溶液中分离出来，金属钒的沉淀率为 97%~99%，而钼的沉淀率为 3%~9%，一般铵盐可以选择氯化铵、硫酸铵、硝酸铵、草酸铵等。其反应式如下：

$$NH_4^+ + NaVO_3^- \longrightarrow NH_4VO_3 \downarrow$$

铵盐沉钒法的操作方法是：将废催化剂经过机械粉碎，使废催化剂的颗粒能通过 200 目分样筛，再加入合适比例（废催化剂与 $CaCO_3$ 的质量比为 8 : 1）的添加剂碳酸钙，混合均匀后，将混合物在 1000℃的温度下焙烧 2. 5 小时，焙烧后的熟料按液固质量比 2 : 1 的比例得到浸出液，除去悬浮物，再向浸出液中添加一定量的氯化铵，金属钒便以偏钒酸铵的形式沉淀下来，经过过滤、加热分解的操作后最终得到五氧化二钒。

也可直接利用氢氧化钠进行高温浸取，去除钛金属，在得到的浸出液中加盐酸调节 pH 值为 10~11，加入氯化镁除杂后进行浓缩，继续加盐酸调节 pH 值为 9~10 后加氯化钙，以沉淀钨酸根和偏钒酸根离子，取其沉淀，经洗涤后加盐酸得到偏钒酸的滤液，用含偏钒酸的滤液制取偏钒酸铵。

2. 硫化沉淀分离法

利用加压浸出的方法从废催化剂中得到含钼和钒的碱性溶液，在其中添加硫酸，以便将溶液调节到合适的 pH 值。然后，通入硫化氢气体将 99. 8%的钼等沉淀出来，剩下 99. 8%的金属钒留在溶液中。

3. 煮沸沉钒法

粉碎废催化剂至 90%以上的颗粒粒径小于 45 微米，并将这些废催化剂与氢氧化钠（其质量是这些废催化剂的 1. 5 倍）充分混合均匀后装入瓷坩埚内，置于马沸炉中在 500℃的温度下焙烧 1 小时进行熔盐反应，之后冷却至室温，将其投入到一定量的离子水中进行离子交换，然后进行板框压滤操作除去二氧化钛不溶物，对滤液加热煮沸，趁热进行板框压滤，过滤出偏钒酸钠。该方法的实验原理是：利用钒氧化物与碱生成的正钒酸钠（Na_3VO_4），将其溶于沸水，在煮沸的条件下生成不溶于沸水的偏钒酸钠（$NaVO_3$），以此使钒从废催化剂中分离出来。该方法发生的主要化学反应如下：

$$TiO_2+2NaOH \longrightarrow Na_2TiO_3+H_2O$$

$$2Ti_3O_5+12NaOH+O_2 \longrightarrow 6Na_2TiO_3+6H_2O$$

$$V_2O_5+6NaOH \longrightarrow 2Na_3VO_4+3H_2O$$

$$Na_2TiO_3+H_2O \longrightarrow H_2TiO_3+2NaOH$$

$$Na_3VO_4+H_2O \longrightarrow NaVO_3+2NaOH$$

8.4.2 浸出-氧化沉钒法

1. 还原浸出-氧化沉钒法

采用还原浸出-氧化沉钒的方法来提取金属钒，先将废 SCR 催化剂粉碎，加水并加热煮沸，再加入还原剂二氧化硫或亚硫酸钠进行还原，将+5 价的五氧化二钒还原成+4 价的硫酸钒酰（水合硫酸氧钒），然后向溶液中加入氧化剂氯酸钾氧化，使得金属钒沉淀出来。

2. 酸性浸出-氧化沉钒法

酸性浸出-氧化沉钒法是指将废 SCR 催化剂粉碎后，加入盐酸或者硫酸溶液浸出金属钒，必要时加热升温，再经过过滤等操作后，除去了钨、钼等金属，溶液中剩下钒离子，再向其中加入氧化剂氯酸钾将+4 价钒氧化成+5 价的钒，五氧化二钒的浸出率达 95%~98%，再调节 pH 值，煮沸溶液得到五氧化二钒沉淀。

3. 碱性浸出-沉钒法

五氧化二钒为两性氧化物，既可以使用酸液也可以使用碱液浸取回收。其具体方法是用氢氧化钠或者碳酸钠在 90℃下浸出粉碎过的废 SCR 催化剂，过滤，取滤液并调整 pH 值为 1.6~1.8，然后加热、煮沸得到五氧化二钒沉淀。但是，碱液浸出得到的五氧化二钒的纯度没有酸液浸出方法的高。

8.4.3 电化学还原反萃法

在 pH 值为 7 的中性溶液，即偏钒酸钠（0.01 摩/升）、钼酸钠（0.01 摩/升）、氯化钠（0.07 摩/升）的体积比为 1∶1∶1 的溶液中，先用三正胺的氯化物和苯作为催化剂萃取出金属钼和钒，使其进入有机相中，然后将有机相中的+5 价钒离子还原成+4 价钒离子，通过电化学装置反萃（图 8-1），钒的阳离子通过阳离子膜发生迁移，这样钒就被优先洗涤出来。

8.4.4 高温活化法

采用高温直接对废 SCR 催化剂进行活化，活化后冷却，用碳酸氢铵溶液浸出，同时加入少量的氯酸钾将一些+4 价的钒离子氧化成+5 价的钒离

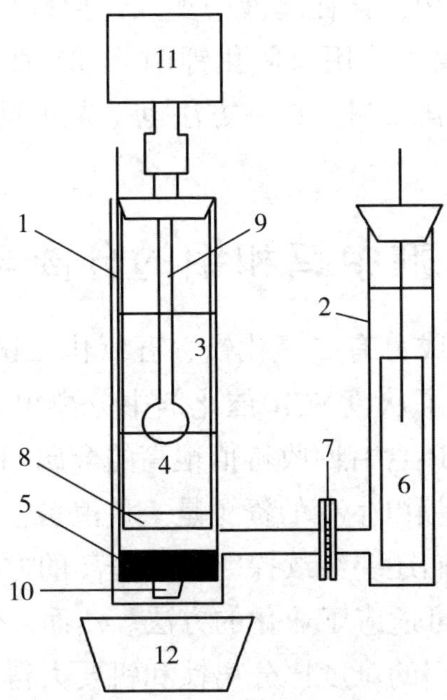

图 8–1　电化学还原反萃

1. 阳极室　2. 阴极室　3. 有机相　4. 液相　5. 阳极　6. 阴极　7. 阳离子膜　8. 烧结的玻璃过滤器　9. 搅拌器　10. 转向器　11. 搅拌电动机　12. 磁力搅拌器

子，然后经过过滤、浓缩等操作得到高浓度钒溶液，再向其中加入氯化铵，使得钒以偏钒酸铵的形式沉淀出来，最后干燥、煅烧得到五氧化二钒产品。此法中的具体化学反应如下：

$$NH_4^+ + VO_3^- \longrightarrow NH_4VO_3 \downarrow$$

此法与铵盐沉淀法相比并没有很大的改变。该法采用高温进行活化更加耗费能量。

8.4.5　干法回收金属钒

利用固体碱与废催化剂混合灼烧，加水去除二氧化钛后，再将剩余滤液进行加热、煮沸处理，使得钒酸盐水解析出五氧化二钒，具体化学反应为

$$2K_3VO_4 + 3H_2O \longrightarrow V_2O_5 \downarrow + 6KOH$$

该种方法提取金属钒消耗的燃料和碱的量大、成本高，另外废催化剂中金属钨、钼也会水解析出，并不能很好地分离金属钒、钨、钼。详细的回收工艺还需要进一步探究。

8.4.6　湿法回收金属钒

湿法 SCR 催化剂回收工艺是指在粉碎过的废 SCR 催化剂中加入稀硫酸，

过滤除去二氧化钛不溶物，再在滤液中加入还原剂硫酸氢铵，将+5 价的钒离子还原成+4 价的钒离子，用氢氧化钾调节 pH 值，经过富集处理，最后通入氧气氧化得到五氧化二钒。该种方法也是先还原后氧化，从而提取出五氧化二钒的方法。

8.5 废催化剂中钨和钼的分离与回收

SCR 催化剂中主要成分有二氧化钛、五氧化二钒、氧化钨、氧化钼等。上述回收技术已经简述了从废 SCR 催化剂中分离出金属钛和钒的方法和原理，但是剩下的固体中还含有回收价值很高的金属钼和钨，如果不进行分离而随意丢弃，对于我们赖以生存的资源是一种浪费，同时对于我们的环境也是一种污染。因此，我们还要继续探究钼钨分离的方法，寻找出几种回收成本较低、回收价值高、可适应工业化的方法。然而，钼钨的分离并不像分离钛和钒一样，分离钨和钼的难度比分离钛和钒要大得多。究其原因在于，金属钨和钼由于镧系收缩效应，导致两种金属的化学性质相近，比较难以分离。长期以来，人们对钨钼分离进行了大量的研究，现代几乎所有的分离方法（如沉淀法、溶剂萃取法、离子交换法、活性炭吸附法、液膜分离法等）均已用于钨钼分离的研究。沉淀法又分为硫化钼沉淀法、选择性沉淀法、钨酸沉淀法和络合均相沉淀法等。故在本节单独对钨和钼的分离回收进行讨论。

8.5.1 沉淀分离法

1. 硫化钼沉淀法

硫化钼沉淀法的分离原理是：利用钼在弱碱性介质中对硫离子的亲和性比金属钨大，在弱碱性的环境中，使钼酸根离子硫化成硫代钼酸根离子，再在酸性条件下加热使硫代钼酸盐分解成三硫化钼。该方法的优点是：简单易行；能除去绝大部分的钼，钨酸溶液中钼的含量可降低至 0.1%以下。其缺点是：不能达到深度除钼的要求，而且钨的损失率较大；有硫化氢气体产生，污染环境。

在钨、钼溶液中先加入硫化钠、硫氢化钠或硫化氢等硫化剂，使得硫离子与钼酸根离子反应生成硫代钼酸钠，反应式如下：

$$Na_2MoO_4+4Na_2S+4H_2O \longrightarrow Na_2MoS_4\downarrow+8NaOH$$

经过酸化后，硫代钼酸钠分解成难溶的三硫化钼，反应式如下：

$$Na_2MoS_4+2HCl \longrightarrow MoS_3\downarrow+2NaCl+H_2S\uparrow$$

该方法简单、容易操作，能够除去大部分的钼，使钼在钨酸钠溶液中的含量下降至0.1%以下。其缺点是在沉淀物三硫化钼中会混入一些钨，而且在反应过程中会放出有毒气体硫化氢，影响环境，危害人体健康。针对这个问题，人们对硫化钼沉淀法做了改进。采用硫酸调节含钼的钨酸钠溶液的pH值至8.5，然后在一个封闭的容器中连续加入硫氢化钠溶液，产生的硫化氢气体被钨酸钠溶液吸收。也有采用两段硫酸酸化的方法解决硫化氢有毒气体污染环境的问题，设计在pH值为7左右时加酸使得大部分的硫化氢气体逸出，并回收，然后继续加酸使钼沉淀，从而解决硫化氢逸出的问题。而针对有钨混入沉淀物三硫化钼中的问题，有关文献提出在绝大部分钼及少量钨沉淀后加稀氢氧化钠溶液溶解沉淀物，再加入75%~95%的硫化钠使得钼再次沉淀下来，从而使得三硫化钼沉淀物中的钨含量减小。

2. 钨酸沉淀法

钨酸沉淀法是利用钨酸在水或盐酸中的溶解度远小于钼酸，并且随温度升高差距加大而设计的。但钨酸沉淀法除钼不彻底，达不到深度除钼的要求。在含钼0.15~0.25克/升的钨酸钠溶液中沉淀出金属钨后，在热盐酸分解时，提高钨酸母液的浓度至140~160克/升，加热沸腾20~30分钟，60%~80%的钼酸溶解在母液中，使得钨酸的纯度提高。增加盐酸的量和浓度以及提高温度都有利于除去金属钼。该方法的缺点是盐酸消耗费量太大，而且给环境带来不利影响。

3. 络合均相沉淀法

络合均相沉淀法是指利用在一定条件下，钨和钼相应的过氧化物（如过氧络合物）之间稳定性差异来分离金属钨和钼，钼的过氧化物的稳定性比钨的过氧化物的稳定性要大很多。但在酸性条件下，钨、钼两种金属通过氧桥（W—O—Mo）或者羟桥（W—OH—Mo）形成钨钼共聚物，难以利用钼酸溶解度大于钨酸溶解度的特性达到深度除钼的目的。

由有关报道可知，用过氧化氢（俗称双氧水）作为络合剂，使+6价的钨、钼离子在酸化的过程中形成过钨酸［$H_4W_4O_{12}(O_2)_2$］和过钼酸［$H_4Mo_4O_{12}(O_2)_2$］，而过钨酸不稳定易解离成钨酸和双氧水，反应式如下：

$$H_4W_4O_{12}(O_2)_2+8H_2O \longrightarrow 4WO_3 \cdot 3H_2O+2H_2O_2$$

并且向其中通入二氧化硫，使钨更多地转化成钨酸，而过钼酸没有变化，仍旧留在溶液中，以此达到分离钼、钨的目的。该方法利用了钼的过氧化物比钨的过氧化物更加稳定，使得钨以钨酸沉淀的形式分离。然而，该方法用的双氧水价格贵，不适合工业化。

4. 胍盐沉淀法

胍盐沉淀法的分离原理是指利用金属钨、钼的酸根和同多酸根在性质上的差异，在酸性溶液中，钨和胍盐生成沉淀，钼不能生成沉淀而留在溶液中，以此达到分离钨和钼的效果。具体而言，在酸性溶液中，钨酸根离子（WO_4^{2-}）和钼酸根离子（MoO_4^{2-}）都能和氢离子形成聚合度为 7 的同多酸盐，具体反应式为

$$7MO_4+8H^+ \longrightarrow M_7O_{24}^{6-}+4H_2O \quad (M=W、Mo)$$

然而它们形成的条件不同，当 pH 值为 7~8 时，钨酸根离子可以形成仲钨酸盐，而钼只以钼酸根离子形式存在，最后使用合适的沉淀剂就可以达到分离效果。

有关文献报道称，调节钨酸钠的酸度，加热催化生成仲钨酸铵，再加入胍盐［$HNC(NH_2)_2H^+$］，生成仲钨酸胍盐沉淀［$C(N_3H_6)_6W_7O_{24}$］。此沉淀物用氢氧化钠或氨溶液处理，可以形成钨酸钠（Na_2WO_4）和仲钨酸铵。钼以钼酸根离子形式存留在溶液中，在调节 pH 值为 7~8 的条件下，钨的沉淀率可达 96%~99%。该方法主要利用了钨酸根离子、钼酸根离子与氢离子形成聚合度为 7 的同多酸盐的 pH 值不同的特点。但是，这种方法由于钨钼聚合离子的生成问题、仲钨酸盐的结晶问题、钨和钼金属的性质差异不大而不能广泛应用，难以形成工业化。

5. 选择性沉淀法

选择性沉淀法的分离原理是指先利用钼酸根离子硫代化，再利用硫代钼酸根和钨酸根两者的性质差异，然后利用沉淀剂（含有阳离子）能与硫代钼酸根产生沉淀物，而不能与钨产生沉淀物，两者可以通过过滤得到很好的分离。

利用钨、钼性质的差异，加入沉淀剂使钨、钼分离，现已成功地运用在工业生产中，并取得良好的分离效果，其工艺流程如图 8-2 所示。选择性沉淀法除钼率高，大大简化了仲钨酸铵结晶母液的处理过程，钨的回收率提高了 5%。该方法适用于以不同的分解方法处理不同来源的钨酸盐溶液，工艺流程简短、设备简单、技术可靠、经济效益显著。

8.5.2 结晶法

结晶法是针对含有较高浓度钨的钼酸盐溶液在结晶工序中进行钨、钼分离的。不同酸度下不同聚合度的钨酸根离子与钼酸根离子具有不同的溶解度；在酸性溶液中，当有杂质（硅酸盐、磷酸盐、砷酸盐等）存在时，钨和钼均能以 M_3O_{10}（M 为钨或钼）的形态取代等离子中的氧而形成杂多酸及

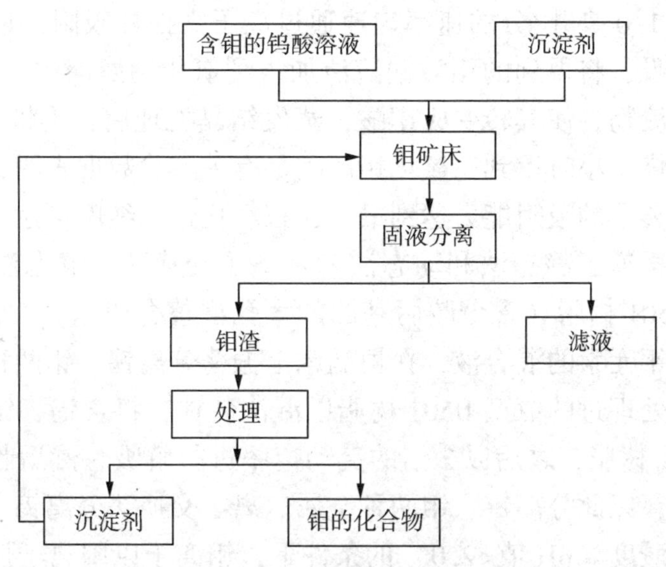

图 8-2　钼、钨分离工艺流程

杂多酸盐。但是，在水中钨杂多酸的溶解度大、钼杂多酸的溶解度小。基于这两种物质性质的差异，在具体实践中的分离操作方法是：在对含钨、钼的混合液进行不断搅拌的同时，向其中加入浓硝酸和氨水，调整溶液的 pH 值，进行酸沉结晶，当溶液的 pH 值稳定在合适的值时，停止搅拌并立即进行真空抽滤操作（防止晶体脱水），即可分离钨、钼。若在酸沉结晶过程中采用磷酸铵作为添加剂，则需对含钨、钼的混合液进行预处理。该预处理的方法是：调解混合液的 pH 值到 5 左右，加入一定量的磷酸铵后于 80℃下搅拌反应 3~4 小时，然后在常温下静置 24 小时备用。

8.5.3　离子交换法

离子交换法是利用钨、钼同多酸的形成难易程度来进行钨、钼分离的。在酸性条件下，钨酸根离子（WO_4^{2-}）会优先形成仲钨酸根离子（$W_{12}O_{41}^{10-}$），而钼仍以钼酸根离子（MoO_4^{2-}）的形式存在，然后利用大孔碱性离子交换树脂优先吸附溶液中的钨，而对钼酸根离子几乎不吸附的特性实现分离。

采用转型后的大孔弱碱性阴离子树脂作为离子交换树脂，采用直径为 2 厘米的玻璃柱作为离子交换柱，在钨、钼混合液的 pH 值为 7.3，料液流速为 0.8~1 毫升/分，树脂颗粒直径为 40~60 目的条件下，先选取细颗粒的树脂，用蒸馏水反复洗涤杂质，用盐酸和氢氧化钠除去可溶物，将树脂装入交换柱后用离子水洗涤，以便调节 pH 值到大于 6。在钨、钼的钠盐混合液中加入无机酸，调节溶液的 pH 值至 7.0~8.5，使钨元素转换成钨酸根离子。再将此溶液以 1.0 毫升/分的速率匀速通过离子交换柱吸附，最后用氢氧化钠和氯化钠解吸，将得到的钼酸钠溶液加入到氯化钙溶液中，沉淀，过滤，用硝酸处理沉淀物，使其转变成钼酸，蒸发结晶处理后，再将其置于 650℃ 的马弗炉中焙烧 1 小时得到三氧化钼产品。有关实验数据表明，离子交换树脂对仲钨酸根离子的吸附能力达到最大，三氧化钼的纯度可达 97%。

有关文献报道了静态法和动态法两种离子交换法。静态法是指在室温下，取氯型 D501 树脂（含偕胺肟基团的大孔型螯合树脂），加入具有一定酸度、含有钨钼元素的混合液，在恒温床上振荡分离钨、钼两种金属。动态法是指用盐酸处理过的氯型 D501 树脂以湿法装柱，将含钨、钼的混合溶液通过氯型 D501 树脂，之后以 2 倍的流动速率进行解吸，然后收集、吸附流出液和解吸液，以此分离钨、钼两种金属。离子交换法分离钨、钼金属的原理是指在较高酸度（pH 值<2.0）的条件下，钼离子以阳离子形式存在，而钨以阴离子形式存在，进而利用阴、阳离子的差异用氯型 D501 树脂来分离钨、钼。

离子交换法又可分为三种：第一种是将钼转换为硫代酸盐后用阴离子交换树脂进行分离。将粗钨酸钠溶液进行硫代化，溶液中钼酸根离子转换成硫代钼酸根离子（MoS_4^{2-}），再将含有钨酸根离子的溶液通过交换柱，采用单柱法和串柱法实现钨和钼的分离。第二种是利用阴离子交换树脂分离钨钼。此法不需要进行硫代化，利用钨、钼酸根离子在交换树脂吸附值方面的差异进行分离，对操作的要求严格。据报道，采用直径 27.5 毫米、长 400 毫米的吸附柱和 2.2 毫米/分的流速，得到钼的吸附率为 50%，钨的吸附率则较小。吸附金属钼的树脂用 3~4 倍树脂体积的硝酸溶液解吸钼，解吸速度为 1.8~2 毫米/毫升，树脂可以循环使用。该方法的优点是操作简单、处理量大，缺点是除钼不够彻底，离子交换和解析的速度太慢。第三种是用氯型大孔强碱性阴离子交换树脂 D296 分离钨和钼。这种方法也不需要预先硫代化，直接利用钨酸根离子和钼酸根离子对离子交换树脂的吸附差异进行钼钨分离。先调节混合液 pH 值为 6.5，采用直径 9 毫米、长 600 毫米的交换柱，向交换柱中填装 30 毫升的树脂。再控制混合液以 10 毫米/分的流速通过树脂进行离子交换，吸附后用 0.12 摩/升的氯化铵淋洗除去钼，再用浓氯化铵来解析钨。这种方法的除钼率可达 90% 以上，但是操作条件要求高，所需要的淋洗液量大。当离子交换分离法采取以钼酸根离子为阻滞离子、以草酸铵［$(NH_4)_2C_2O_4$］为排代剂来分离钨、钼，分离效果会较好。此外，还可采用大孔阴离子交换树脂 D290 交换排代方法来分离钼和钨。通过不同投料比实验的分离结果可以推测，利用上述交换排代方法，分离含有少量钼的钨矿浸出液，可得到较好的分离效果。这种方法是一种可以进行大规模分离的离子交换分离方法，其优点是利用率高、处理量大等。但由于进料中钨、钼的浓度太低，该方法的适应范围不广，目前还没有得到广泛的应用。

8.5.4　萃取法

萃取法是指利用化合物在互不相溶的溶剂中的分配系数不同来达到分离的效果。萃取分离钨、钼的机制有三种：①利用硫代钼酸根和钨酸根在性质上的差异进行分离；②利用钼氧阳离子和钨氧阴离子在性质上的差异进行分离；③利用钨、钼过氧络合物在性质上的差异进行分离。

有关文献报道称，采用国产工业季铵型萃取剂 N263（甲基三辛基氯化铵）、磺化处理的煤油作为稀释剂，又采用国产工业磷酸三丁酯作为相调节剂，水相为调节 pH 值后加入适量硫化碱处理后的工业钨酸钠。实验前，调整 WO_3 的浓度，将一定浓度的两相加入到分液漏斗，在振荡器中以 240～250 转/分的速率进行振荡，充分接触即可分离。萃取时发生的反应如下：

$$MoS_4^{2-}+2CH_3R_3NCl \longrightarrow (CH_3R_3NCl)_2MoS_4+2Cl^-$$

结果表明，在相同的相比条件下，钼/三氧化钨比例高的，钼的萃取率也高。萃取的温度升高，钼的萃取率会下降，该萃取体系平衡时间只需 3 分钟，适应温度广泛（15～40℃），分相速度快，对钼的萃取率高，使用的化学试剂价廉易得。

也可采用溶剂萃取法来分离钼和钨，将已经除去硅、磷、砷的含钼、钨酸铵离子交换液作为研究原料，采用萃取剂季铵盐从碱性溶液中萃取分离出钨、钼。其实验方法是：用硫化物硫化转化溶液，使钼元素全部转变成硫代钼酸盐，同时尽可能避免钨元素转变成为硫代钨酸盐，使得混合液中包含硫代钼酸盐和钨酸盐。接着，用适量的有机萃取剂（由季铵盐、仲辛醇、煤油组成）从所得的混合溶液中优先萃取出含钼络合阴离子。最后，经有机萃取剂萃取后的含钼有机相通过氧化反萃取等处理后仍然可以继续循环使用。经过除钼、净化处理后的钨酸铵溶液可通过直接蒸发结晶得到洁白的仲钨酸结晶，煅烧仲钨酸铵得到三氧化钨产品。该方法的特点是：不需要消耗酸，可以在碱性钨酸铵溶液中直接萃取分离钼、钨，可以达到深度除钨的效果，简化了传统的工艺流程；并且在进行硫化转化的时候没有硫化氢气体产生，不会污染环境。其流程如图 8-3 所示。

上述文献还报道了另一种溶剂萃取法，其分离具体过程为：先将废催化

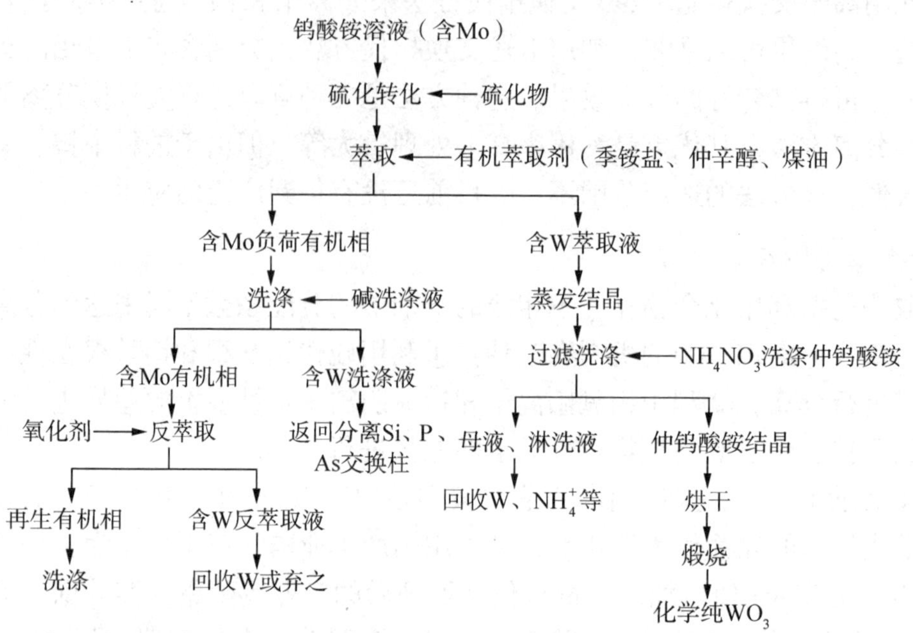

图 8-3 萃取法分离钼、钨的流程

剂（适当粉碎）与碳酸钠均匀混合，将混合物投入到600℃的马沸炉中，在空气中恒温焙烧 3 小时。焙烧、冷却后，将经高温焙烧后的废催化剂按固液质量比为 1∶3，90℃条件下搅拌浸出 1 小时左右，并调节 pH 值在 9~10 之间，再用布氏漏斗过滤上述溶液，取其滤渣经过干燥、称重处理后备用。对过滤所得的滤液用浓硫酸调节 pH 值，并以调节 pH 值后的溶液作为后续处理的萃取原料液。加入有机相进行萃取，除钼后并进一步深度净化，最终得到钼的产品。该方法的单级除钨率可以达到 98%以上，而钼的损失率小于 0.5%。萃取剂可以重复使用，可以满足工业化要求。

采用酸性磷酸酯 P_2O_4［一种二烷基磷酸酯，主要成分为二（2-乙基己基）磷酸，对金属离子有很强的螯合能力］萃取体系来除钼，以达到分离钼、钨的目的。其分离原理是：在 pH 值小于 3 的酸性溶液中，钼的同多酸根离子有一部分会产生解聚而会转化为 MoO_2^{2+}，而钨依然保持聚合阴离子形式并不会产生解聚，因此可以根据解聚后的 MoO_2^{2+} 和钨聚合阴离子的性质差异实现钨、钼分离。我们可以把 $P_2O_4^+$、2-乙基己基醇加稀释剂作为萃取体系来分离钼、钨。但是，该方法中 MoO_2^{2+} 的形成速率慢，并且这也是整个反应的控制步骤，因此使得整个过程的反应速率受到了限制，反应速率慢。为此，有人研究在水相中加入乙二胺四乙酸或酒石酸作为解聚剂，使钨钼杂多酸离子的解聚过程时间变短，从而使得分离效果大大改善，钨、钼的分离系数得以增大。

8.5.5　液膜分离法

液膜分离法是指利用钨、钼与过氧化氢（H_2O_2）生成过氧化物，而在以三烷基氧化膦为载体、以氢氧化钠为反萃试剂的液膜中的迁移性能的显著差异来实现分离。该种方法适合高钨低钼或者高钼低钨溶液。

将常规的内水相溶液和已经加有载体与表面活性剂的、没有一定油内比（油相和内水相的体积比）的溶液，分别加入到合适的乳化器中，在常温下以 2500 转/分的速率搅拌 10 分钟制成油包水型的乳状液，再将此乳状液按照相应的乳水比例（乳状液体积和外水相体积之比）加入到外水相溶液中，在常温下以 300 转/分的低速率搅拌进行分离，钨进入外水相中而与钼分离，最后用氢氧化钠作为反萃剂反萃。

8.5.6　活性炭吸附法

活性炭吸附法是指利用活性炭的“亲硫”特性，即活性炭吸附硫代钼酸根离子的作用力比钨酸根离子大。这种作用力的类型主要是阴离子在活性炭表面上的吸附，该吸附有物理和化学两方面的吸附，但不存在阴、阳离子之间的作用力。利用柱式吸附法在钨酸钠溶液中分离出钼，活性炭颗粒作为吸附柱，运用离子交换法除去金属钼，分离效果可以达到 85.69%。预先将金属钼装换为硫代钼酸根，再利用活性炭的吸附能力分离金属钼，既有较高的除钼率，又能减少钨的损失。该方法操作简单，吸附容量大，但是吸附速度慢、吸附柱高径比大。

8.5.7　其他分离方法

除了沉淀法、萃取法、离子交换法等常规方法，还可以利用钨钼氧化还原电位差异、同多酸根离子性质差异、过氧化物性质差异、含氧酸的溶解度差异，以及对硫的亲和力差异等特性来达到分离的效果。

1. 氧化还原电位差异

该方法是利用高价钨化合物与低价钨化合物的性能差异来达到分离目的的。因为在钨酸根离子的水溶液中，钨和钼的化合价都是+6 价，通过合适的还原剂只还原钼，钨仍然以+6 价存在于水溶液中，以此来达到分离钨和钼的目的。如在白钨矿酸解除钼的过程中，在加入还原剂的同时应该用盐酸来调节酸的强度，以提高除钼的效果。如果加入的还原剂是一些常规的铁粉或硅铁，虽然可以达到 80%~90%的除钼率，但反应结束后还要增加除去还原剂的工艺，会使除钼、钨的工艺更加复杂。因此，在工业上人们常选择加入还原剂钨粉。同时，有一点需要特别关注的是：钼被还原为钼蓝（Mo_3O_8）后，可与盐酸反应生成三氯氧钼（$MoOCl_3$），而且三氯氧钼遇到水会水解生成钼酸，降低除钼率。因此，在加入还原剂的同时需要添加合适的酸，提高酸的强度，并且防止水解。

2. 含氧酸溶解度差异

在水中或者盐酸中，钨酸（H_2WO_4）和钼酸（H_2MoO_4）的溶解度相差很大，钨酸的溶解度远小于钼酸。两种酸在盐酸中的溶解度如表 8-1 所示。

表 8-1　钨酸（H_2WO_4）和钼酸（H_2MoO_4）的溶解度数据　（单位：g/L）

HCl 浓度	20℃时溶解度		50℃时溶解度		70℃时溶解度	
	H_2MoO_4	H_2WO_4	H_2MoO_4	H_2WO_4	H_2MoO_4	H_2WO_4
400	439.0	6.98	549.8	9.52	537.1	6.42
270	189.6	4.29	268.6	4.79	265.3	5.22
200	99.6	1.72	125.2	2.50	134.8	2.21
130	30.1	0.67	19.0	0.71	42.6	0.69
80	10.3	0.23	6.39	0.26	12.8	0.26
40	3.9	0.13	2.46	0.09	4.7	0.01

当部分钼酸溶解在盐酸中时，钨酸基本上还只是以固体形式存在，根据固液分离原则，我们就可以分离钼和钨。但是，该方法的缺点是除钼不彻底，消耗的盐酸量过大，对环境污染较大。该方法一般用于处理钼含量低的钨溶液。

8.6　废 SCR 催化剂回收生产中主要污染物处理技术

典型的废 SCR 催化剂回收工艺流程如图 8-4 所示。

目前，我国已将废 SCR 脱硝催化剂纳入危险废物管理范畴，对其进行的资源回收利用必须严格进行二次污染的治理，特别是对重金属（包括类金属砷）的污染治理。

8.6.1　砷化合物的处理技术

1. 化学沉淀法

砷能够与许多金属离子形成难溶化合物，例如砷酸根或亚砷酸根与钙、铁（+3 价）、铝（+3 价）等离子均可形成难溶性盐，经过滤后即可除去液

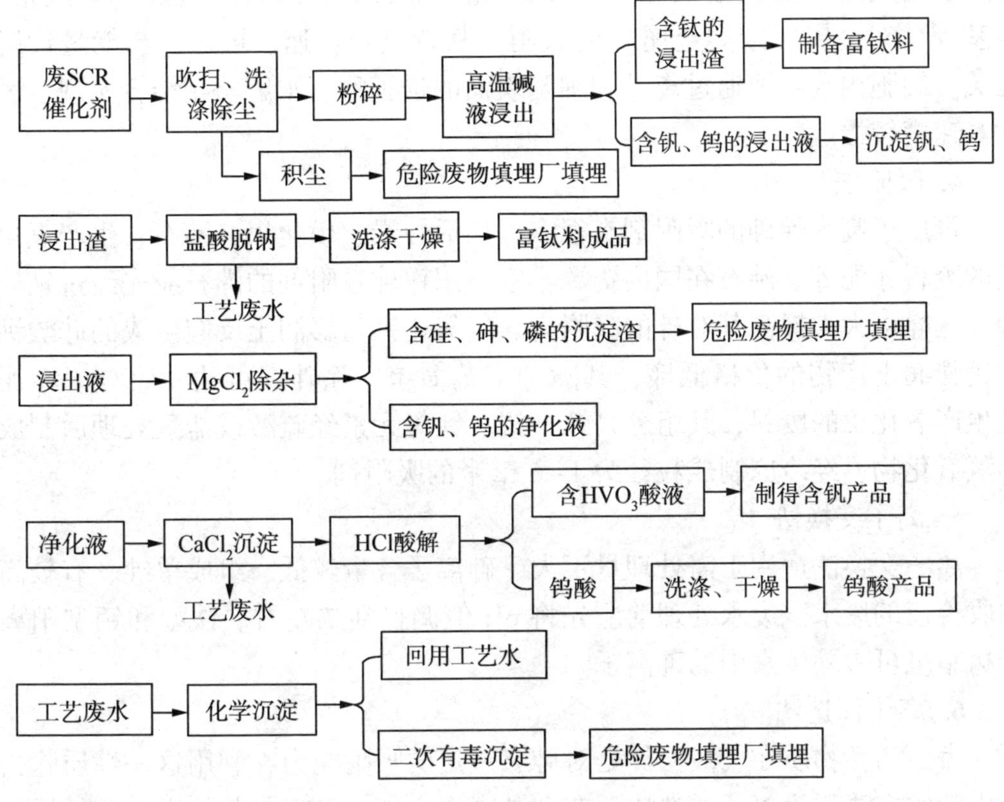

图 8-4　典型的废 SCR 催化剂回收工艺流程

相中的砷。由于亚砷酸盐的溶解度一般比砷酸盐高很多，不利于沉淀反应的进行，因此在许多实际设计中都需要先将+3 价的砷氧化成+5 价的砷，最常用的氧化剂是氯，也可用活性炭做催化剂利用空气氧化。化学沉淀法使用的沉淀剂的种类很多，最常用的是钙盐、铁盐、镁盐、铝盐、硫化物等。

2. 共沉淀法

工业废水中的砷可通过与重金属的共沉淀而被除去。共沉淀有两种作用：一是可溶性离子被大量沉淀固体吸附，二是微粒被大量沉淀固体凝聚或捕获。共沉淀法可使砷减少约 90%。可用于共沉淀的物质包括氯化铁、氢氧化钙、硫化钠和铝。

3. 生化法

近年来，生化法处理含砷废水的研究已取得了进展。有关实验证明，活性污泥法对砷（+5 价）的去除甚为迅速。在 0.5 小时内约可去除 80%，即砷与污泥短时间接触后就可以被大量去除，在 1~2 小时内逐渐达到平衡状态，之后的去除量增加较少。其原因在于：活性污泥对金属（或类金属）的吸附分为表面吸附和通过高度专一性的微量输送系统进入细胞内吸收两部分。表面吸附主要是指细胞外的多聚物、细胞壁上的离子基因（磷酸根、羟基等）对金属（或类金属）的吸附，其特点是快速、可逆，与能量代谢无关。细胞内吸收要通过离子和细胞表面的透膜酶、水解酶相结合实现，因此其速度较慢。

4. 吸附法

可用于废水除砷的吸附剂有很多，如活性炭、磺化煤、沸石、生产氧化铝的废料赤泥等。沸石在国内资源丰富，用作砷吸附剂的沸石应先经过碱处理，这样可大大提高其对砷的吸附力。氢氧化钙与膨润土反应生成的硅酸钙和钙膨润土产物的价格低廉，其除砷工艺简单，除砷率可达 99.9%。赤泥是生产氧化铝的废料，其组分是铁、铝、钛等元素经硫酸或盐酸处理后制成的氢氧化物，经冷冻制成粒径为 1~5 毫米的吸附剂。

5. 离子交换法

离子交换法适用于需处理量不大、砷离子含量较低、组成单纯、有较高回收价值的废水。废水处理前应先将 pH 值调整到 7 左右。铁型和钼型阳离子树脂也可去除废水中的砷离子。

6. 离子浮选法

表面活性物质在气液交界处对砷有一定的吸附能力，利用这一性质除去水中砷的方法称为离子浮选法。在含砷废水中加入具有与其相反电荷的捕收剂，生成水溶性的配合物或不溶性的沉淀物，使其附在气泡上并浮至水面作为浮渣进行回收。英国通过絮凝剂泡沫浮选法，选用氢氧化铁做絮凝剂，用十二烷基磺酸钠做捕收剂，可将砷消除至 0.5 毫克/升以下。

8.6.2 汞化合物的处理技术

1. 沉淀法

在含汞废水中加入硫化钠处理，汞离子（Hg^{2+}）由于与硫离子（S^{2-}）有强烈的亲和力，能生成溶解度极小的硫化汞而从溶液中被除去。因此，硫化物沉淀法是报道得最多的一种沉淀处理法。沉淀法可与絮凝、重力沉降、过滤或溶气浮选等分离过程相结合。这些后续操作可增加硫化汞沉淀的去除效果，但并不能提高溶解汞本身的沉淀效率。

2. 离子交换法

大孔硫基离子交换剂对含汞废水有很好的处理效果。树脂上的硫基对汞离子有很强的吸附能力，对吸附在树脂上的汞可用浓盐酸洗脱并定量回收。含汞废水经处理后排出水的含汞量可降至 0.05 毫克/升以下。此外，采用选择吸附汞的螯合树脂处理含汞废水的方法也正在推广应用，并取得了一定的效果。在大部分无机汞的离子交换处理技术中，首先需加入氯气或次氯酸盐（氧化金属汞）或氯化物，以形成带负电荷的汞氯络合物，然后用阴离子交换树脂脱除。离子交换法主要用于处理氯化物含量较高的氯碱厂废水。

3. 混凝法

采用混凝法可对多种废水进行脱汞处理，所用的混凝剂包括硫酸铝（明矾）、铁盐及石灰。该方法在处理无机汞和有机汞方面都已取得了一定的效果。在混凝法除汞的研究中，先在生活污水中加入 50~60 微克/升的无机汞，然后用明矾或铁盐凝聚并过滤，两者都可使废水的含汞量降低 94%~98%。用石灰混凝剂处理 500 微克/升的高浓度含汞废水，过滤后汞的去除率为 70%。

4. 还原法

无机汞离子经还原可转变为金属汞，然后通过过滤或其他技术进行固体分离。还原剂的种类有很多，包括铁、铋、锡、镁、铜、锰、铝、铅、锌、肼、氯化亚锡和硼氢化钠等。

8.6.3 铅化合物的处理技术

对于废水中的可溶性铅，一般先使其形成铅沉淀物再去除。所使用的沉淀剂有石灰、苛性钠、碳酸钠（俗称纯碱、苏打或碱灰）及磷酸盐等，它们分别与铅离子反应而形成沉淀物。此外，所使用的沉淀剂还有明矾、硫酸亚铁和硫酸铁。混凝法以及吸附法、离子交换法都已经用于废水中铅的处理。在用沉淀法处理含铅废水的过程中，所产生的沉淀物通常是碳酸铅或氢氧化铅。铅沉淀物的形态取决于废水中原有的（或加入的）碳酸盐的量，以及处理时所控制的 pH 值。但一般原始酸性废水中的碳酸盐含量较低，因此在对这些废水进行沉淀处理时，除非补充碳酸盐，否则所产生的沉淀物通常是氢氧化铅。由于碳酸铅比氢氧化铅有更好的晶体结构，而且溶液呈中性（pH 值为 7）时碳酸铅的溶解度低于氢氧化铅，因此，碳酸铅有较好的沉降与脱水性能。对碳酸铅沉淀进行处理时，最佳的碳酸盐加入量（以等当量碳酸钙计）为 200 毫克/升，最佳 pH 值为 7.5~9.0。当碳酸盐投加过量或 pH 值控制在 9.0 以上时，碳酸铅沉淀处理效果反而下降。

8.6.4 铬化合物的处理技术

通过投加石灰或苛性钠以形成氢氧化铬沉淀的形式，或采用离子交换的形式进行浓缩回收，+3 价铬可被除去。+3 价铬能与苛性钠或石灰反应形成不溶性的氢氧化铬沉淀而被除去。pH 值对氢氧化铬的溶解度有影响，当 pH

值为 8.5~9.5 时沉淀效果最好。

8.6.5 铍化合物的处理技术

铍在工业上的应用已有 50 余年的历史。随着航空航天、原子能工业的发展，铍的用途日益广泛。铍及其化合物对人体的毒性较大，特别是在进行相关实验后发现铍具有致癌性，因此铍已成为引人注目的环境污染物之一。有关资料显示，氯化铍和硫酸铍在水体中较为稳定，其初始浓度经过 5 天的时间仅能减少 30%~35%。加入水中的铍化合物要经过 10 天才发生沉淀，但在碱性环境中可加快沉淀，并在 5 天内就可全部沉淀。在我国已经发布的污水综合排放标准中，总铍的最高允许排放浓度为 0.005 毫克/升。

8.6.6 铊化合物的处理技术

铊（Tl）是一种典型的分散元素，被广泛应用于国防、航天、电子、通信、卫生等重要领域，现已成为高新技术支撑材料的重要组成部分，其需求量也与日俱增。但由于铊对哺乳动物的毒性远大于汞、铅、砷等，人的致死量仅为 10~15 毫克/千克，因此人们对铊污染的重视程度也越来越高。铊在自然界大多数情况下为+1 价，少数情况下为+3 价。+1 铊几乎占据了水体中所有的 Eh-pH 空间，只有在极强的氧化条件下+3 价的铊才存在。目前，关于铊治理的研究主要集中在水体和土壤方面。对于含铊水体，主要的治理措施有：

（1）利用铊易被“海绵吸附体”吸附的性质，在被污染水体中加入氧化锰固体等吸附剂，降低铊的活动速率并使其沉淀。

（2）在低温、氧化和碱性条件下，铊从+1 价向+3 价转化，故可在污染水体中加入氧化剂和碱性物质（如石灰等），并注意控制温度，降低铊的活动性。

8.7 废 SCR 催化剂回收生产中主要污染物的处理工序

根据废催化剂中重金属及类金属砷的赋存情况，在废 SCR 催化剂回收生产中主要采用 3 个工序对其进行收集和处理。

8.7.1 吹扫、洗涤除灰工序

该处理工序可去除废催化剂夹带的 90%以上的燃煤飞灰，防止重金属通过飞灰被带入后续处理流程。

8.7.2　碱性浸出液的净化工序

用氯化镁溶液对碱性浸出液进行除杂净化，可去除浸出液中 99%的硅化合物、98%的砷化合物、99%的磷化合物、85%的汞化合物、60%的铊化合物，进一步降低这些有害杂质对回收产物纯度的影响。

8.7.3　工艺废水回收利用处理工序

该工序是对全流程重金属及类金属砷的最终处置环节。工艺废水的化学除杂过程反应复杂，不仅有重金属的沉淀反应，还有其他离子的沉淀反应，还存在各种金属离子的共沉淀现象。

（1）工艺废水回收利用处理工序发生的反应如下：

$$FeCl_3+3NaOH \longrightarrow Fe(OH)_3\downarrow+3NaCl$$

$$CaCl_2+Na_2CO_3 \longrightarrow CaCO_3\downarrow+2NaCl$$

$$MgCl_2+2NaOH \longrightarrow Mg(OH)_2\downarrow+2NaCl$$

$$Ti^{4+}+4OH^- \longrightarrow Ti(OH)_4\downarrow$$

$$As^{5+}+5OH^- \longrightarrow As(OH)_5\downarrow$$

$$Al^{3+}+3OH^- \longrightarrow Al(OH)_3\downarrow$$

$$Pb^{2+}+2OH^- \longrightarrow Pb(OH)_2\downarrow$$

$$Hg^{2+}+S^{2-} \longrightarrow HgS\downarrow$$

$$Cr^{3+}+3OH^- \longrightarrow Cr(OH)_3\downarrow$$

（2）工艺废水回收利用处理的工艺步骤。

1）将工艺废水加热到 50~60℃，在搅拌下加入浓度为 20%的硫化钠溶液，加入量以工艺废水中汞总量的理论反应量为准，反应 120 分钟后过滤。滤渣为二次有毒沉淀。

2）将滤液加热至 50~60℃，在搅拌下加入 400 克/升的氢氧化钠溶液，使滤液的 pH 值调整至 8~9，反应 240 分钟后过滤。滤渣为二次有毒沉淀。

3）将滤液加热至 50~60℃，搅拌下加入 305 克/升的碳酸钠溶液，加入量以溶液中碳酸钠的浓度为 0. 25~0. 6 克/升为准，反应 120 分钟后过滤。滤渣为工业碳酸钙沉淀。

4）将化学除杂后的滤液经反渗透装置过滤后，出水返回主流程使用。二次含盐浓废水采用多效蒸发结晶生产工业氯化钠结晶。

综上所述，废催化剂回收利用的针对性极强，因此针对某种催化剂究竟采用哪种方法进行回收，尚需根据此种催化剂的组成、含量及载体种类加以选择，对企业拥有的设备和能力及回收物的价值、性能、回收率、最终回收费用等进行比较后做出决定。

8.8 国外废催化剂的回收利用

无论何种催化剂，经过一定次数的再生并使用后最终还是要废弃的。由于脱硝催化剂中含有各种有价值的金属及其化合物，提取其中的某些金属及其化合物，一方面可以获得资源、节约资源开采，另一方面可防止其被投放到环境中造成污染。目前，国内外对于各种催化剂的回收利用开展了不同程度的研究。国外由于资源、技术、经济等方面的原因，在催化剂回收利用方面做了大量的工作，如相关法律、法规的建设，建立回收体系，研究开发先进的回收利用工艺与装置，成立专门的回收利用公司等。这些对于我国开展催化剂尤其是废烟气脱硝催化剂回收利用具有一定的借鉴作用。

8.8.1 日本废催化剂的回收利用

日本由于缺乏各种金属资源，其生产催化剂的主要原料靠进口。因此，早在 20 世纪 50 年代日本就注意到废催化剂的回收利用。刚开始主要回收贵金属；1955 年以后，开始回收废催化剂中的镍等有色金属。日本由于工业集中度较高，故其废催化剂便于集中回收。该国从废催化剂中回收的有用金属多达 24 种，通常由催化剂使用厂、催化剂生产厂及专门回收处理工厂三方协调回收事宜。

1970 年日本就颁布了关于固体废物处理与清除方面的法律，确认废催化剂为环境污染物。1974 年日本成立了废催化剂回收利用协会，会员单位约有 32 家。其中，丰田汽车公司和日产汽车公司从事汽车排气净化催化剂的回收；三井金属矿业公司从事铂族金属的回收；八户冶炼公司的八户冶炼厂、矿业公司的敦贺工厂、三日市冶炼厂、大友化学工业公司回收氧化锌脱硫剂，伊努化学公司宫崎工厂从事钴-钼加氢催化剂的回收；重工业公司光和精矿公司户烟工厂从事铜-锌-镍系催化剂的回收；矿业公司的佐贺关冶炼厂及工业公司也回收镍系催化剂；互昭矿业公司、重化学工业公司和东京窑业公司等则从事铁铬催化剂的回收。另外，日本还有一些公司回收钒系催化剂。据统计，1975~1980 年日本废催化剂的回收率不到 40%，但已回收了有色金属约 3 万吨。在废催化剂回收利用协会的组织下，该国就催化剂的使用和生产展开了调查，并根据废催化剂的组成、形状、载体、污染程度、中毒情况及产生的数量等情况，对废催化剂进行了合理的分类，并制定了相应的回收利用工艺。

8.8.2 美国废催化剂的回收利用

美国的环境保护法律限定：进入环境前的有害物质必须转化为无害物质。因此，在美国废催化剂不允许随便倾倒，掩埋废催化剂要缴纳巨额税款。美国由于回收贵金属催化剂的价值远远超过了回收成本，几乎所有的贵金属冶炼厂都从事贵金属催化剂的回收。迄今为止，美国的贵金属催化剂回收已有几十年的历史，已形成了一种回收利用的产业。

从1978年起美国就建立了镍催化剂回收装置，其73%的镍催化剂皆进行回收。该国1985年就从此种废催化剂中回收了410吨钴、22000吨钼、1000吨钒、410吨镍。其阿迈克斯金属公司是最大的回收公司，年处理废加氢脱硫催化剂为16000吨，每年可回收1360吨钼、130吨钒和14500吨三水氧化铝。美国恩格哈特公司1985年建成了回收贵金属催化剂的装置，1987年投资几百万美元进行扩建。美国新泽西州的催化剂收集公司于1987年成立，主要从事炼油及汽车尾气净化催化剂中贵金属的回收。据统计，美国1996年处理废催化剂的费用已达4.39亿美元。该国数量最多的废催化剂是炼油用的加氢处理催化剂和渣油加工用的催化剂，近年已扩展到贱金属、低值及赔本的废催化剂的回收利用。

美国的孟山都公司与用户挂钩回收废钒催化剂，建于1986年的美国Vametco公司与欧洲金属回收公司及其姐妹公司阿迈隆公司（Amlon公司）为用户提供全套废钒催化剂再循环的方法，并用其原料生产钼铁和五氧化二钒。尽管钒的价值不很高，加上废钒催化剂的运输费用和提纯费用高，实际上废钒催化剂的回收是个赔本的生意，但它们回收了资源，减少了环境污染，有利于提高本公司的形象，增加钒催化剂的销售量。美国的环球油品公司则主要开发回收炼油及石化催化剂技术。联合催化剂公司回收其甲基叔丁基醚脱氢催化剂。加拿大在美国的子公司英迈特克公司建有回收废镍催化剂装置，其处理能力为11300吨/年。阿迈克斯公司回收废加氢精制催化剂。此外，得克萨斯海湾公司、霍尔化学品公司、约翰逊马太公司、帕拉蒂公司、吉米利亚工业公司、联合金属公司、马茨冶金公司、格德勒公司、美国矿务局瓦特诺研究中心等均开展废催化剂的回收利用工作。

美国的废催化剂回收组织为废催化剂服务部，主要负责协调美国废催化剂的回收事宜。由于欧洲废催化剂的回收费用低于美国，美国人常常把本国的废催化剂运到欧洲处理加工。美国的一些催化剂制造公司往往与固定的废催化剂回收公司保持协作关系。多年来，美国恩格哈特公司的用户都要求该公司能研究开发出回收油脂和石油催化剂的方法。美国恩格哈特公司经过长期的考察，选择了 Hertage 环境服务有限公司作为其合作伙伴。Hertage 环境服务有限公司于 1970 年成立，主要从事工业废物的处理、回收、加工，建筑和工厂废旧设备的处理、废物的运输等业务。它们将废催化剂重新利用，例如，将废镍催化剂制成镍盐或镍溶液，回收的硅藻土用作沥青路面的矿物填料等。在第 88 届美国石油化学家协会年会与博览会上，恩格哈特公司和 Hertage 环境服务有限公司宣布，它们联合协作共同为恩格哈特公司的油脂和石油催化剂用户提供一条重新使用废催化剂的新路子。近年，美国已逐步采用以综合性、多部分、跨学科的研究计划来解决催化剂的回收问题。

8.8.3 德国废催化剂的回收利用

德国是世界上在环境保护领域处于领先地位的国家之一。早在 19 世纪马克思在《资本论》中就指出："科学的进步，特别是化学的进步，发现了那些废物的有用性质。" 1972 年德国就颁布了关于废弃物管理方面的法律，规定废弃物必须作为原材料再循环使用，要求提高废弃物对环境的无害化程度。该国的迪高沙公司 1968 年就用捕集网回收铂网催化剂。1988 年，在德国某地新建 1000 吨/天废重整催化剂回收装置，铂回收率可达 97%～99%，纯度可达 99.95%。该公司还与 Water 暗色岩原料公司联合投资回收汽车排气用废催化剂转化器中的贵金属，1992 年一年就回收了价值 6 万马克的铂、铑金属。

8.8.4 英国废催化剂的回收利用

阿迈隆公司总部设在英国伦敦，是一个全球性的金属回收公司。目前该公司已在我国上海设立了办事处。该公司回收来自化工、石油加工、食油工业及相关工业生产中产生的多种废催化剂。每年回收富含金属的二级物料约 65000 吨。其中，仅钯、铂、银等稀贵金属就达几千吨。此外该公司还回收钴、镍、铜、锌、铬、钒等多种有色金属。作为一个全球性的金属回收再生、环境管理的跨国公司，它在全世界很多国家设有办事处，分布在澳大利亚、比利时、巴西、中国、俄罗斯、法国、南非、西班牙、瑞士、英国及美国。该公司总部与国际主要使用催化剂的知名公司均有着密切的业务联系。

英国 ICI Katalco 公司 1991 年 5 月就与 ACI Industries 公司一起制订了有关的催化剂管理计划。其中，关于废催化剂方面的规定为：对于 ICI Katalco 公司所有的废催化剂，不管其类型、数量和位置，都有一个确定的处理方法；将废催化剂当作另一种生产的原料进行消耗处理，而不是当作废料给扔掉；建立一个体系确保所有措施能根据有关法规要求消耗处理废催化剂

(根据需要，该体系能对其工艺进行核查)；建立一个体系能根据包装和运输有关的法规要求，注意最大程度地减少废催化剂包装、运输的危险性。ACI Industries公司是一个在催化剂处理业中有着广泛跟踪记录的国际性机构，该公司基本上能做到ICI Katalco公司的上述要求。世界上至今尚未有专门设计用来处理废催化剂的设施。因此，ACI Industries公司一直与金属处理部门合作开发，使现有的生产工艺能在更大范围内处理废催化剂。ACI Industries公司有一个专门委员会，开发那些很少有回收价值甚至没有回收价值的废催化剂的新处理方法。而这些催化剂对环境的污染危险性很大，它们当中往往含有硫、砷、铅、汞等有毒物质。

8.8.5 其他国家废催化剂的回收利用

国际催化剂回收（CRI）公司在美国、加拿大、日本、卢森堡均建有催化剂再生装置。哈晓/弗尔托联合公司、欧洲催化剂公司均进行废催化剂的再生处理。此外，荷兰的国际壳牌研究公司、俄罗斯的伊凡诺夫化工研究所和波兰的石油与化学研究所、弗罗茨瓦夫理工大学，均开展过废催化剂的回收利用研究。罗马尼亚的克拉约瓦化工联合企业开展过镍系废催化剂的回收。目前，全世界对铂族金属的需求每年都在增加，铂族金属催化剂的回收已成为一种产业。目前，全世界垄断贱金属废催化剂回收的大企业主要有：CRI-MET公司，位于美国休斯敦市，是壳牌石油公司与阿迈克斯集团的合资企业；海湾化学与冶金公司，位于美国得克萨斯州；法国的Eurecat公司，是欧洲最大的催化剂回收厂家；比利时的Metrex公司。欧洲金属回收公司能向世界范围内提供回收项目，处理各种各样的有色金属和贵金属原料(包括废催化剂在内的副产品)。该公司是国际回收、再生和环境管理协会的一部分，在英国、美国、西班牙、瑞士和巴西等国家都设有分公司。

8.9 国内废催化剂的回收利用

我国废催化剂回收工作起步较晚。1971年，抚顺石油化工公司石油三厂开始从废催化剂中回收铂、铼等稀有贵金属。近年来，该厂和中国石化科技开发中心三吉公司、海南省琼海坤元贵金属有限公司合资兴建了国内最大的铂催化剂回收企业——抚顺石油三厂催化剂联营贵金属厂，年处理废催化剂150吨，可产铂金属450千克，产值可达5000多万元。南京扬子石化实业总公司于1995年底建成一套2000吨/年的钴锰催化剂残渣回收装置，投产后年利润约200万元。上海石化总厂化工二厂则进行铂催化剂的回收。

国内进行稀贵金属催化剂回收的企业还有江苏省南通市如皋稀贵金属冶炼厂、辽阳市宏伟贵金属加工厂、江苏太仓永恒稀金属提炼厂、南京紫金山乡冶炼厂、江苏江都华丽金属冶炼公司、成都西南金属化工厂、湖南郴州市永兴县黄泥乡有色金属冶化厂、浙江宁海越溪福利工厂、上海永胜金属冶炼厂、山西太原华贵金属有限公司等。

河南南阳汉鼎高新材料有限公司作为冶钒行业的企业，十多年来一直从事钒的研究、生产，是从矿山开始到中间产品再到高端钒产品的专业性公司，企业所拥有的技术可以保证把含钒废催化剂中钒的提取最大化，使钒二氧化钛基体中的含量最低，从而在有效提取钒的同时兼顾二氧化钛能够利用的基本要求。该公司又与清华大学材料工程学院暨新型陶瓷与精细工艺国家重点实验室联合，运用德国的相关技术及树脂，对钼、钨进行处理、提取，实现钒、钨、钼、钛等的分离，从而达到回收、综合利用含钒废催化剂的目的。该公司兴建了两条达60000吨/年的废钒催化剂利用生产线，足以将国内的全部废钒催化剂消耗掉。

河北省辛集市化工三厂也是定点催化剂回收单位，它主要回收铜、镍等金属。

废SCR催化剂的回收在国内尚属新领域。总体而言，在废催化剂的利用方面，我国已开辟出了一条比较符合国情的道路，并取得了一定的成绩。但其中有些回收工艺落后，回收设备陈旧，回收率不理想，造成了资源的浪费，带来了二次环境污染，需加以改进。由于国内催化剂使用技术总体水平不高，废催化剂更换频率和数量均高于国外。与国外相比，废催化剂总的回收利用率并不高，资金的投入较少，有些设备和技术也跟不上形势的发展。此外，国内对废催化剂尚缺乏系统的研究和相应的管理机构与法律法规，废催化剂的回收利用受金属价格波动的影响较大。

从统计情况来看，目前国内尚没有专门从事废SCR催化剂回收的公司，虽然废SCR脱硝催化剂中含五氧化二钒，但因含量较低（0.5%~1%），不能将其归并到废钒催化剂一类，而且就专业从事废钒催化剂回收企业的现有工艺而言，也是无法实现对钒和钨的分离与提纯的。因此，开展对废SCR脱硝催化剂的回收利用研究迫在眉睫，从而避免多年以后废SCR脱硝催化剂堆积如山的局面出现。

思考题

1. 简述金属钒、钼、钨各有什么用处。为什么要对废SCR催化剂进行回收利用？

2. 废 SCR 催化剂中，钛的回收技术有哪些？钒的回收技术有哪些？

3. 回收废 SCR 催化剂时，如何对钼、钨进行分离？

4. 废 SCR 脱硝催化剂回收生产中对砷回收的技术有哪些？

5. 废 SCR 脱硝催化剂回收生产中对汞回收的技术有哪些？

6. 根据废 SCR 催化剂中重金属及类金属的赋存情况，在废 SCR 脱硝催化剂回收生产中，主要采用哪些工序进行收集处理？试叙述之。

第 9 章　废催化剂资源化及建设布局分析

对废 SCR 催化剂采取回收再利用的方法处理，从废 SCR 催化剂中回收金属氧化物五氧化二钒、三氧化钨（三氧化钼）、二氧化钛等，并将回收来的金属加以合理利用，这一举措将使得脱硝产业能够得以良性循环发展，符合国家的产业政策。目前，国内对废 SCR 催化剂回收的意识还没有普遍形成。废 SCR 催化剂因含有五氧化二钒、三氧化钨（三氧化钼）等有毒金属氧化物及使用过程中聚集的重金属，属于危险废物，不得随意填埋处理，必须依据我国《固体废物污染环境防治法》的“危险废物污染环境防治的特别规定”条例进行申报处置，并由产生危险废物的单位承担处置费用。这说明火电厂（作为脱硝催化剂的使用单位）和脱硝工程公司（作为脱硝工程的实施和运行维护单位）需要承担废 SCR 催化剂的处置费用。

填埋处理方式不符合我国《循环经济促进法》中有关再利用和资源化产业模式要求，废 SCR 催化剂本身具有很高的再利用价值，应该进行回收再利用。我国在不断加强再生资源的行业管理和政策扶持，长期以来，对再生行业实行了优惠的减免税收政策，并明确规定“将资源节约和再生资源回收利用列为一项重大经济政策”“制定和实施有关的经济优惠措施，鼓励废旧物资的资源化”。在由国家发展和改革委员会、科学技术部、工业和信息化部、商务部、国家知识产权局联合审议，予以发布的《当前优先发展的高技术产业化重点领域指南（2011 年度）》（公告 2011 年第 10 号）中，把我国固体废弃物的资源综合利用列入当前国家优先发展的高技术产业重点领域。这充分说明，物资再生利用工作是国民经济可持续发展的重要保障，它不仅能节约矿源、节约能源、使资源永续，还能减少环境污染、保持生态平衡、提高社会经济效益。同时，这也说明我国再生资源利用事业将进入一个新的发展阶段。

9.1　资源化分析

可资源化利用废SCR催化剂的四个主要回收方案有：①作为锅炉炉渣流化添加剂；②将催化剂作为可回收再利用的材料；③将废催化剂作为新催化剂的生产原料；④将废催化剂作为钢厂的原料进料。

9.1.1　废催化剂作为炉渣流化添加剂

废SCR催化剂可以用在湿底锅炉中作为炉渣流化添加剂。此回收方法在欧洲广泛使用，催化剂的主要组成部分与炉渣一起玻璃化。此回收方法包括研磨废催化剂，并将这种材料加入到锅炉的煤进料流。在钢支板催化剂的情况下，筐/模块的材料和金属栅条通常会被回收与物理处理，其他陶瓷材料被供给到锅炉。在该过程中，废催化剂的主要组成部分以不可浸出的形式被纳入到炉渣。然而，对其中的砷和潜在的汞需要格外注意。

目前，对使用这种方法进行处理产生的有关风险还不很清楚，但是当地物料搬运风险、锅炉倾覆、气相金属释放等，都需要被视为潜在风险。

9.1.2　废催化剂作为新催化剂的生产原料

处理废SCR催化剂的一个非常有吸引力的选择是使用废材料作为原料进料，用于制造新的SCR催化剂。在SCR催化剂的早期生产阶段，废催化剂的材料经过相对较少的处理工艺（主要是物理工艺）处理后，可以添加到新鲜进料中。废催化剂以这种方式得到较高效率的重复利用。

废催化剂中的污染物，以及孔隙和粒径分布的不利影响，将决定"回收料/新鲜料"的最大值。在市场扩张的时期，新催化剂生产的速率可能高于需要回收或处置的废催化剂；反之，当扩张达到一定程度后，新催化剂生产速率要低于回收或处置的废催化剂。在当前的市场情况下，在大多数情况下，将废催化剂作为新催化剂的生产原料。然而，随着脱硝机组的大量运行，需要回收的废催化剂的量可能会大大超过可作为新催化剂的生产原料的废催化剂的量。因此，在一个完全成熟的市场中，新鲜催化剂制造能够回收利用的废催化剂的量，可能无法承担大部分需要回收或处置的废催化剂的量。

在利用回收材料的情况下，回收材料与新鲜材料的最大比值小于10%，但在SCR实施的早期阶段，产生的绝大部分废料能够以这种方式被利用。目前，在美国的催化剂市场上，新催化剂的生产速率高于废催化剂的生成速率。因此，现在产生的废催化剂中的很大一部分可以被用来制作新鲜的催化剂。然而，此趋势不会无限期地继续下去。因此，这种回收利用方案充其量只能处理部分需要回收或处置的废催化剂。

在成本方面，此回收方法非常具有吸引力，因为物理或化学处理的成本是有限的，并且回收利用废催化剂作为原料抵消了新催化剂的制造成本。然而，在实践中，该过程可能是不经济的，由于在催化剂的生产阶段不能严格控制材料的质量，从而可能影响新催化剂的质量。

从整体环境的角度来看，这样的回收方案提供了一个有利的废材料利用率，抵消原材料的生产，具有较高的吸引力。

9.1.3 废催化剂作为钢厂的原料进料

废催化剂回收利用在日本非常普遍，涉及使用废催化剂材料（包括筐/模块支撑结构）作为钢厂的原料进料。据推测，这种回收方案的价值在于能够获得筐/模块金属和催化剂载体栅条所含金属的回收。典型钢厂的工艺不会将二氧化钛转化为钛金属，因此这不代表一个完整的金属回收过程。作为钢厂的炉渣，二氧化钛（也可能是其他金属氧化物）将按照正常的炉渣处置或使用程序被收集、处理。这种回收方法是有吸引力的，因为只需较少的物理处理，即可实现批量处理废催化剂。

用这种方法回收的成本是比较低的，特别是考虑到在将废催化剂引入钢厂进料流前基本上不需要预处理。总体而言，这种回收方法由于具备大批量处理催化剂的能力，可以最大限度地减少物理处理量和工人暴露时间。

9.1.4 回收废催化剂材料

对传统的、高价值的含有金属的催化剂进行处理，以回收催化剂基质内有价值的金属成分，可能抵消废催化剂的处理成本。但是，美国研究者的前期研究工作表明，废 SCR 催化剂的材料回收需要用酸或腐蚀性浸出物进行成分提取，或需要其他严格的精炼步骤，因此废 SCR 催化剂（含钒、钛、钨等）的回收材料价值并不能弥补其处理成本，尽管催化剂的组分似乎是高价值的钛和钒。

钛在地球的地壳是第 9 个最常见的元素，因此 SCR 催化剂中所含的钛的价值并不是很大。目前钛金属主要采用克罗尔法（镁还原法）和亨特法（钠还原法）生产。克罗尔法的生产过程是：首先将钛精矿转化为四氯化钛，接下来与镁反应将四氯化钛转化为金属钛。这是一个成本高的提炼技术，在任何情况下，从 SCR 催化剂中提取钛的价值都是有限的。与钛一样，废催化剂中的钒也是有潜在价值的金属，然而目前提取成本过高。因此，废 SCR 催化剂包含材料的内在价值不太可能弥补其处理成本。

与处置方案相比，特别是与长期的固体废物处理责任相比，材料回收的责任是有限的。材料回收的主要责任在于：材料的运输（包括任何离开现场的处置或回收可能发生的责任），以及与实际加工材料相关的责任（主要涉及工人的安全和危险操作）。不适当的处理技术可能会导致对环境的污染，但这种责任呈现出短期性质，目前还不清楚是否会影响催化剂的用户。在配套的再加工过程中产生的废物主要是液体废物，可能会产生一些与处置相关的长期责任，但废催化剂产生者相对远离这个责任。从历史上看，材料的回收再利用以最小的环境影响进行，则相关责任较小，是许多固体废物回收方案中较好的，特别是对于废催化剂中有价值材料的回收。

9.2　回收利用工艺分析

9.2.1　当前回收利用工艺

（1）第一类：将废脱硝催化剂压碎、筛分，按照一定的比例加入到新鲜的催化剂中。

（2）第二类：钠化焙烧+浸出液氯化铵沉钒+氯化钙沉钨+硫酸酸解正钛酸钠（Na_4TiO_4）；将废 SCR 催化剂粉碎后加入到新催化剂制造流程中；钠化焙烧+浸出液用氯化铵沉钒，同时形成仲钨酸，从而实现钨、钒分离。

（3）第三类：用强电解质溶液进行两次电解+调 pH 值用铵沉钒。

9.2.2　技术分析

1. 第一类：粉碎后回收利用到新催化剂制备流程中

回收利用量有限，无法实现对全部废催化剂的回收处理。

2. 第二类：钠化焙烧+湿法化学处理工艺

（1）钠化焙烧前物料需要粉碎，要求粉碎颗粒的粒径≤200 微米。若不经造粒处理，在煅烧过程中会出现严重的飞灰损失及大量的二氧化碳排放。

（2）没有对热能充分利用的描述，特别是没有涉及对高温钠化焙烧后的物料热能及煅烧尾气热能的二次利用。

（3）没有充分考虑废 SCR 催化剂中各种杂质的分离步骤以及去除方法，因此回收得到的产品的纯度有限。

（4）对分离提纯过程的酸性及碱性助剂的种类考虑不充分，没有形成工艺废水回收利用的良好基础。

3. 第三类：强电解质电解+铵沉钒工艺

工业化应用前景不明朗，能耗指标不详，另外，该工艺不能同时对废催化剂中钨、钛等成分进行分离回收。

9.2.3 回收利用工艺介绍

有关文献曾公开介绍蜂窝式废 SCR 催化剂的钨、钒、钛分离综合回收工艺，其工艺流程如图 9-1 所示。

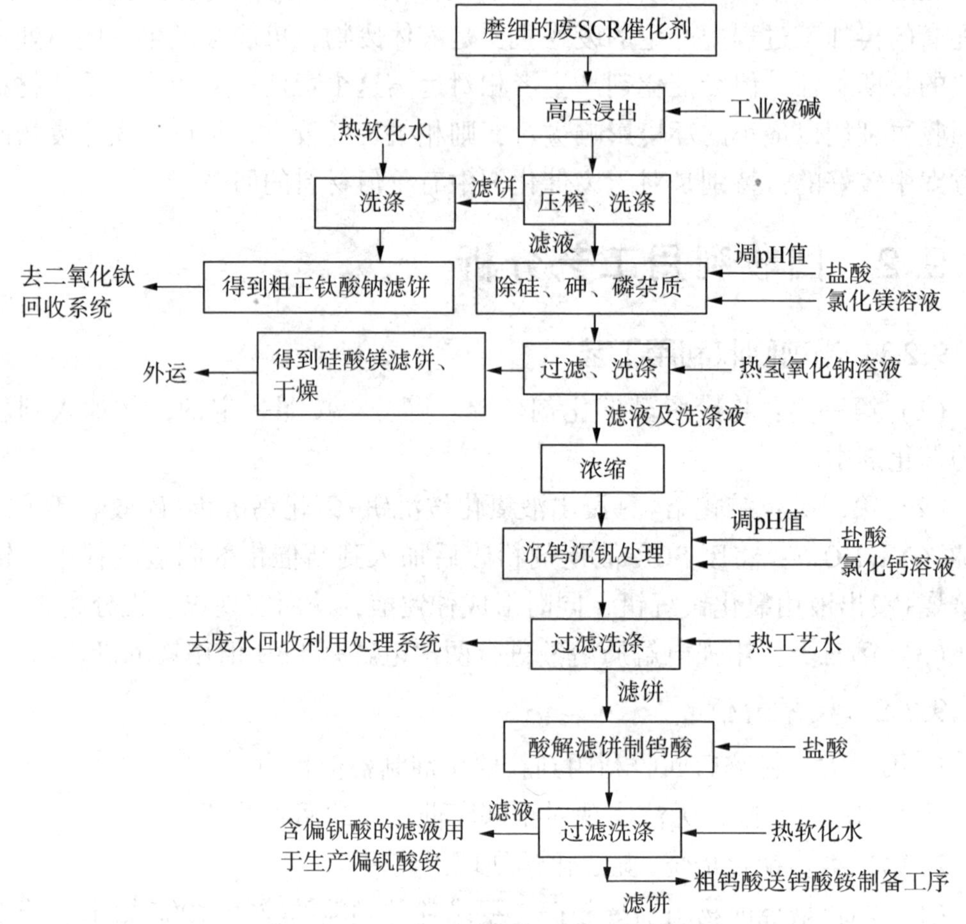

图 9-1 钨、钒、钛分离工艺流程

1. 蜂窝式废 SCR 催化剂的钨、钒、钛分离综合回收工艺步骤

（1）废 SCR 催化剂水洗除灰预处理、湿磨、高温高压浸出。

（2）在浸出液中加入盐酸，以调整 pH 值除杂。

（3）将浸出渣加入到盐酸中反应，煅烧后制备金红石型钛白粉（图 9-2）或富钛料。

（4）仲钨酸铵制备。仲钨酸铵制备工艺流程如图 9-3 所示。

（5）五氧化二钒制备。五氧化二钒制备工艺流程如图 9-4 所示。

（6）废水回收利用处理。工艺废水回收利用处理的工艺流程如图 9-5

所示。

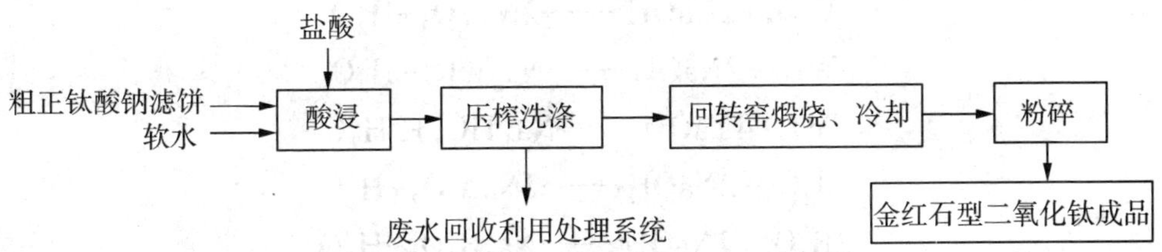

图 9-2 金红石型钛白粉制备工艺流程

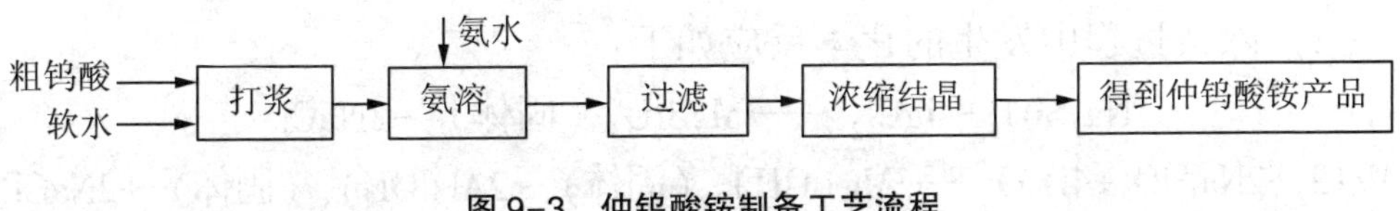

图 9-3 仲钨酸铵制备工艺流程

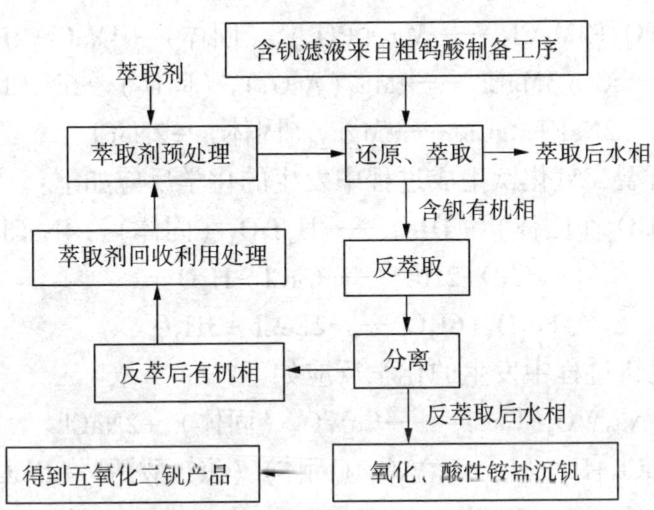

图 9-4 五氧化二钒制备工艺流程

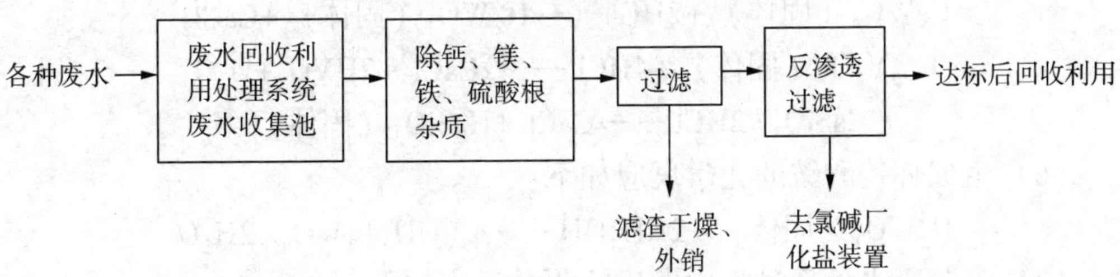

图 9-5 工艺废水回收利用处理工艺流程

2. 蜂窝式废SCR催化剂的钨、钒、钛分离综合回收工艺中发生的化学反应

（1）浸出过程中发生的化学反应如下：

$$V_2O_5+2NaOH \longrightarrow 2NaVO_3+H_2O$$

$$WO_3+2NaOH \longrightarrow Na_2WO_4+H_2O$$

$$TiO_2+4NaOH \longrightarrow Na_4TiO_4+2H_2O$$

$$Al_2O_3+2NaOH \longrightarrow 2NaAlO_2+H_2O$$

$$2B_2O_3+2NaOH \longrightarrow Na_2B_4O_7+H_2O$$

$$SiO_2+2NaOH \longrightarrow Na_2SiO_3+H_2O$$

$$As_2O_3+6NaOH+O_2 \longrightarrow 2Na_3AsO_4+3H_2O$$

（2）除杂过程中发生的化学反应如下：

$$Na_2SiO_3+MgCl_2 \longrightarrow MgSiO_3\text{（固体）}+2NaCl$$

$$MgCl_2+2NaAlO_2+4H_2O \longrightarrow Mg(OH)_2\text{（固体）}+2Al(OH)_3\text{（固体）}+2NaCl$$

$$MgCl_2+Na_2B_4O_7 \longrightarrow MgB_4O_7\text{（固体）}+2NaCl$$

$$2Na_2HPO_4+3MgCl_2 \longrightarrow Mg_3(PO_4)_2\text{（固体）}+4NaCl+2HCl$$

$$2Na_3AsO_4+3MgCl_2 \longrightarrow Mg_3(AsO_4)_2\text{（固体）}+6NaCl$$

$$2NaF+MgCl_2 \longrightarrow MgF_2\text{（固体）}+2NaCl$$

（3）金红石型二氧化钛生成过程中发生的化学反应如下：

$$Na_4TiO_4\text{（固体）}+4HCl \longrightarrow H_4TiO_4\text{（固体）}+4NaCl$$

$$CaO+2HCl \longrightarrow CaCl_2+H_2O$$

$$Fe_2O_3+6HCl \longrightarrow 2FeCl_3+3H_2O$$

（4）沉钨沉钒过程中发生的化学反应如下：

$$Na_2WO_4+CaCl_2 \longrightarrow CaWO_4\text{（固体）}+2NaCl$$

$$2NaVO_3+2CaCl_2+H_2O \longrightarrow Ca_2V_2O_7\text{（固体）（焦钒酸钙）}+2NaCl+2HCl$$

$$Na_2SiO_3+CaCl_2 \longrightarrow CaSiO_3\text{（固体）}+2NaCl$$

（5）酸解滤饼制钨酸、钒酸过程中发生的化学反应如下：

$$CaWO_4\text{（固体）}+2HCl \longrightarrow H_2WO_4\text{（固体）}+CaCl_2$$

$$Ca_2V_2O_7\text{（固体）}+4HCl \longrightarrow 2CaCl_2+2HVO_3+H_2O$$

$$CaSiO_3+2HCl \longrightarrow CaCl_2+H_2SiO_3\text{（固体）}$$

（6）生成仲钨酸铵的化学反应如下：

$$H_2WO_4\text{（固体）}+2NH_4OH \longrightarrow (NH_4)_2WO_4+2H_2O$$

（7）工艺废水处理过程中发生的化学反应如下：

$$CaCl_2+Na_2CO_3 \longrightarrow CaCO_3\text{（固体）}+2NaCl$$

$$MgCl_2+2NaOH \longrightarrow Mg(OH)_2\text{（固体）}+2NaCl$$

$$FeCl_3+3NaOH \longrightarrow Fe(OH)_3\text{（固体）}+3NaCl$$

$$Na_2SO_4+BaCl_2 \longrightarrow BaSO_4\text{（固体）}+2NaCl$$

9.2.4 钨、钒、钛分离工艺特点

1. 回收产品纯度高、回收率高

通过本工艺得到的主要产品有：金红石型钛白粉，其中二氧化钛含量可达到92%~93%，二氧化钛的回收率可达到86%；仲钨酸铵，其中氧化钨的含量可达到99%以上，氧化钨的回收率可达到83%；五氧化二钒，其中五氧化二钒的含量可达到93%，五氧化二钒的回收率可达到65%。

2. 循环使用钠、氯元素的化合物

本工艺采用工业液碱（液态状的氢氧化钠）的溶液高压浸出磨细后的废SCR催化剂，在后续的钨、钒、钛元素的分离提纯流程中，大量使用了盐酸（氯化氢溶液），故整个流程所产生的废水中含有浓度较高的氯化钠（进入废水回收利用系统废水收集池中的废水，废液中氯化钠的浓度为160~190克/升）。为充分利用氯化钠资源，提高废水回收利用率，本工艺采用化学沉淀除杂的方法进一步去除了废水中夹杂的+2价钙离子、+2价镁离子、+3价铁离子、硫酸根离子，使废水得到净化，具备了直接利用的价值；再通过反渗透膜过滤装置，使废水中的主要成分氯化钠得到富集，进入该系统的二次浓废水中（二次浓废水中氯化钠浓度为300~320克/升），这种高氯化钠浓度的盐水已符合氯碱厂原料盐液的质量要求，可直接进入其装置用于生产液碱和盐酸。这样就使得钠、氯元素在本工艺流程中得到了循环利用，降低了回收处理的原料成本。

3. 无二次污染物排放

本工艺在蜂窝式废SCR催化剂的预处理环节中，采用高压水冲洗除灰、冲洗水过滤后循环使用的方法，避免了废SCR催化剂集灰中有毒的砷、汞、磷等化合物随灰散失，收集下来的集灰也可集中进行无害化处理；对废SCR催化剂的破碎、细磨及浸取等均是在湿态下操作的，进一步避免了废SCR催化剂自身含有的氧化钨和五氧化二钒等有毒金属氧化物的随灰散失。

本工艺流程中所产生的副产物，如盐泥（碳酸钙含量>98%）和硫酸钡渣（硫酸钡含量>98%），都是纯度较高的无害化、有价值的产品，可作为商品直接销售。本工艺流程中产生的所有废水也都经过回收利用系统的处理，实现了100%的回收利用。本工艺对正钛酸（H_4TiO_4）的煅烧过程中所产生煅烧尾气的主要成分是水蒸气和少量的氯化氢，但通过使用废水回收收集池中的废水喷淋吸收，就可实现无任何有害气体的排放。

9.3 回收利用建设格局布置

烟气脱硝催化剂失活后，一般可通过再生恢复催化活性，可再次装填到烟气脱硝反应器中使用。但再生仅能恢复因中毒和堵塞造成的失活，而不能恢复烧结造成的失活，再生催化剂的活性会比新催化剂低，且在再生2~3次即失去再生价值，乃至最终报废。脱硝催化剂主要由二氧化钛（含量80%~90%）、五氧化二钒（含量1%~5%）、三氧化钨（含量5%~10%）或三氧化钼（含量2%~5%）组成。催化剂最终报废后，一方面为了资源最大化，另一方面避免造成二次环境污染，建议对其进行回收利用，提取各种金属或金属化合物。

9.3.1 回收工艺现状

目前，国外还没有单独针对废SCR催化剂回收利用的工业装置，其主要原因是国外的电力供应结构与我国存在很大的差异，如日本的核电占电力供应总量的90%左右，美国的煤电占电力供应总量的30%左右，而中国的煤电则占电力供应总量的70%多。因此，除中国外的其他多个国家在煤电上使用的SCR催化剂的数量非常有限。这点可通过全球脱硝催化剂载体钛白粉的供应量得到佐证：全球除中国外的其他多个国家能提供SCR催化剂原料的载体钛白粉的企业主要有4家，分别为日本石原（2万吨/年）、日本界化学（0.3万吨/年）和法国美利联（2万吨/年）、莎哈利本（3万吨/年）。同时，除中国外的其他多个国家由于燃煤品质好，其催化剂使用寿命较我国催化剂长数倍。因此，国外SCR催化剂的废弃产生比例和产生量均未达到可以单独成立回收利用企业的程度。另外，基于全球除中国外的其他多个国家在钛冶炼工业、钨冶炼工业及钒冶炼工业的发展水平各不相同，无法将废SCR催化剂回收产物的产品定位为冶金工业的原料等级，也就导致了国外研究形成了废SCR催化剂回收利用成本高昂的结论。而在中国特有的煤电局面和钒、钨、钛冶金工业发达的基础上，有必要建立自己独立的废SCR催化剂回收利用体系。

由于我国不同地区的火电烟气脱硝产业发展状况各不相同，废SCR催化剂的产生量也相差较大，若在每个省单独设立一个废SCR催化剂的回收利用企业，则会出现某些地区因为废SCR催化剂产生量小而使得回收工程不具备经济规模、回收项目难以良性运营的状况。另外，各省对危险废物跨省运输的协作及处理处置的态度有所差异，也势必增加废弃催化剂大规模集中处理的难度。因此，废 SCR 催化剂回收利用工厂的建设需要以全局的思维来审视，引导其以适宜的正确模式发展。

9.3.2　相关措施

按照废 SCR 催化剂回收利用的经济可行性，结合各地的地理特点，采取以中心地建设、服务周边的模式，建设废 SCR 催化剂回收利用项目。

1. 整体规划、分期建设

根据 SCR 催化剂废弃产生的规律，各地在项目建设时宜采用适当的项目规模进行整体规划，而在建设实施过程中则需采用分期方式，一期建设规模应控制为 2500 吨/年（相当于 5000 立方米/年），以满足未来环境保护政策对建设规模的初步要求，后期再根据废 SCR 催化剂的产生量来逐步扩大回收处理的能力，最终达到完全处理的规模。

2. 相互协调，许可管理

各地应在危险废物的运输管理上协调一致，为废 SCR 催化剂的跨省运输提供便利，实现废 SCR 催化剂相对集中处理的运营模式。项目建设地的环境保护行政主管部门应以开放式的胸怀，接纳周边省份的废弃催化剂进入本地区回收利用，只要严格规范废催化剂利用企业的经营许可资质，加强监管，就不会因该项目的存在给自身带来更多的环境风险，同时会因项目的良好经济效益给当地经济带来新的增长点。

3. 共同经营，协同发展

电力行业是我国国有经济中占控制地位的、关系国民经济命脉和国家安全的行业，鉴于废脱硝催化剂的产生总量较小，又属于危险废物必须进行处理的状况，若能在脱硝产业链中选择合适的处理方式将是最佳的选择。

思考题

1. 为什么按照填埋处理方式处理废催化剂不是最好的处置办法？试说明原因。

2. 废催化剂资源化利用主要有哪些方面？

3. 当前的废催化剂回收利用工艺有何利弊？

4. 典型的钨、钒、钛分离工艺特点有哪些？

5. 根据国内外能源结构不同，如何建立我国独有的废 SCR 催化剂回收利用体系？

第 10 章　废脱硝催化剂处置的经济分析

10.1　概述

SCR 技术是目前应用最广泛的从固定源去除氮氧化物的方法，由于其不产生二次污染同时受燃料类型的局限也较小，SCR 技术在世界各地得到了广泛的应用。燃煤电厂氮氧化物的去除普遍采用 SCR 技术，所采用催化剂的使用寿命基本上是按 24000 小时设计的，运行 3~4 年后，因其失效（或称失活）而需要更换。因此，随着 SCR 技术的应用必定会带来大量的失活催化剂，则研究对商业失活催化剂的再生是十分有必要的。失活催化剂的再生既节约了成本，又对环境无污染，目前已成为一大热点。脱硝催化剂再生是 SCR 脱硝行业发展的必由之路，催化剂再生具有显著的社会效益和经济效益。当前，国家高度重视氮氧化物的减排工作。

随着公众环境保护意识增强和我国法律、法规和标准的日趋完善，火电厂降低氮氧化物排放工作势在必行，此外我国政府大力支持失效催化剂应优先进行再生处理，无法再生的催化剂应进行无害化处理，鼓励低成本高性能催化剂原料、新型催化剂和失效催化剂的再生与安全处置技术的开发和应用，将使 SCR 脱硝催化剂再生技术进入环保领域并更好地发挥其独特作用。

在理想状态下，SCR 脱硝催化剂可以长期使用，但在实际运行中，多种原因可能导致催化剂活性降低、使用寿命缩短。据调查，脱硝催化剂使用寿命一般为 3 年，引起催化剂失活的原因主要有催化剂中毒（砷、碱金属、碱土金属等）、高温引起的烧结、活性组分挥发、催化剂堵塞以及机械磨损等，由于我国燃煤机组运行工况的差异性以及煤种的多样性，催化剂失活的机制更加复杂。按照脱硝催化剂 3 年的使用寿命推算，2016 年前后我国将开始产生大量的废 SCR 脱硝催化剂，并呈逐年增长趋势，按照蜂窝式 SCR 催化剂“2+1”的安装使用方式，废 SCR 脱硝催化剂若得不到相应的减量化处理，2014~2019 年，全国的废 SCR 脱硝催化剂将累计达到 19 万吨；至

2025年，废SCR脱硝催化剂总量将累计达到82.86万吨。脱硝催化剂在使用过程中吸附了电厂燃烧产生的粉煤灰，其中含有一定量的类金属和重金属（如砷、铅、汞、镉、铬、铍等），且催化剂的活性成分五氧化二钒及氧化钨也为有毒金属氧化物，其中五氧化二钒为剧毒物质，因此废脱硝催化剂的主要潜在危险特性为浸出毒性，其中吸附的重金属的浸出浓度普遍高于新脱硝催化剂的浸出浓度，部分废脱硝催化剂中重金属的浸出浓度超过标准《危险废物鉴别标准　浸出毒性鉴别》（GB 5085.3—2007）给出的浸出浓度限值，如不妥善处理，加强环境管理，废脱硝催化剂具有一定的环境污染风险。2014年8月5日，环境保护部办公厅发布了《关于加强废烟气脱硝催化剂监管工作的通知》（环办函〔2014〕990号），该文件中明确规定："鉴于废烟气脱硝催化剂（钒钛系）具有浸出毒性等危险特性，借鉴国内外管理实践，将废烟气脱硝催化剂（钒钛系）纳入危险废物进行管理。"

据了解，20%～30%破损废催化剂无法用于再生，仅70%～80%的完整废烟气脱硝催化剂可进行再生，可破碎后加入新催化剂制造流程当中，用作原料，从而得到回收。整个生命周期中，废烟气脱硝催化剂最多可再生三四次。不能进行再生的废烟气脱硝催化剂，只能用于回收其中的金属或进行最终处置。

2014年8月19日，环境保护部发布了《废烟气脱硝催化剂危险废物经营许可证审查指南》（环境保护部公告2014年第54号）。该文件指明：废烟气脱硝催化剂（钒钛系），是指由于催化剂表面积灰或孔道堵塞、中毒、物理结构破损等原因，导致脱硝性能下降而废弃的钒钛系烟气脱硝催化剂；预处理是指清除废烟气脱硝催化剂（钒钛系）表面浮尘和孔道内积灰的活动；再生是指采用物理、化学等方法使废烟气脱硝催化剂（钒钛系）恢复活性，并达到烟气脱硝要求的活动；利用是指采用物理、化学等方法，从废烟气脱硝催化剂（钒钛系）中提取钒、钨、钛和钼等物质的活动。对于废烟气脱硝催化剂的界定和什么是预处理定义得非常清楚，再生和利用也是两个不同的概念，不能把废烟气脱硝催化剂的再生和利用混为一谈。针对收集的废烟气脱硝催化剂（钒钛系），应以再生为优先原则。

对于不断产生的废烟气脱硝催化剂，普遍认为应首先进行资源化再生，再生方式一般为浸泡洗涤、添加活性成分后烘干；其次要开展回收利用，确保资源的最大化利用，循环使用，节约资源，保护环境；最后进行无害化处理处置的安全填埋。目前已投入运行的SCR脱硝催化剂中，75%采用蜂窝式催化剂，其属于均质催化剂，即催化剂本体全部是催化剂材料，因此其表面遭到灰分等的破坏磨损后，仍然能维持一定的催化性能，催化剂也可以再生。

10.2 关于危险废物和危险化学品的认定

《火电厂氮氧化物防治技术政策》（环发〔2010〕10号）明确提出：失活催化剂应优先进行再生处理，无法再生的应进行无害化处理，鼓励低成本高性能催化剂原料、新型催化剂和失活催化剂的再生与安全处置技术的开发和应用，电厂对失活且不可再生的催化剂应严格按照国家危险废物处理处置的相关规定进行管理。《火电厂烟气脱硝工程技术规范 选择性催化还原法》（HJ 562—2010）要求，失活催化剂可采用再生或无害化处理。虽然催化剂自身属于微毒物质，但是在其使用过程中烟气中的重金属可能在催化剂内聚集，这种情况下，使用后失活的SCR催化剂应作为危险物品来处理。根据《国家危险废物名录（2016版）》（自2016年8月1日起施行）规定，危险废物焚烧、热解等处置过程中产生的底渣、飞灰和废水处理污泥属于危险废物。失活的脱硝催化剂属于危险废物，再生处理过程中产生的废水处理污泥和残渣均属于危险废弃物。催化剂再生过程要使用五氧化二钒等化学用品。根据《危险化学品目录（2015版）》（2015年第5号公告，自2015年5月1日起实施），五氧化二钒是具有急性毒性（经口、生殖细胞致突变性）、致癌性、生殖毒性的和特异性靶器官毒性［反复接触、一次接触（呼吸道刺激）］的，危害水生环境（急性危害、长期危害）的危险化学品。在此前版本的《国家危险废物名录》中，失效脱硝催化剂均被一致地认定为危险废物。

10.3 危险废物和危险化学品处理的相关规定

在我国境内从事危险废物收集、贮存、处置经营活动的单位，应当依照《危险废物经营许可证管理办法》（国务院令第408号，2013年修订）的规定，领取危险废物经营许可证。根据《固体废物污染环境防治法》和《危险废物经营许可证管理办法》规定，禁止无经营许可证或者不按照经营许可证规定从事危险废物收集、贮存、处置经营活动。禁止将危险废物提供或者委托给无经营许可证的单位从事收集、贮存、利用、处置的经营活动。危险废物的收集、贮存、运输、处置必须由持证单位严格按照《危险废物转移联单管理办法》（国家环境保护总局令第5号，1999年10月1日起施行）、

《道路危险货物运输管理规定》（交通运输部令 2013 年第 2 号。交通运输部令 2016 年第 36 号修订，2016 年 4 月 11 日发布）和《危险废物收集贮存运输技术规范》（HJ 2025—2012）等规定执行。危险化学品使用企业应当依照《危险化学品安全使用许可证实施办法》（国家安全生产监督管理总局令第 57 号，自 2013 年 5 月 1 日起施行）的规定取得危险化学品安全使用许可证，并申领危险化学品生产使用环境管理登记证，按照《危险化学品安全管理条例》（国务院令第 344 号，2013 年 12 月 4 日修订，自 2013 年 12 月 7 日起施行）和《废弃危险化学品污染环境防治办法》等规定执行。

失效的脱硝催化剂属于危险废物，其收集、贮存、运输、处置均须严格按危险废物的规定执行。具体有以下延伸内容：

（1）直接在电厂进行催化剂现场再生的单位须持危险废物经营许可证。

（2）再生过程产生的废水、废渣、废液须对砷、重金属等进行无害化处理，满足《污水综合排放标准》（GB 8978—1996）［2016 年 10 月 1 日作废，被《皂素工业水污染物排放标准》（GB 20425—2006）和《煤炭工业污染物排放标准》（GB 20426—2006）代替部分］的要求。未经无害化处理的废水不得排入电厂废水系统。

（3）现场再生区域必须用帐篷看护，必须在一个保证人员和环境安全的场所内进行。

（4）失效脱硝催化剂在电厂仓库存放的时间不得超过 1 年。

10.4　现场再生与工厂化再生的比较

目前国内脱硝催化剂失活后的再生处理已有两种方案出现：一是现场再生，二是工厂化再生。这与欧洲和美国最初经历的过程相同，但在 2005 年以后美国已经不再采用现场再生方法。

10.4.1　现场再生

现场再生是一个未经实践验证的概念，其再生过程仅仅是把表面沉积物和负载物用物理化学方法简单清除，再负载一定量的化学活性物质，催化剂内部的微孔无法得到有效的恢复，催化剂比表面不能得到还原。可以说，现场再生仅能成为应急的一种非正常的临时措施，而不能成为真正意义上的催化剂再生。

现场再生可能带来的危害是：因为失活的催化剂含有砷、钒、钼、钨、铬、镍等类金属及重金属，现场再生清洗有毒物质的过程中会产生大量的含有类金属或重金属的废气、废水、废液、废渣，加之现场没有无害化处理设备和系统，极易对电厂周边环境和水质形成二次污染，对电厂工作人员造成较大的健康风险。

根据《污水综合排放标准》（GB 8978—1996），砷的最高允许排放浓度是0.5毫克/升（重金属铬为1.5毫克/升，镍为1.0毫克/升）。《砷污染防治技术政策》（环境保护部公告2015年第90号）对砷的排放提出了更高的要求，在美国，砷的最高允许排放浓度是0.1毫克/升。而催化剂再生过程中大部分砷及钒、钼、钨、铬、镍等重金属会被溶解和清洗下来。现场再生所产生的废水如果不经过特殊处理，肯定会远远高于这些标准。这就需要拥有专门的废水处理设施，可以对再生过程中产生的废水进行无害化处理，处理后排放废水中的砷及重金属的含量低于这些标准。

10.4.2 工厂化再生

工厂化再生是指通过物理和化学方法有机结合，可以将催化剂表面和微孔堵塞物完全去除，更重要的是把化学中毒物砷、磷和碱金属也有效地去除，因为这些化学中毒物是以化学键形式结合在催化剂基体上的，简单的现场再生过程是无法从根本上去除这些化学中毒物的。工厂化再生可以严格控制烘干煅烧的环境，这对化学活性物的负载过程的有效性至关重要，这些都是现场再生根本无法实现的。真正的工厂化再生工艺是一个复杂的物理化学过程，也是为每一个客户量身定做的再生方案，可以使催化剂的化学性能得到最大程度上的恢复。

经过工厂化再生的催化剂与现场再生的催化剂在性能上有着本质上的区别。虽然有些测试报告显示，现场再生的催化剂能较大程度地还原原始催化剂的脱硝性能，但这些测试都是在实验室微型反应器中进行的。大量的对比数据表明，在实验室微型装置中测量的催化剂活性仅能代表催化剂的相对活性，通常用于催化剂的开发，并不能模拟真实的烟气条件而准确地测量催化剂活性的绝对值。这是因为在保持流速偏差不变的情况下，催化剂孔径内的流速偏低，达不到设计的流速，直接影响催化剂的性能。既然微型装置偏离设计条件，那么其测量本身就不具备催化剂性能评价的基础。另外，受制于低流速、低流量的实际情况，微型装置无法获取氨逃逸数据。众所周知，催化剂的使用寿命是指脱硝率、二氧化硫/三氧化硫的转化率、氨逃逸率三者同时满足保证值的条件下的使用时间。这三项指标中有一项不能满足达标要求，此催化剂的使用寿命就已终结，因此脱离二氧化硫/三氧化硫的转化率、氨逃逸率两个指标的脱硝率是不科学的。

10.5 SCR法废脱硝催化剂的处理

对于失活催化剂的处理，首先，可以去判定失活废脱硝催化剂的各项性能，评估其是否还有进行处理的价值，并分析回收利用废脱硝催化剂的价值高低。如果废脱硝催化剂的再生潜力很小，那么对其进行再处理，不仅难以提高废脱硝催化剂的活性，也会增加再生处理环节的经济成本，还会造成人力、物力方面的浪费。再生处理时，需要将SCR催化剂从脱硝反应塔上拆下来，将SCR催化剂模块搬运至再生厂家，对再生SCR催化剂模块在清洗池和再生池中进行规律性的翻转。然而，由于催化剂模块体积和质量都相对较大、催化剂壁较薄，并不适合使用强力的搅动或搬运，导致现有SCR脱硝催化剂再生装置占地面积过大，耗费建设资金。

对废脱硝催化剂进行处理时，若需要对催化剂进行简单清洗，则可以在简单反应器内完成；若对废脱硝催化剂进行完全清洗处理，则需要将废脱硝催化剂完全移出反应器，并将其放置在电厂的合适位置，才可以完成去废处理工作；也需要将废脱硝催化剂送到指定的处理场地，才能确保处理的完成。并且，在处理过程中，对于被飞灰堵塞而造成的废SCR脱硝催化剂，通常对其进行简单的冲洗，这并不是最有效的处理手段，因为这样会导致飞灰颗粒滞留，很难将飞灰从废脱硝催化剂的通道中冲洗出来。在废脱硝催化剂孔隙口，对于细小的颗粒会由于滞留作用紧紧贴附在通道内，应用清洗手段无法达到目的。再生废SCR脱硝催化剂费时、费工、费力，破坏其物理结构，而且SCR法废脱硝催化剂处理周期长，导致电厂停工时间长，影响了电厂发电效益。

在SCR法处理废脱硝催化剂处理中，选择好的处理方法，废脱硝催化剂中金属氧化物的回收利用率较之前提升28.0%，具有极高的应用价值。在运行费用中，除了氨的消耗外，催化剂的更换成本更是占据了大部分费用。对于可逆性中毒的催化剂和活性降低的催化剂，可以通过再生后重新利用，再生费用只有全部更换费用的20%~30%，活性可恢复至原性能的90%~100%。此外，不能再生的废SCR脱硝催化剂中，含有钒等有价值的金属，直接丢弃会造成环境污染。钒是稀有金属，在自然界中富集的钒矿不多，钒的提取和分离比较困难。近几年，随着科技的发展，对钒需求量每年约增长5%，致使钒的价格不断上扬。因此，从废SCR脱硝催化剂中回收五氧化二钒，既能避免对环境的污染，又能节约宝贵的资源。目前国内已有回收利用废SCR脱硝催化剂中的五氧化二钒，处理能力为6万吨/年的大型工业企业。

10.6 相关环境问题

10.6.1 污染物排放

1. 工艺产生的主要废气

（1）预处理清灰分拣时产生粉尘。粉尘的主要成分为吸附于废催化剂表面及微孔内的粉煤灰。火电厂企业应设置单独封闭的清灰分拣区，配备吸尘装置收集粉尘。最终的粉尘应通过排气筒排放。

（2）破损催化剂干燥后需经粉磨机粉磨，会产生粉尘。粉尘的主要成分除含有吸附于废催化剂表面及微孔内的粉煤灰外，还含有废 SCR 脱硝催化剂中的氧化钨和五氧化二钒等有毒金属氧化物。对于这种粉尘，应选择除尘效率高的除尘装置处理后通过排气筒排放。

（3）干燥煅烧过程中催化剂表面的偏钒酸铵分解产生活性成分五氧化二钒，同时会分解出氨气。为此，可通过湿式吸收塔处理，处理后的尾气应通过排气筒排放。

2. 工艺废水

该工艺废水主要为清洗废 SCR 脱硝催化剂过程中产生的清洗废水，主要污染物为悬浮物（含有一定量的类金属和重金属，如砷、铅、汞、镉、铬、铍、钒、钨等）。另外，干燥煅烧过程会产生氨气，需通过湿式吸收塔吸收。对于可能产生的含氮废水，应尽量回收利用。

3. 工艺产生的固体废物

（1）在清灰分拣过程中通过吸尘装置收集的粉尘。其主要成分为吸附于废催化剂表面及微孔内的粉煤灰，可对外销售并综合利用。

（2）粉磨过程中通过除尘装置收集的粉尘。其主要成分除含有吸附于废催化剂表面及微孔内的粉煤灰外，还含有废 SCR 脱硝催化剂中的氧化钨和五氧化二钒等有毒金属氧化物。因此，此部分收集的粉尘不适合对外销售并综合利用，应进行危险废物鉴定后决定处理处置方式。

（3）对于废水处理系统产生的污泥，建议通过危险废物鉴定后制定相关的管理细则。

10.6.2 废 SCR 脱硝催化剂的收集、运输和贮存

1. 收集

目前，废 SCR 脱硝催化剂主要产生于燃煤电厂，再生回收单位主要从电厂收集废烟气脱硝催化剂（钒钛系）。产生废烟气脱硝催化剂（钒钛系）

的各个电厂应首先按危险废物的管理要求做好废催化剂的收集工作。

2. 运输

废烟气脱硝催化剂（钒钛系）在交换转移审批办理过程中需要提交运输单位的资质、委托运输协议等材料，且应由专门的危险品运输车运输，运送路线的设置尽量避开人口密集区域和交通拥堵道路，尽可能减少经过河流水系的次数，尽可能不上高速公路，避开人口密集、交通拥挤地段。

3. 废物接收

废烟气脱硝催化剂（钒钛系）的接收应执行危险废物转移联单制度。

4. 贮存

贮存设施应按《危险废物贮存污染控制标准》（GB 18597—2001）的要求进行建设，贮存场所根据《环境保护图形标志　固体废物贮存（处置）场》（GB 15562.2—1995）设立专用标志。

10.7　相应环境管理的建议

10.7.1　引导再生利用企业快速发展

由于国内SCR脱硝技术应用时间还不长，失活SCR脱硝催化剂还没有大规模出现。目前，失活SCR脱硝催化剂再生和回收市场基本处于空白状态，废SCR脱硝催化剂再生利用能力严重不足。现阶段，我国应着力提高废烟气脱硝催化剂再生利用技术水平，加快研究制定行业技术规范及标准。对于从事废SCR脱硝催化剂收集、贮存、运输、再生、利用处置活动的经营单位，相关管理部门应按照《废烟气脱硝催化剂危险废物经营许可证审查指南》，对其就技术人员，废物运输、包装与贮存，设施及配套设备、技术与工艺、制度与措施等方面进行审查，审查通过的经营单位方可获得危险废物经营许可证。根据预测，废SCR脱硝催化剂回收项目总回收量达到143000吨/年的规模，即可满足2020年以后5~10年火电烟气脱硝产业发展的配套需求。目前，危险废物的跨省转移存在一定难度，各省对外省转移来的危险废物的接纳态度也有所差异。因此，各省在建设此类回收项目之前，应进行统一规划，首先测算本省废SCR脱硝催化剂的产生量，根据预测的产生量分期建设回收项目，避免出现回收规模远大于产生量的现象。我国的火电项目主要集中在华东、华北、华南和华中地区，仅有少数在西南和西北地区，因此，废SCR脱硝催化剂回收项目不宜在多地广泛建设，而应按照火电厂的分布情况提前规划。

10.7.2 建立科学的管理制度

可借鉴国外对废烟气脱硝催化剂的管理经验。例如：在日本，废催化剂由使用厂、催化剂生产厂及专门回收处理工厂三方协调回收事宜；在美国，废催化剂回收组织单位为废催化剂废弃服务部，主要负责协调美国废催化剂的回收事宜。美国的一些催化剂制造公司往往与固定的废催化剂回收公司保持协作关系。近年来，美国已逐步采用以综合性多部门跨学科的研究计划来解决废催化剂的回收问题。根据统计数据，隶属于我国五大发电公司的环保工程公司和三大动力公司所签订的脱硝工程合同总量占全部脱硝工程合同总量的 64.7%，它们拥有绝大部分的废 SCR 脱硝催化剂回收渠道。因此，掌握废 SCR 脱硝催化剂回收技术的环境保护企业，应加强同这些国家投资电力、动力集团公司的合作，将更加有利于这个行业的健康发展。

10.7.3 废水处理

清洗废水含有的主要污染物为悬浮物质，包括从催化剂表面及微孔内清洗下来的粉煤灰中含有的类金属和重金属（如砷、铅、汞、镉、铬、铍等），以及一部分破损催化剂组成物质中含有的重金属（如钒、钨等），这部分含重金属的废水对环境有一定的危害性。另外，由于在活化植入阶段需要加入活性物质偏钒酸铵，该物质在后续的干燥煅烧过程中会产生氨气，需通过湿式吸收塔吸收，会产生含氮废水，部分此类项目所在地禁止排放含氮生产废水。因此，对于废 SCR 脱硝催化剂回收项目产生的含重金属及氮的废水，应尽量采取回收利用的方法而不外排。另外，根据《废烟气脱硝催化剂危险废物经营许可证审查指南》要求，预处理、再生和利用过程中产生的废酸液、废有机溶剂、废活性炭、污泥、废渣等按照危险废物进行管理。本工艺中活性修复槽中有可能会加入活性物质偏钒酸铵、酸、碱等溶液，对该部分废水，建议单独收集处理，产生的污泥按照危险废物进行管理，而其他工段废水处理系统产生的污泥的主要成分为粉煤灰。目前具有 HW49802-006-49（危险废物物化处理过程中产生的废水处理污泥和残渣）处置类别的危险废物处置单位较少，且大部分具有该类别的单位处置能力均已饱和。因此，建议在已投产的废 SCR 脱硝催化剂回收项目中，根据工艺类别分别选取有代表性的项目开展污泥危险特性鉴定工作，根据鉴定结果研究其作为危险废物管理的必要性，并制定相关的管理制度。

10.8　效益分析

10.8.1　废催化剂再生后的优势

催化剂再生具有显著的经济效益：作为燃煤电厂 SCR 脱硝系统的重要组成部分，脱硝催化剂造价高，成本约占脱硝工程总投资的 40%。失活的催化剂进行再生处理可为电厂节约可观的费用。如不再生，将造成资源的严重浪费且带来环境的二次污染，还需投入资金进行危险废物处理。催化剂再生具有显著的社会效益：失活催化剂进行再生有利于环境保护，有利于节约原材料，实现有限资源的循环利用。另外，废催化剂再生后对于火力发电厂来讲还有如下优点：

（1）催化剂再生的活性可达到新催化剂活性的 90%以上，确保脱硝系统达到设计效率，减少氮氧化物的排放，减少大气污染。

（2）催化剂再生，降低脱硝反应器出口氨逃逸率，减少对下游空气预热器的堵塞。

（3）催化剂再生发生的费用仅占新采购催化剂的 1/3～1/2，大大节省新采购备件成本费用。

（4）催化剂再生使脱硝系统排放满足环境保护要求，从而获得脱硝电价补贴。按照某机组年发电量 60 亿千瓦时计算，脱硝补贴电价 0. 01 元/千瓦时，则每年可获得脱硝补贴 6000 万元。

10.8.2　废催化剂再生项目成本分析

1. 减少废弃物处置费用

按照目前市场上的危险固体废弃物处理费用，不含运输成本，每处理 1 立方米的废催化剂费用约 3000 元，按照目前主流机组所添加的催化剂数量，目前 600 兆瓦机组催化剂消耗量约 500 立方米，催化剂到期后其处置费用约 150 万元。催化剂处置完毕后还需购置新的催化剂，重新购买新催化剂还需要约 5 倍的费用。因此，按照危险废弃物来处置废旧催化剂的成本是惊人的。

2. 降低能耗

由于对失活催化剂进行再生，恢复其使用寿命，使备用层催化剂得以暂时不安装，每层催化剂大概增加 200 帕左右的烟气阻力，根据机组等级不同，其增加电能消耗 100～200 千瓦时，这样通过再生后可以节约大量生产用电，同时再生过程中原有催化剂层的阻力也会明显下降，同样降低了生产用电量，可以直接转化为生产发电效益。

3. 减少催化剂采购成本

由于对催化剂再生技术的使用，催化剂采购成本近年来有了较大降低，从5~6万元/立方米降到2万元/立方米以下。但是，由于国家大气污染治理政策的要求，催化剂市场需求呈井喷形式，采购周期通常在6个月以上，即使按2万元/立方米采购成本计算，通过本项目实施，可节约催化剂采购费用是惊人的。

4. 环境保护效益

根据国外的成熟经验，火电厂烟气脱硝约80%的失活催化剂可通过再生达到循环再利用。“十二五”期间火电厂烟气脱硝催化剂市场至少有300万立方米的需求，30%的催化剂失活需更换，即通过再生可循环再利用催化剂达100万立方米以上，减少固体废物处理100万立方米，社会环境保护效益显著。废催化剂再生为国内燃煤电厂节约运行成本、减少危险废物处理压力，减少环境二次污染，环境保护效益明显。

SCR脱硝催化剂再生的应用，既可以减少废弃物排放量和对环境造成的二次污染，节省大量的处理费用，又可以减少对催化剂的消耗，保护自然资源和人类的生存环境，产生良好的经济效益、社会效益、环境保护效益，因此，废弃催化剂最有价值的处理方法就是把它当作可再生资源重新利用。

10.9 废催化剂经济活动分析

对于任何一个项目的经济效益进行分析与评价都要遵循一定的原则，SCR脱硝催化剂再生项目也不例外。下面将对经济效益分析与评价的主要原则进行一一介绍。

10.9.1 经济效益分析与评价原则

1. 经济比较原则

经济比较原则要求在比较技术方案时，首先必须要了解技术方案比较和评价的条件，进而借此分析方案之间的可比性，从而保证所选择方案的经济评价的科学性与正确性。经济比较原则是指在满足同样社会需要的前提下，相互比较的方案提供功能的多少，一般从产量、质量、品种这些方面进行可比性分析。消耗费用的可比性，指的是对于满足相同需要的方案比较分析其全部消耗费用，比较从国民经济角度出发，贯穿方案实施的整个过程。全部消耗费用包括总成本以及相关费用。总成本即寿命周期成本，指的是工程项目从构思设想、研究试制、生产流通，到最终使用寿命结束为止的全部时间里所耗用的制造成本和使用成本。相关费用是指方案实施过程中与之相关的其他各部门的建设和生产费用。价格的可比性是指比较不同方案的经济效益时，要采用合理一致的价格，标注要一致，一般可采用国际贸易价格。时间的可比性主要考虑的是货币的时间价值。由于建设项目一般周期长，资金的时间价值不容忽视，因此，比较方案时，必须考虑时间的可比性。

2. 成本效益比较原则

在现行市场经济环境下，企业管理所追求的首要目标就是经济效益，而与经济效益紧密相关的一个原则就是成本效益原则。该原则要求企业改变传统的“节约、节省”的观念，逐步转向现代效益观念。随着我国经济改革的深入，市场经济体制不断完善，企业更应该紧跟市场步伐，提供最适应市场需求的高质量的产品和服务，从而使自身获得更多的利润。成本效益比较原则是所有经济分析与评价原则的核心内容。运用此原则进行比较分析时的方法是：相关收益指标越大越好，相关成本指标越小越好，一般称为“最大、最小原理”。在现行市场条件下，追求最大的经济效益是企业的目的，那么必然要树立成本效益观念。所谓成本效益观念，就是要求企业从“投入”和“产出”的对比分析来看待“投入”是否合理必要。也就是说，判断成本高低的标准是“产出”和“投入”之比，比值越大，表明成本效益越高；判断成本是否应该发生的标准是“产出”与“投入”之差，大于零，表明该项成本是有效益的，应该发生。由此可见，在现代的成本效益观下，判断成本是否必要有效不能只简简单单地看绝对数，要从“投入”和“产出”的相对数出发，关键看两者之比。

SCR 脱硝催化剂再生技术本着维护生态效益、提高环境质量、促进经济社会可持续发展的宗旨，在满足相应前提下追求支出费用最小化的原则。同时，相对于未进行催化剂再生，即需要从市场上购买催化剂而言，需要对两者进行效益比较，从而确定催化剂再生的经济效益最大化。

3. 差异比较原则

差异比较原则要求在比较方案时重点比较方案之间的不同之处，不考虑达到相同经济效益的部分，这样可以明显减少工作量，从而大大提高决策的效率。具体到 SCR 脱硝催化剂再生技术方案，则重点比较再生前后的催化剂在使用上有何不同，省去相同项目的比较。

10.9.2　SCR 脱硝催化剂再生经济效益评价指标的设计

对于一个项目经济效益的评价，如果仅用一个简单的数学公式或者某一个指标的话，显然不具有科学性。因而，对 SCR 脱硝催化剂再生的经济分析必须构建一组行之有效的指标。评价指标的设计主要围绕SCR脱硝催化剂再生项目的总投资、经营成本分析、财务分析这三个方面进行。

1. SCR脱硝催化剂再生项目的总投资

SCR脱硝催化剂再生项目总投资主要包括：再生系统装置的建筑工程费、设备购置费以及安装费；与再生有关的单项改造工程（比如厂房改造、锅炉改造等）的费用；再生建设场地征用以及清理费；项目技术服务费；项目调试费；生产准备费以及其他相关费用等。

2. SCR脱硝催化剂再生项目的经营成本分析

根据工程动态投资、机组年发电量、贷款偿还年限、贷款利率、折旧年限、还原剂消耗量及单价、上网电价等工程成本计算数据，核算变动成本（包括催化剂再生剂耗量、电耗、汽耗、催化剂等）、固定成本（包括折旧费、设备维护、人工等）、财务费用、年运行总成本费用（包括变动成本、固定成本及其增值税）、单位氮氧化物减排成本、单位发电增加成本等经济指标数据。根据催化剂再生项目的再生效率、排放浓度、排污费收费标准及机组年削减氮氧化物排放总量，核算增设烟气脱硝催化剂再生装置后再生的经济效益情况。

3. SCR脱硝催化剂再生项目财务分析

SCR脱硝催化剂再生项目的财务分析从一系列相关基础数据入手。这些相关数据，亦即指标，主要有总投资收益率、资本金净利润率、内部收益率、净现值、投资回收期、项目资本金内部收益率、投资方内部收益率等。

（1）收益率。

1）内部收益率。内部收益率是指使现金流入总量现值与现金流出总量现值相等的折现率。它的计算原理是将内部回报率折现，使投资的净现值等于零。一般采用插值法计算该比率。内部收益率是投资可望达到的报酬率，该项指标值越大越好。一般在项目经济效益评价中，根据分析主体的不同，可将内部收益率分为项目资本金内部收益率和投资方内部收益率，分别核算不同利益各方的收益情况。内部收益率把项目寿命期内的所有收益与其投资总额联系起来，得到该项目的收益率，将它与行业基准收益率进行比较，从而判断该项目是否可行。这是内部收益率最大的优点。但是，内部收益率是一个相对值，往往会出现内部收益率较低但它的净现值较高，那么该项目可能也是可行的。因此，内部收益率指标一般在进行项目方案比较判断时，结合净现值一起考虑。

2）总投资收益率。总投资收益率是指达产期正常年份或运营期年均息

税前利润与项目总投资之比。其计算公式为

$$总投资收益率 = \frac{年息税前利润}{项目总投资} \times 100\%$$

相对于其他指标而言，总投资收益率的最大优点是计算简单；缺点是没有考虑货币时间价值因素，分子、分母的计算口径的可比性较差。只有总投资收益率指标大于或等于基准总投资收益率指标的投资项目才具有财务可行性。资本金利润率一直以来都是投资人员最为关心的，它的高低直接影响到企业投资者的回报额度。对于企业而言，该指标的高低关系到企业能否有足够畅通的融资渠道去获得足额资金组织生产经营活动。

（2）净现值。净现值一般是指投资方案产生的现金净流量用资本成本作为贴现率进行折现后的现值与原投资总额的现值差额。该指标通过分步计算求得，首先要计算每年的营业净现金流量，再将其折现从而计算未来报酬的总现值，最后将该未来报酬的总现值减去初始投资现值，即为净现值。运用净现值进行决策的规则很简单：若只有一个备选方案，净现值为正则采纳，为负则不采纳；若有多个互斥的备选方案，则净现值越大的方案对投资者而言越有利。该指标的优点在于考虑了资金的时间价值，增强了投资的经济性评价，同时考虑了全过程的净现金流量，体现了收益性和流动性的统一，另外风险大则采用高折现率，风险小则采用低折现率，充分体现了风险和收益统一的原则。但是，由于净现金流量的测量困难以及折现率确定较难，使得该指标计算较为复杂，难以掌握，而且当项目之间投资额不同时，根本无法判断方案的优劣。

（3）投资回收期。鉴于净现值计算复杂，引进投资回收期作为衡量经济效益的又一个重要指标。简而言之，投资回收期就是使项目累计的经济收益等于最初的投资费用所耗费的时间。换句话说，就是从项目的投建之日起，用项目所得的净收益偿还原始投资所需要的时限。投资回收期的计算公式为

$$投资回收期 = 累计净现金流量开始出现正值的年份数 - 1 + \frac{上一年累计净现金流量的绝对值}{出现正值年份的净现金流量}$$

若计算的项目投资回收期处在设定的基准投资回收期范围内，则该项目方案能够在要求的时间内收回投资，是可行的；否则，该项目方案不可行，应进行修改。

（4）资本金净利润率。资本金净利润率是经济效益评价指标体系指标

之一，表示的是项目资本金的盈利水平，其实质就是净利润占用资本金的百分比。其计算公式为

$$\text{资本金净利润率} = \frac{\text{项目达产期正常年份的税后净利润或运营期内税后年平均净利润}}{\text{项目资本金}} \times 100\%$$

特别指出的是，如果在一个会计期间内资本金发生了一定的改变，那么就要计算资本金总额的平均数。资本金平均余额通过期初资本金余额加上期末资本金余额之和再除以 2 来进行计算。

10.9.3　SCR 脱硝催化剂再生经济效益政策分析

SCR 脱硝催化剂再生项目投资带来了巨大的环境保护效益和社会效益。从国民经济评价角度分析，火电厂加装催化剂再生系统在不改变原有发电量的基础之上，将有效减少环境污染，改善环境状况，从而为区域电力建设和经济可持续发展做出巨大贡献。

众所周知，环境问题与国民生活息息相关，发展环境保护产业，对解决环境污染问题，提高环境质量，促进经济的可持续发展具有重大的意义。因而相关企业应继续深入探讨催化剂再生技术工艺，降低脱硝装置初始投资及运行费用，同时完善再生技术标准规范，做好催化剂再生工程示范项目推广工作。在政策支持方面，SCR 脱硝催化剂再生的合理成本应计入电价，相关部门制定现有电厂催化剂再生电价核算政策，同时规范新建电厂、现有电厂催化剂再生电价的核定原则。另外，还应对现有电厂的催化剂再生项目通过实施财政补贴、低（贴）息、减（免）税、降低再生资本金比例等政策，最大限度地降低企业投资费用和财务费用。这样一系列举措的有效实施，将实现燃煤电厂 SCR 脱硝催化剂再生项目投资不仅具有环境保护效益、社会效益，对电厂自身还有一定的经济效益。

10.10　项目后评价

10.10.1　项目后评价应遵循的原则

项目后评价必须遵循一定的评价原则，才能使得评价过程更为客观，评价结果更为合理有效。项目后评价应遵循以下原则：

1. 独立性原则

后评价中要避免出现“自己评价自己”的现象。同时，后评价必须采取回避的原则，以保障后评价的客观与公正。

2. 透明性原则

评价过程越透明越好，越透明则了解和关注后评价的人也就越多，越有利于更多的单位和个人在工作中总结经验教训。

3. 科学性原则

首先，后评价所依据的数据、资料必须真实可靠。其次，评价结论要能经得起时间的检验和推敲，要能对今后项目的决策有实质性的指导。

4. 实用性原则

要根据社会经济的发展和项目的具体目标来进行项目的评价，且选择的指标必须能够全面地反映项目的影响因素。

10.10.2　项目后评价的主要内容

在遵循上述原则的基础上，根据现代项目管理理论，项目后评价通常主要围绕以下内容展开：

1. 项目目标后评价

该项评价的任务是评定项目立项时各项预期目标的实现程度，并对项目原定决策目标的正确性、合理性和实践性进行分析评价。

2. 项目效益后评价

项目效益后评价主要包括经济效益评价和国民经济性评价。项目的经济效益后评价要进行项目的营利性分析、清偿能力分析。但在评价采用的数据中，应将物价指数扣除，并使其与前评估中的各项评价指标在评价时点和计算效益的范围上都具备可比性。

3. 项目影响后评价

项目影响属于社会效益评价的主要内容之一，它是指项目对周围地区在技术、经济、社会以及自然环境等方面所产生的作用和影响。它重点分析项目与整个社会发展之间的关系。项目影响后评价主要包括经济影响后评价、环境影响后评价、社会影响后评价三个方面。

4. 项目持续性后评价

项目的持续性是指在项目的资金投入全部完成之后，项目的既定目标是否还能继续，项目是否可以持续地发展下去，项目业主是否可能依靠自己的力量独立继续去实现既定目标，项目是否具有可重复性（是否可在将来以同样的方式建设同类项目）。

10.10.3　项目的过程评价

项目的过程评价是根据项目的结果和作用，对项目周期的各个环节进行回顾和检查，对项目的实施效率进行评价。过程评价主要包含以下四个内容：

（1）决策评价。首先要对确定的项目方案进行分析，看有无更好的替代方案；其次要检查立项决策是否正确。

（2）勘测设计评价。评价勘测设计的程序、依据是否正确，是否符合国家相关政策，引进工艺和设备是否处于国际先进水平等。

（3）施工评价。施工评价包括评价施工单位组织机构和人员素质，施工组织方式等。

（4）生产运营及管理水平评价。

10.10.4 社会影响评价

就业是社会经济发展所追求的重要目标。脱硝催化剂再生项目的实施，促进了电力行业及相关产业的发展，可以带来明显的直接就业效应和间接就业效应。具体而言，该项目可实现固定工作岗位 20~50 个。长远来看，每个催化剂再生工程可解决临时工作岗位 20 个左右，按每个公司平均每年组建 5 个再生工程保守预计，可增加 100 个以上就业岗位。在可预见的将来，产业化以后可以提供大量的工作就业岗位。

10.10.5 SCR 脱硝催化剂再生项目后评价的程序与内容

1. 调查研究，收集资料

收集的主要资料有项目建议书、项目可行性研究报告、设计说明、项目竣工验收报告及对周围环境的影响等，另外还包括评价期各类政策、法规、行业标准等。

2. 资料与数据整理

对收集来的资料进行分类、汇总、存储，以便后续评价使用。

3. 项目管理后评价

该阶段主要是对项目从筹备到施工阶段的后评价，包括对项目筹备、决策、项目设计、工艺方案选择，施工中项目的组织、变更情况等进行定性、定量分析评价。同时，还应注重对项目资金的供应和使用、施工质量、工期、生产能力等进行全面的计算分析和评价。

4. 技术经济和运营工作后评价

在项目建成并运营一段时期后，对其生产运营情况进行分析和评价，主要是对其投资效果进行分析、评价。要深入研究分析并完成财务后评价和国民经济后评价工作。

5. 项目影响后评价

项目的环境影响后评价主要是分析影响其持续发展，发挥项目投资效益的内部因素和外部条件，以及项目产生的各种有利和不利影响。脱硝催化剂再生项目属于环境保护项目，自身具有极大的社会效益，因此对项目进行环境影响后评价显得尤其重要。

6. 后评价结论

对以上评价的内容进行总结并提出相应政策建议，结论应做到定性、定量相结合，充分体现后评价的反馈机制，供有关部门参考。

10.10.6　SCR 脱硝催化剂再生项目后评价方法

目前，常用的后评价方法主要有对比分析法、逻辑框架法、成功度分析法、层次分析法与项目综合后评价法五种。考虑到 SCR 脱硝催化剂再生项目的特点，下面主要介绍对比分析法、成功度分析法与项目综合后评价法等。

1. 对比分析法

对比分析是后评价方法的一条基本原则，包括前后对比和有无对比。前后对比是将项目可行性研究和评估时所预测的效益与项目竣工投产运行后的实际结果相比较，找出差异和原因。这种对比用于提示项目的计划、决策和实施的质量，是项目过程评价应遵循的原则。有无对比是将项目投产后实际发生的情况与没有运行投资项目可能发生的情况进行对比，以度量项目的真实效益、影响和作用。对比分析的重点是分清项目自身的作用和项目以外的作用。这种对比分析用于项目的效益评价和影响评价。

2. 成功度分析法

成功度分析法是依靠评价专家或专家组的经验，根据项目各方面的执行情况并通过系统准则或目标判断表来评价项目总体的成功程度。成功度评价是以逻辑框架法分析的项目目标实现程度和经济效益分析的评价结论为基础，以项目的目标和效益为核心所进行的全面系统的评价。进行项目成功度分析时，首先确立项目绩效衡量指标，然后根据以下评价体系对每个绩效衡量指标进行专家打分。

（1）非常成功（AA）。完全实现或超出目标，和成本相比较，总体效益非常重大。

（2）比较成功（A）。目标大部分实现，和成本相比较，总体效益很大。

（3）部分成功（B）。某些目标已经实现，和成本相比较，取得了某些效益。

（4）大部分不成功（C）。实现的目标很有限，和成本相比较，取得的效益并不重要。

（5）不成功（D）。未实现目标，和成本相比较，没有取得任何重大效益，项目放弃。

成功度评价法的缺点在于主要是定性分析。在定性分析中，有些指标（如社会影响）的表述带有模糊性，即没有明确的外延，其内涵也是相对的，具有模糊和非定量化的特点，对其进行评价只能采用单一的定性语。受文化水平、知识结构、社会经历和能力大小的影响，人们对各项影响因素的褒贬程度也不相同，以致很难确定这些因素的具体评判值，很难对这些模糊信息资料进行量化处理和综合评价，即使做出了评价，也是片面的、静止的评价。本着“定性指标定量化”原则，我们把模糊综合评价引入到成功度评价法中。

3. 项目综合后评价法

投资项目综合评价法就是在投资项目的各个部分、各阶段、各层次评价的基础上，谋求投资项目的整体优化，而不是谋求某一项目指标或几项指标的最大化，为决策者提供决策所需的信息。综合评价有两重意义：一是在各部分、各阶段、各层次评价的基础上谋求投资项目整体功能的优化；二是对从不同观察角度，按各种不同的价值观所得出的结论进行综合。综合评价的一般工作程序包括：第一，确定投资项目的目标；第二，确定评价范围；第三，确定评价指标和标准；第四，确定指标的权重；第五，确定综合评价的判断依据；第六，选择评价方法。

10.10.7 项目过程成功度

1. 项目前期工作

前期工作评价主要包括立项决策、工艺设计和开工准备。前期工作的质量对项目成功与否影响重大。前期工作后评价是整个项目后评价的重点之一，一方面要对立项条件和依据等进行评价，另一方面要发现前后变化并找出原因。其意义在于分析研究前期工作失误在多大程度上导致项目实际效果与预测目标的偏差及原因，从而为今后加强项目前期工作管理积累经验。

2. 项目安全管理

（1）施工之前对施工人员进行培训，在清洗再生过程中要严格按照安全操作规程进行施工，禁止与再生工作无关人员逗留现场，杜绝违章操作。

（2）施工时禁止在系统上进行其他交叉工作，设立专职安全员，避免造成清洗再生液外泄，现场严禁吸烟。

（3）施工单位人员必须严格执行建设单位的各项安全制度，持证上岗，强化“安全第一”的思想意识。

（4）在配制清洗再生液时，参加人员必须穿戴劳动保护用具，防止发生事故。

（5）清洗再生现场配备防护药品，以便紧急处理时使用。并安装紧急喷淋设备，在化学药品溅到皮肤或眼睛时可以及时冲洗。

（6）其他安全措施按现场“注意事项”执行。

3. 项目施工管理

（1）为保质保量、按时完成清洗再生任务，用户应派技术负责人和联络员各 1 人，同施工方指挥、工程师联系，共同处理有关技术、安全、施工中的各类问题。

（2）清洗再生过程中管道的接口用紧固件连接，避免接口的渗漏。在接口处放置容器，防止接口渗漏而损伤地面。

（3）对清洗再生的设备必须有明显标记，以防意外差错发生，外围用彩条布作为围栏，非清洗人员未经准许不得入内。

10.10.8　主要评估指标

催化剂再生前后要重点关注以下指标：

1. 催化剂活性评估

应该在中试装置上进行以获取催化剂的活性绝对值。测试条件应该与实际现场操作条件相吻合。

2. 催化剂失活速率

SCR 反应是一个发生在催化剂表面的快速反应，催化剂寿命初期即使催化剂活性点的密度和强度不同，也能显示较高的活性。然而，随着时间的推移和中毒程度的加深，现场再生的催化剂失活速率会加快，这是因为催化剂孔内的中毒物并未被完全去除。

3. 比表面积、孔容

这是两个比较直接地衡量催化剂堵塞程度的指标。一般工厂化再生的催化剂能恢复到新鲜催化剂的水平，即比表面在 75~80 平方米/立方米之间，孔容在 0.25 立方米/克左右。工厂化再生催化剂的表面硅含量一般在 4%以下，而现场再生的催化剂则有较高的硅含量和较低的比表面积。

4. 二氧化硫/三氧化硫转化率

失活催化剂有较高的铁含量，因而会造成二氧化硫/三氧化硫转化率的提高。工厂化再生过程根据实际情况会有化学法除铁的步骤，而现场再生则没有该步骤。

10.11　废催化剂再生成功案例

10.11.1　某350兆瓦机组脱硝催化剂再生案例

1. 再生催化剂总的技术要求

（1）本技术规范书的适用范围，适用于××电厂3号机组SCR脱硝旧催化剂再生项目。本次招标范围包括3号机组旧催化剂的运输、转运、再生、供货、安装指导及再生后性能保证值等方面的技术要求等。

（2）乙方应具备两台以上300兆瓦等级及以上的SCR催化剂再生业绩。

（3）乙方应具有国内较高水准的催化剂再生（含检测）能力及设备，应满足《固体废物污染环境防治法》及危险废物相关法规要求，严格执行危险废物经营许可管理制度，具备相关许可证，并办理危险废物转移五联单，根据《废烟气脱硝催化剂危险废物经营许可证审查指南》（环境保护部公告2014年第54号）的要求，乙方需具备按照电力行业标准《火电厂烟气脱硝催化剂检测技术规范》（DL/T 1286—2013）进行催化剂性能检测的能力。

（4）本技术规范书提出的是最低限度的技术要求，并未对一切技术细节做出规定，也未充分引述有关标准及规范的条文。乙方应保证提供符合本技术规范书和有关最新工业标准的产品。

（5）乙方签订本技术规范书即表示对本技术规范书无异议，乙方提供的产品应完全满足本技术规范书的要求。

（6）在签订合同之后，甲方保留对本技术规范书提出补充要求和修改的权利，乙方应承诺予以配合。如提出修改，具体项目和条件由招、投标双方商定。

（7）本技术规范书所使用的标准如与乙方所执行的标准发生矛盾，按较高标准执行。

（8）乙方在投标书中应采用国际单位制。

（9）本技术规范书经双方签字以后可作为订货合同的附件，与合同正文具有同等效力。

2. 项目概况

××电厂二期工程3号超临界机组锅炉是采用哈尔滨锅炉厂有限责任公

司自主开发设计、制造的超临界直流锅炉。锅炉为一次中间再热、变压运行、单炉膛、平衡通风、固态排渣、全钢架、全悬吊结构、Π 型露天布置的设备，锅炉型号为 HG-1100/25.4-YM1。

锅炉采用中速磨正压直吹式制粉系统，设计煤种为山西平朔煤、校核煤种为印尼煤，并拟燃烧部分神华准格尔煤。锅炉采用前后墙对冲燃烧方式，共布置 5 层燃烧器（前 3 后 2，前墙从下至上分别是 A 层、B 层、C 层，后墙从下至上分别是 E 层、D 层），每层布置 4 支、共 20 支低氮氧化物轴向旋流燃烧器。每台炉配 5 台上海重型机械厂的 HP863/Dyn 型中速磨煤机。

锅炉采用引进三井巴布科克公司技术的低氮氧化物轴向旋流煤粉燃烧器，氮氧化物的保证值为 380 毫克/立方米（氧气含量为 6%）。在最上层煤粉燃烧器上方，前后墙各布置 2 层燃尽风箱，每层风箱布置 2 行 4 列、总共 16 个燃尽风口。锅炉前墙最下层（A 层）设计 1 套等离子点火装置。

（1）锅炉概况。

1）锅炉布置及主要设计参数。本锅炉采用Π型布置，单炉膛，尾部双烟道，全钢架，悬吊结构，燃烧器前后墙布置、对冲燃烧。炉膛断面尺寸为宽 15.287 米、深 13.217 米，水平烟道深度为 4.747 米，尾部前烟道深度为 5.06 米，尾部后烟道深度为 5.98 米，水冷壁下集箱标高为 6.5 米，顶棚管标高为 59.0 米。

锅炉的主蒸汽系统以内置式启动分离器为界设计成双流程，从冷灰斗进口一直到中间混合集箱之间为螺旋管圈水冷壁，再连接至炉膛上部的水冷壁垂直管屏和后水冷壁吊挂管，然后经下降管引入折焰角、水平烟道底包墙和水平烟道侧墙，再引入汽水分离器。从汽水分离器出来的蒸汽引至顶棚和包墙系统，再进入低温过热器中，然后再流经屏式过热器和末级过热器。

再热器系统分为低温再热器和高温再热器两段布置，中间无集箱连接。低温再热器布置于尾部双烟道中的前部烟道；高温再热器布置于水平烟道中，用于逆、顺流混合与烟气换热。

水冷壁为全膜式焊接水冷壁，下部水冷壁及灰斗采用螺旋管屏，上部水冷壁为垂直管屏，螺旋管屏和垂直管屏的过渡点在标高 39.2 米处，转换比为 1∶3。从炉膛出口至锅炉尾部，烟气依次流经上炉膛的屏式过热器、折焰角上方的末级过热器、水平烟道中的高温再热器，然后至尾部烟道中烟气分两路：一路流经前部烟道中的立式和水平低温再热器，另一路流经后部烟道的低温过热器、省煤器。这两路烟气汇合后经两个平行的 SCR 反应器，最后进入两台三分仓回转式空气预热器。

锅炉的启动系统为不带再循环泵的扩容式启动系统。内置式启动分离器布置在锅炉的前部上方，其进口为水平烟道侧墙出口和水平烟道对流管束出口连接管，下部与贮水箱相连。当锅炉处于启动或低负荷运行（锅炉最大连续蒸发量30%以下）时，来自水冷壁的汽水混合物在启动分离器中分离，蒸汽从分离器顶部引出，进入顶棚包墙和过热器系统，分离下来的水经分离器进入贮水箱中，经贮水箱出口的溢流管路排入扩容器，经扩容后排到下面的疏水箱，经疏水泵回收至凝汽器。

过热器主要采用煤水比调温，并设两级喷水减温器，一级减温器布置在低温过热器和屏式过热器之间，二级减温器布置在屏式过热器和末级过热器之间，每级两点。再热蒸汽采用尾部烟气挡板调温，并在再热器冷段入口管道备有事故喷水减温器。锅炉过热器喷水水源取自省煤器入口，再热器喷水水源取自锅炉给水泵中间抽头。

锅炉布置有52只炉膛吹灰器、34只长伸缩式吹灰器、2只半伸缩式吹灰器，单侧空气预热器热、冷端各1个蒸汽吹灰器，SCR区采取压缩空气脉冲吹灰。吹灰器的正常工作由程序控制进行。锅炉本体吹灰汽源由屏式过热器出口提供。空气预热器吹灰汽源由两路提供：屏式过热器出口蒸汽和辅助蒸汽。

在水平烟道的高温再热器入口两侧各装设1只烟气温度探针，在下炉膛设置了炉膛监视闭路电视系统的摄像头用于监视炉膛燃烧状况。

锅炉采取固态排渣系统，刮板捞渣机和水封槽安装于炉膛冷灰斗下部。

锅炉设计煤质特性见表10-1，主要设计参数见表10-2。

表10-1　锅炉设计煤质特性

名称	符号	单位	数值	
			设计煤种（平朔）	校核煤种（印尼）
收到基碳	C_{ar}	%	59.66	52.96
收到基氢	H_{ar}	%	3.99	3.79
收到基氧	O_{ar}	%	4.89	10.42
收到基氮	N_{ar}	%	0.94	1.04
收到基硫	S_{ar}	%	0.80	0.95
收到基水分	M_{ar}	%	9.2	10.0
空气干燥基水分	M_{ad}	%	2.69	5.3
收到基灰分	A_{ar}	%	20.52	20.84

续表

名称	符号	单位	数值	
			设计煤种（平朔）	校核煤种（印尼）
干燥无灰基挥发分	V_{daf}	%	42.22	42
收到基低位发热量	$Q_{net,ar}$	kJ/kg	23490	23417
可磨性系数	*HGI*		54	40
磨损指数	*Ke*		1.24	0.4
变形温度	*DT*	℃	>1500	>1570
软化温度	*ST*	℃	>1500	>1570
流动温度	*FT*	℃	>1500	>1570

表 10-2　锅炉主要设计参数

名称	单位	设计煤						校核煤
		BMCR	TRL	75% THA	50% THA	40% THA	高加切除	BMCR
主要热力数据								
主蒸汽流量	t/h	1100	1068.0	735.8	487.4	394.6	872.7	1100
再热蒸汽流量	t/h	913.2	880.4	627.9	425.3	347.4	855.1	913.2
省煤器入口流量	t/h	1034.0	1004	691.8	457.4	380.6	820.7	1077.0
过热器一级喷水量	t/h	33.0	32	22	15	7	26.0	11.4
过热器二级喷水量	t/h	33.0	32	22	15	7	26.0	11.4
再热器喷水量	t/h	0	0	0	0	0	0	0
主蒸汽出口压力	MPa	25.4	25.23	19.67	13.03	10.43	24.83	25.4
再热蒸汽进口压力	MPa	4.42	4.24	3.02	2.02	1.62	4.25	4.42
再热蒸汽出口压力	MPa	4.23	4.06	2.89	1.93	1.54	4.08	4.23
分离器压力	MPa	27.14	27.05	20.92	13.95	11.19	26.13	27.36
给水压力	MPa	28.87	28.51	21.97	14.56	11.68	27.35	28.87
减温水喷水压力	MPa	28.87	28.51	21.97	14.56	11.68	27.35	28.87
主蒸汽出口温度	℃	571	571	571	571	571	571	571
给水温度	℃	289	286.5	264.6	241.8	230.6	182.3	289
再热蒸汽进口温度	℃	318.0	315.1	309.5	317.9	321.9	319.9	318.0
再热蒸汽出口温度	℃	569	569	569	558	546	569	569
过热器减温水温度	℃	289	286.5	264.6	241.8	230.6	182.3	289

续表

名称	单位	设计煤						校核煤
		BMCR	TRL	75% THA	50% THA	40% THA	高加切除	BMCR
主要热力数据								
总燃煤量	t/h	130.5	127.2	93.5	65.5	53.9	125	135.4
总风量（到风箱）	t/h	1210	1179.1	894	724.5	586.8	1158.2	1220
总风量	t/h	1260.4	1228.2	932	719.5	611.3	1206.5	1270.8
炉膛漏风	t/h	50.4	49.1	38	29	24.5	48.3	50.8
炉膛截面热负荷	MW/m^2	4.181	4.075	2.989	2.087	1.712	3.888	4.199
炉膛容积热负荷	kW/m^3	92.8	90.4	66.3	46.3	38	87.9	93.2
有效投影辐射受热面热负荷	MW/m^2	0.160	0.156	0.114	0.080	0.065	0.153	0.160
燃烧器区壁面热负荷	MW/m^2	1.347	1.313	0.963	0.673	0.552	1.27	1.353
干烟气损失	%	4.62	4.48	4.52	4.66	4.88	4.13	4.68
燃料中水分与氢燃烧损失	%	0.41	0.40	0.47	0.45	0.46	0.37	0.44
空气中水分损失	%	0.12	0.12	0.11	0.13	0.13	0.09	0.13
未燃尽碳损失	%	0.80	0.80	1.00	1.32	1.64	0.80	0.80
辐射损失	%	0.17	0.17	0.20	0.29	0.33	0.28	0.17
未计及损失	%	0.30	0.30	0.30	0.30	0.30	0.30	0.30
总热损失	%	6.42	6.27	6.60	7.15	7.74	5.97	6.51
效率（按低位发热值）	%	93.58	93.73	93.40	92.82	92.26	94.03	93.49
炉膛出口过量空气系数		1.19	1.19	1.23	1.37	1.41	1.19	1.19
效率计算基准温度	℃	25	25	25	25	25	25	25
磨煤机								
磨煤机型号		HP863/Dyn						
煤粉细度	%	18						
磨煤机运行台数	台	4	4	3	2	2	4	4
总的磨煤机出口风量（含密封风）	t/h	262.08	260.28	194.19	131.18	124.92	259.04	279.52
出口混合物温度	℃	75	75	75	75	75	75	75
磨煤机出口煤粉水分	%	2.69	2.69	2.69	2.69	2.69	2.69	3.09
磨煤机进口风温	℃	217	214	212	217	198	212	189

续表

名称	单位	设计煤						校核煤
		BMCR	TRL	75% THA	50% THA	40% THA	高加切除	BMCR
主要热力数据								
各级受热面计算特性								
1. 烟气温度								
炉膛出口烟温	℃	976	966	857	740	681	954	982
下炉膛出口烟温	℃	1343	1338	1214	1076	994	1318	1348
屏式过热器出口	℃	1061	1051	929	788	716	1038	1083
末级过热器出口	℃	986	977	867	747	687	964	995
末级再热器出口	℃	807	800	721	644	601	791	799
低温再热器出口	℃	369	366	367	377	378	369	374
低温过热器出口	℃	535	531	487	453	428	517	531
省煤器出口	℃	359	355	304	263	242	279	339
空气预热器入口	℃	365	359	341	345	350	315	363
2. 工质温度								
末级过热器出口	℃	571	571	571	571	571	571	571
屏式过热器出口	℃	549	548	549	549	548	545	535
低温过热器出口	℃	483	482	467	451	431	467	482
末级再热器出口	℃	569	569	569	558	546	569	569
过热器一级减温器出口	℃	469	467	455	425	410	452	464
过热器二级减温器出口	℃	530	530	532	536	544	523	530
省煤器出口	℃	319	317	290	263	246	239	319
汽水分离器出口	℃	431	431	416	395	381	413	431
3. 烟气平均速度								
末级过热器	m/s	7.7	7.3	5.0	3.4	2.7	7.1	6.8
末级再热器	m/s	10.8	10.6	7.1	5.1	4.1	10.0	9.4
低温再热器	m/s	6.9	7.2	7.9	7.2	6.4	6.8	8.2
低温过热器	m/s	12.0	10.9	5.3	2.8	1.8	10.9	8.2
省煤器	m/s	≤10.0						
4. 烟气流量								
炉膛出口	t/h	1363.3	1328.5	1005.2	775.9	653.9	1305.1	1379.8
低温过热器	t/h	827.5	776.0	589.0	217.9	522.8	763.5	549.2

续表

名称	单位	设计煤						校核煤
		BMCR	TRL	75% THA	50% THA	40% THA	高加切除	BMCR
各级受热面计算特性								
低温再热器	t/h	535.8	552.5	416.2	558.0	131.1	541.6	830.6
省煤器	t/h	827.5	776.0	589.0	217.9	522.8	763.5	549.2
空气预热器								
形式		三分仓回转式空预器						
型号		29.0-VI（T）-1950-SMR						
二次风机温升	℃	4	4	4	4	4	4	4
一次风机温升	℃	10	10	10	10	10	10	10
预热器一次风进口温度	℃	35	35	35	35	35	35	35
预热器二次风进口温度	℃	29	29	29	29	29	29	29
出口一次风温度	℃	331	327	314	323	333	284	332
出口二次风温度	℃	341	336	321	327	336	293	341
排烟温度（修正前）	℃	130	128	117	113	118	113	134
排烟温度（修正后）	℃	125	123	111	106	111	108	129
预热器入口一次风量	kg/h	212251	211449	177570	141308	127609	233161	198211
预热器入口二次风量	kg/h	960147	931037	711844	575680	472653	911901	953051
预热器入口烟气量	kg/h	1363340	1328500	1005200	775900	653900	1305100	1379800
预热器出口一次风量	kg/h	145118	144770	111345	75083	61384	167389	131532
预热器旁通风量	kg/h	94802	93350	66225	44997	52436	69491	125828
预热器出口二次风量	kg/h	947900	918790	700050	564340	462220	899200	940350
预热器出口烟气量	kg/h	1442720	1407426	1083219	853465	730558	1383572	1459179
空气侧到烟气侧总量	kg/h	79379	78926	78019	77565	76658	78472	79379
一次风到二次风	kg/h	6804	6350	6350	6804	7258	5443	6350
二次风到烟气	kg/h	19051	18597	18144	18144	17690	18144	19051
一次风到烟气	kg/h	60328	60328	59875	59421	58968	60328	60328

注：BMCR 表示锅炉最大连续蒸发量；TRL 表示汽轮机的额定工况；THA 工况（热耗率验收工况）是指汽轮机在额定进汽参数、额定背压、回热系统正常投运，补给水率为 0，能连续运行发电机输出额定功率。

2）磨煤机设计性能参数。磨煤机性能设计参数如表 10-3 所示。

表10-3 磨煤机性能设计参数

序号	项目	单位	设计煤种	校核煤种
1	磨煤机型号		HP863/Dyn	
2	分离器方式		动态分离器	
3	磨辊加载方式		弹簧变加载	
4	磨煤机分配器形式		固定式分配器	
5	磨煤机出力			
5.1	最大出力	t/h	52.3	43.5
5.2	计算出力	t/h	32.6	33.85
5.3	保证出力（磨煤机磨损后期）	t/h	47.1	39.15
5.4	最小出力	t/h	13.1	10.9
6	磨煤机通风量			
6.1	最大通风量	t/h	70.6	
6.2	计算通风量	t/h	60	64.3
6.3	保证出力下的通风量	t/h	67.8	67.8
6.4	最小通风量	t/h	49.4	49.4
6.5	分离器出口风量偏差	%	±5	
6.6	分离器出口粉量偏差	%	±5	
6.7	煤粉细度	%	18.38	
6.8	磨煤机进口风温	℃	212	194
6.9	分离器出口温度	℃	76	76
7	磨煤机转速	r/min	38.4	
8	磨煤机通风阻力（包括分离器、煤粉分配箱）			
8.1	最大通风阻力	kPa	≤5.0	
8.2	通风阻力（保证出力）	kPa	4.61	4.61
8.3	计算通风阻力	kPa	3.608	4.147
9	磨煤机密封风系统			
9.1	磨煤机的密封风量	m^3/min	80.54	
9.2	磨煤机的密封风压（比一次风压高的差值）	Pa	≥2000	
10	磨煤机单位功耗			
10.1	磨煤机单位功耗	kWh/t	10.6	12
10.2	保证出力下的单位功耗	kWh/t	8.72	10.5
11	磨煤机单位磨损率	g/t	1.5~3	

续表

序号	项目	单位	设计煤种	校核煤种
12	主要部件保证寿命			
12.1	磨辊	h	≥12000	
12.2	磨碗衬板	h	≥12000	
12.3	磨辊轴承密封件	h	≥20000	
12.4	石子煤刮板	h	≥10000	
12.5	石子煤排放量	t/h	≤0.032	

（2）催化剂相关指标如表 10-4 所示。

表 10-4 催化剂相关指标

指标名称	单位	数值
每台反应器内的催化剂总体积	m^3	160
壁厚	mm	0.6
节距	mm	6.9
比表面积	m^2/m^3	539
开孔率	%	81.4
前端硬化长度（如果有）	mm	—
每层催化剂模块数量（每台炉）	块	80
单个催化剂模块尺寸（长×宽×高）	mm	1910×970×900（1100）
单个催化剂模块的重量	kg	1010
每个模块中催化剂的单体数量	块	12×6
催化剂单体几何尺寸（长×宽×高）	mm	150×150×524（711）
催化剂单体开孔数量	个	22×22
反应器本体内空尺寸（长×宽×高）	mm	7950×9720×1400
没有安装催化剂时反应器内的烟气流速	m/s	5.35

3. 再生催化剂技术参数及性能要求

（1）SCR 催化剂再生要满足以下几方面技术要求：

1）再生后的催化剂活性恢复到新鲜催化剂的 90%以上。

2）机械强度和硬度不被损坏。

3）长期而言，同样运行条件下再生催化剂的失活速率与原始催化剂相等，保证再生过程不破坏催化剂的微观结构，以及催化剂的有效成分不流失。

（2）再生催化剂运行要求。

1）运行适应性。为了与锅炉的运行模式相协调，脱硝装置必须能满足机组启动方式上的快速投入与停止，在负荷调整时有良好的适应特性。

A. SCR 装置能在锅炉 50%～100%的 BMCR 负荷，且烟气温度在 300～430℃条件下持续、安全地运行，并确保净烟气中的氮氧化物含量符合设计要求。

B. SCR 装置应能适应锅炉的负荷变动，包括负荷变化速度和最小负荷。

乙方提供的催化剂要求的最低停运温度不能高于 300℃（乙方提供），最高停运温度不能低于 430℃（乙方提供），并且能满足最高烟气温度为 450℃在不少于连续 5 小时的冲击，催化剂性能不受损伤的要求。

2）负荷跟随性要求。SCR 装置应与机组运行方式相匹配，能满足下述锅炉负荷波动，且应处于稳定的运行状态：

A. 阶跃负荷变化。负荷<BMCR 的 50%，5% BMCR/分钟；负荷≥BMCR 的 50%，5% BMCR/分钟。

B. 负荷等变率。70%～100%负荷范围内的上升速度为 5% BMCR/分钟；50%～70%负荷范围内的上升速度为 3% BMCR/分钟；小于 50%负荷范围内的上升速度为≥2% BMCR/分钟。

对于机组快速启动、冷态启动、温态启动、热态启动以及极热态启动等状态，乙方应提供各种方式下 SCR 装置（催化剂）投、停氨的运行说明。

（3）性能保证。

1）定义。

A. 氮氧化物浓度计算方法。烟气中氮氧化物浓度（干基、标准状态、6%的氧气体积含量）的计算方法为

$$NO_x\ (mg/Nm^3) = \frac{NO\ (\mu L/L)}{0.95} \times 2.05 \times \frac{21-6}{21-O_2}$$

式中：NO_x（mg/Nm^3）——在标准状态，6%的氧气体积含量、干烟气条件下氮氧化物的浓度，mg/Nm^3；

NO（μL/L）——实测干烟气中一氧化氮的体积含量，μL/L；

O_2——实测干烟气中氧气的体积含量，%；

0.95——经验数据（在实测干烟气所含的氮氧化物中，一氧化氮占 95%的体积含量，二氧化氮占 5%的体积含量）；

2.05——二氧化氮由体积含量单位 μL/L 转换到质量含量单位 mg/m^3 的系数。

在本案例中提到的氮氧化物均指修正到标准状态、干基、6%的氧气体

积含量时的实测烟气中氮氧化物的浓度。

B. 脱硝效率。脱硝效率有时也称氮氧化物脱除率，其计算方法如下：

$$脱硝效率=\frac{C_1-C_2}{C_1}\times100\%$$

式中：C_1——脱硝系统运行时脱硝反应器入口处烟气中的氮氧化物含量，mg/Nm³；

C_2——脱硝系统运行时脱硝反应器出口处烟气中的氮氧化物含量，mg/Nm³。

C. 氨逃逸浓度。氨逃逸浓度是指在脱硝装置反应器出口氨的浓度（标准状态、干基、6%的氧气体积含量）。

D. 二氧化硫/三氧化硫转化率。它是指经过脱硝装置后，烟气中二氧化硫转化为三氧化硫的比率。其计算公式如下：

$$SO_2/SO_3\ 转化率=\frac{SO_{3,出口}-SO_{3,入口}}{SO_{2,入口}}\times100\%$$

式中：$SO_{3,出口}$——反应器出口在6%的氧气体积含量、干烟气条件下的三氧化硫体积含量，μL/L；

$SO_{3,入口}$——反应器入口在6%的氧气体积含量、干烟气条件下的三氧化硫体积含量，μL/L；

$SO_{2,入口}$——反应器入口在6%的氧气体积含量、干烟气条件下的二氧化硫体积含量，μL/L。

E. 催化剂寿命。催化剂再生后的有效寿命是指脱硝效率、氨逃逸浓度以及二氧化硫/三氧化硫转化率三项指标同时满足保证值条件下的使用时间。这三项指标中有一项不满足保证值，催化剂有效寿命期即结束。

F. 脱硝装置可用率。其计算公式如下：

$$脱硝装置可用率=\frac{A-B}{A}\times100\%$$

式中：A——发电机组每年的总运行时间，h；

B——每年因脱硝装置故障导致的停运时间，h。

2）性能指标保证。

A. 性能保证期。本项目再生后催化剂性能保证期为3年。质量保证期以整套系统投入正常运行后开始计算。在催化剂到达指定现场期间，甲方有权随机抽取单元模块测试片，进行催化剂活性系数、二氧化硫/三氧化硫转化率分析，以验证所供催化剂是否满足乙方设计指标。

B. 疏通率。疏通率达98%以上（乙方填写，作为性能考核值，要求不低于98%）。

C. 再生后的催化剂活性。再生后的催化剂活性恢复到新鲜催化剂的90%以上（乙方填写，作为性能考核值，要求不小于90%）。并保证再生后的催化剂24000小时活性 K_e/K_o 不小于0.65（乙方填写，作为性能考核值，要求不低于0.65）。

D. 脱硝效率、氨逃逸浓度。在氨逃逸浓度不大于3.0微升/升条件下，再生后两层催化剂串联脱硝效率不低于80%（乙方填写，作为性能考核值，要求不小于80%）。

在保证脱硝效率的同时，必须同时保证二氧化硫/三氧化硫转化率及催化剂阻力等均达到性能保证指标。

E. 二氧化硫/三氧化硫转化率。再生后两层催化剂串联二氧化硫/三氧化硫转化率小于1%（乙方填写，作为性能考核值，要求二氧化硫/三氧化硫转化率小于1%）。

F. 催化剂阻力。单层催化剂阻力不大于200帕（乙方填写，作为性能考核值，要求不高于200帕）。在催化剂化学寿命期内，压力损失保证增幅不得超过20%（乙方填写，作为性能考核值，要求单层催化剂压力损失保证增幅不得超过20%）。

G. 催化剂寿命保证。催化剂的化学寿命不低于24000小时，机械寿命不少于5年（乙方填写，作为性能考核值，要求催化剂的化学寿命不低于24000小时，机械寿命不少于5年）。

最低连续运行烟温300℃（乙方填写，要求不高于310℃）。

最高连续运行烟温430℃（乙方填写，要求不低于430℃）。

H. 催化剂可用率。催化剂的可用率在正式移交后的一年中大于99%（乙方填写，要求大于99%）。

4. 供货范围

（1）概述。乙方总的工作范围包括催化剂再生的设计、再生（含再生过程中产生的固体废物及废水的处理）、供货、运输、技术服务、检验、售后服务等。

本项目主要工作内容是：拆下的160块脱硝催化剂的再生工作（含全部相关工作，甲方仅提供必要的协助）。

乙方应按照甲方的总体进度要求，无偿完成与甲方的技术配合工作。

乙方应派遣技术专家参加由甲方组织的性能考核试验。

乙方应在投标文件中提供详细的供货清单。

（2）工作范围。乙方的工作范围至少包括但不仅限于如下所述各项：

1）两层催化剂运输、装卸、转运工作。

2）催化剂的再生工作（提供详细的保证催化剂性能的再生工艺说明）。

3）催化剂的贮存保管工作。

4）再生过程中产生的固体废物及废水的处理工作，要求达到国家、地方的环境保护要求。

5）补充因各环节导致损坏的催化剂（拆卸时双方共同确认需要更换的数量，运输及再生过程中损坏的，乙方自理）。

6）160 块催化剂所需上部防护网 160 套，所需上、下密封装置 1 套。

7）催化剂再生后应严格密封包装，保证催化剂避免受潮、避免遭受冲击。

（3）供货范围如表 10-5 所示。

表 10-5　供货范围

序号	项目名称	规格、参数	单位	数量	备注（组件等）
1	再生催化剂模块	与原有一致	个	160	
2	上、下密封装置	非标	套	1	
3	催化剂上部防护网	与原有一致	套	160	安装在再生后的催化剂上

5. 性能考核试验

（1）概述。

1）本附件用于合同执行期间对乙方所提供的设备进行检验、性能考核试验，确保乙方所提供的设备符合《火电厂烟气脱硫工程技术规范　选择性催化还原法》（HJ 562—2010）规定的要求。

2）乙方应在本合同生效后 3 个月内，向甲方提供与本合同催化剂有关的检验性能考核试验标准。

（2）性能考核试验。

1）在催化剂再生时，乙方须通知甲方现场监造，随机抽取两个再生后单体，由甲方委托有资质的第三方检测，以验证所供催化剂是否满足乙方设计指标。

2）性能考核试验的目的是为了检验合同催化剂的所有性能是否符合《火电厂烟气脱硫工程技术规范　选择性催化还原法》（HJ 562—2010）规定的要求，再生催化剂由甲方委托有资质的第三方按《火电厂烟气脱硝催化剂检测技术规范》（DL/T 1286—2013）对各项性能保证指标进行性能检验。

6. 工期安排

乙方应在合同签订后 3 个月内完成全部再生工作，将全部元件及相关材料运送到××电厂指定的地点。

7. 产品的价格与货款的结算

（1）合同总价为：人民币壹佰叁拾万柒仟元整（总价包干不调）。

（2）付款方式：预付款 10%，乙方应向甲方提供合同总价 10%的履约保函和收据正本 1 份；竣工验收款 80%，工程竣工验收合格后支付合同总价的 80%，乙方应向甲方提供符合要求的合同全额发票正本（技术服务增值税专用发票）1 份和竣工验收表正本 1 份；质量保证期 3 年期满后支付 10%，乙方应向甲方提供收据正本 1 份。

8. 乙方的违约责任

（1）乙方不能交货的，应向甲方偿付不能交货部分货款的 200%的违约金。

（2）乙方应在进行再生工作开展前提交催化剂再生资质、危险废物经营许可证（HW49）、危险废弃物运输资质（如需要，运输时提供）。若签订合同 3 个月内乙方无法提供上述资质文件，甲方有权拒绝乙方进行再生并解除合同，并由乙方赔偿甲方相关费用。

（3）乙方所交产品品种、型号、规格、质量不符合合同规定的，如果甲方同意利用，应当按质论价；如果甲方不同意利用，应根据产品的具体情况，由乙方负责包换或包修，并承担修理、调换或退货而支付的实际费用。乙方不能修理或者不能调换的，按不能交货处理。

（4）乙方因产品包装不符合合同规定，必须返修或重新包装的，乙方应负责返修或重新包装，并承担支付的费用。甲方不要求返修或重新包装而要求赔偿损失的，乙方应当偿付甲方该不合格包装物低于合格包装物的价值部分。因包装不符合规定造成货物损坏或丢失的，乙方应当负责赔偿。

（5）乙方逾期交货的，应比照中国人民银行有关延期付款的规定，按逾期交货部分货款计算，向甲方偿付逾期交货的违约金，并承担甲方因此所受的损失费用。

（6）乙方提前交货的产品、多交的产品和品种、型号、规格、质量不符合合同规定的产品，甲方在代保管期内实际支付的保管、保养等费用以及非因甲方保管不善而发生的损失，应当由乙方承担。

（7）产品错发到货地点或接货人的，乙方除应负责运交合同规定的到货地点或接货人外，还应承担甲方因此多支付的一切实际费用和逾期交货的违约金。乙方未经甲方同意，单方面改变运输路线和运输工具的，应当承担由此增加的费用。

（8）乙方提前交货的，甲方接货后，仍可按合同规定的交货时间付款；合同规定自提的，甲方可拒绝提货。乙方逾期交货的，乙方应在发货前与甲方协商，甲方仍需要的，乙方应照数补交，并负逾期交货责任；甲方不再需要的，应当在接到乙方通知后 15 日内通知乙方，办理解除合同手续，逾期不答复的，视为同意发货。

（9）外委单位办理入厂手续时需缴纳合同总价 5%的安全保证金。

（10）外委单位办理入厂手续后应遵守电厂的相关管理规定。

（11）项目必须尽快开工，定期汇报工作进展。因为乙方原因延误开工，考核 1000 元/日。

（12）工程项目完工后，需在 1 周内完成竣工验收，因为乙方原因延误验收，考核 1000 元/周。

（13）工程项目竣工验收后，需在 2 周内完成结算审核，因为乙方原因延误结算审核，考核 1000 元/周。

（14）定价合同竣工验收，要在 10 日内开具发票交策划部确认进度和资金计划，因为乙方原因延误进度确认，考核 1000 元/10 日。

（15）工程完工后，要在 1 周内将竣工验收资料交档案室，因为乙方原因延误进度确认，考核 1000 元/周。

（16）在催化剂修理、修复过程中产生的废物，全部应由乙方收集，并委托有资质的单位进行回收处理，并按照国家相关规定办理手续；由于乙方原因造成环境污染的责任全部由乙方承担；对甲方造成损失的，应由乙方赔偿甲方损坏。

（17）若因本项目中乙方实施不规范造成电厂受到环境保护等部门处罚的，所有责任及罚款均由乙方承担。

9. 甲方的违约责任

（1）甲方自提产品未按供方通知的日期或合同规定的日期提货的，应比照中国人民银行有关延期付款的规定，按逾期提货部分货款总值计算，向乙方偿付逾期提货的违约金，并承担乙方实际支付的代为保管、保养的费用。

（2）甲方如错填到货地点或接货人，或对乙方提出错误异议，应承担乙方因此所受的损失。

（3）不可抗力。甲乙双方的任何一方由于不可抗力的原因不能履行合同时，应及时向对方通报不能履行或不能完全履行的理由，在取得有关主管机关证明以后，允许延期履行、部分履行或者不履行合同，并根据情况可部分或全部免予承担违约责任。

10.11.2 某电厂百万兆瓦机组 SCR 脱硝催化剂再生项目技术协议

1. 工程概述

××电厂 1~4 号锅炉为哈尔滨锅炉厂有限公司引进三菱重工业株式会社技术设计制造的 HG-2953/27.46-YM1 型一次再热、平衡通风、露天布置、固态排渣、超超临界变压运行直流锅炉，分别于 2006 年和 2007 年投入商业运营。

××电厂 SCR 烟气脱硝改造工程 2009 年 8 月 20 日正式开工，结合机组检修于 2011 年 3 月 21 日完成 4 台机组的脱硝改造。脱硝改造工程采用 SCR 脱硝工艺，并布置 2 台 SCR 反应器，采用高灰型 SCR 布置方式，即 SCR 反应器布置在锅炉省煤器出口和空气预热器之间，在炉后空气预热器出口烟道的上方。脱硝装置处理 100%烟气量，设计入口氮氧化物浓度为 400 毫克/标准立方米，脱硝反应器与还原剂供应系统按照脱硝效率不低于 80%设计。反应器加装的是奥地利富蓝德 Ceram 公司生产的蜂窝式催化剂。它由多孔金属氧化物（催化剂基体）及活性物质均质组成。催化剂基体为锐钛型氧化钛（TiO_2），活性物质包括氧化钒及氧化钨。单台机组脱硝催化剂分为“2+1”层设计，反应器分为 2 个，单件催化剂模块外形尺寸（长×宽×高）为 1901 毫米×958 毫米×1465 毫米，单件重量 1313 千克。单台机组脱硝催化剂体积总量为 816.4 立方米，催化剂模块数量为 448 块。

本次催化剂再生工程，对 1 号机组反应器两层脱硝催化剂模块（总计 448 块模块，体积总量为 816.4 立方米）全部拆除，进行再生，再生后催化剂模块装回至反应器内，在催化剂再生的同时对反应器内的积灰进行清理，再生工作随 1 号机组于当年 9 月 C 级检修同步进行。对 3 号机组反应器两层脱硝催化剂模块（总计 448 块模块，体积总量为 816.4 立方米）全部拆除，进行再生，再生后催化剂模块装回至反应器内，在催化剂再生的同时对反应器内的积灰进行清理，再生工作随 3 号机组于当年 10 月 B 级检修同步进行。

单台机组 SCR 脱硝催化剂设计数据如表 10-6 所示。

表 10-6 单台机组 SCR 脱硝催化剂设计数据

参数	单位	数值
催化剂		
反应器		
反应器数目	台	2

续表

参数	单位	数值
催化剂类型		蜂窝式
初装每层催化剂体积	m^3	204.1
基材		TiO_2
活性化学成分		V_2O_5
初装每个反应器催化剂体积	m^3	408.2
初装催化剂层数	层	2
备用催化剂层数	层	1
催化剂模块		
每层催化剂模块排列形式及数目	个	14×8
每层催化剂模块数目	个	112
催化剂模块尺寸（长×宽×高）	mm	1901×958×1465
每个模块的重量（含催化剂）	kg	约 1310
催化剂元件		
每个模块元件排列形式及数量	个	6×12
每个元件的孔数	个	20×20
比表面积	m^2/m^3	455
孔径	mm	7.4
元件长度	mm	1125
元件安装方向		竖直
性能保证		
出口氮氧化物浓度（以 NO_2 计）	mg/Nm^3	90
脱硝效率	%	≥80
氨逃逸浓度	μL/L	≤3
初装两层催化剂总压降	Pa	≤480
SO_2/SO_3 转化率	%	≤1
保证催化剂寿命	h	化学寿命：24000 机械寿命：10 年
催化剂运行温度要求		
最低持续运行温度	℃	317（设计煤种）
最高持续运行温度	℃	400
最高运行温度	℃	420

根据××电厂常用的代表性煤种——印尼煤、优混煤的工业分析、元素分析等，确定 SCR 脱硝催化剂再生设计煤种如表 10-7 所示。

表 10-7　SCR 脱硝催化剂再生设计煤种

名称	单位	印尼煤	优混煤
收到基全水分	%	18~30	11~14
收到基灰分	%	7~13	14~19.21
空气干燥基氧含量	%	15.17	11.57
空气干燥基氮含量	%	1.15	0.91
空气干燥基碳含量	%	58.71	62.10
SiO_2	%	45.29	34.67
Al_2O_3	%	26.63	38.53
Fe_2O_3	%	7.59	4.10
CaO	%	10.83	6.04
MgO	%	3.06	1.05
P_2O_5	%	0.38	0.35
SO_3	%	6.74	2.70
Na_2O	%	3.50	1.27
KCl	%	0.75	0.53
TiO_2	%	0.89	1.55
变形温度	℃	1090	1440
软化温度	℃	1100	1460
流动温度	℃	1150	1480

2. 催化剂再生技术要求

（1）SCR 催化剂再生要求具备以下工艺过程：拆除、吹灰、清洗、浸渍、加热活化、干燥、安装。

（2）SCR 催化剂再生要满足以下几个方面的技术要求：

1）再生后的催化剂活性恢复到新鲜催化剂的 90%以上。

2）二氧化硫/三氧化硫转化率控制在 1%以下。

3）氨逃逸浓度控制在 3 微升/升以下。

4）机械强度和硬度不被损坏。

5）长期而言，同样运行条件下再生催化剂的失活速率与原始催化剂相等，保证再生过程不破坏催化剂的微观结构，以及催化剂的有效成分不流失。

6）再生单层催化剂层阻力<240 帕。

7）疏通率达 96%以上。

（3）乙方专题说明浸泡液中金属氧化物的含量及确保吸附在催化剂上的措施。

（4）乙方专题说明加热活化的措施，提供升温曲线。

3. 施工工期

乙方催化剂再生施工（包含反应器清灰，催化剂模块拆卸、安装）总工期为 18 天。

4. 甲方负责事项

（1）甲方负责提供脱硝反应器及催化剂的原设计技术资料。

（2）本项目进行现场再生，甲方检修部指定专人配合催化剂再生现场施工工作，包括施工场地，施工电源、气源等；并负责催化剂再生前、后外观质量签证验收工作。

（3）甲方负责对乙方再生后的催化剂进行外观质量验收。

（4）催化剂再生后，甲方负责委托第三方科研单位进行催化剂再生后性能试验，以确定再生后的实际运行性能。再生催化剂质量保证期末甲方负责委托第三方科研单位进行催化剂再生后性能考核试验。

5. 乙方负责事项

（1）乙方必须遵守甲方要求的关于承包商入厂流程指导书内容的规定。

（2）乙方负责编制催化剂再生施工作业指导书，包括施工安全措施、组织措施、技术措施，由甲方审核批准，并在施工中落实，保证施工安全、质量、工期。

（3）乙方施工人员应充分了解催化剂再生项目的内容和过程，了解项目工作量和技术难点。

（4）乙方施工人员应熟悉脱硝催化剂再生技术要求，执行催化剂制造和再生厂家工艺标准。

（5）乙方施工人员要求有相应的工作技能和资质，施工人员数量满足检修工期要求。

（6）乙方对催化剂模块拆卸及安装过程中注意对模块密封条及钢丝网的保护，安装密封条要保证模块之间密封良好，禁止出现烟气走廊。

（7）乙方在催化剂模块拆卸及安装过程中使用手拉葫芦时，起吊点设置应合理，避免在模块拆除过程中对反应器内的吹灰器造成损伤及损坏。

（8）乙方施工人员须通过甲方的安全考试才能上岗。

(9) 乙方施工人员应遵守甲方的各项安全文明施工规定；乙方负责安排专人随时进行现场清理，保证现场工作有序进行。

(10) 乙方自备施工人员的劳动保护用品。

(11) 在催化剂再生地点存放或再生过程中，如果造成催化剂损坏，乙方应负全责。

(12) 乙方对拆卸下来的催化剂模块要妥善保管，做好防水、防火、防机械碰撞等隔离措施。

(13) 乙方对催化剂再生过程中产生的废水、废渣、废液等废弃物进行无害化处理，并满足环境保护排放要求。其中，固态废弃物由乙方负责运至甲方煤场，与原煤混合后输送至锅炉进行燃烧。乙方负责把废水运出厂外进行无害化处理或在现场配备废水处理装置，现场处理后经由相关检测单位出具正式报告满足环境保护要求后，排放至现场甲方指定地点。

(14) 乙方在催化剂再生施工前应制定详尽的再生技术措施和安全措施，确保施工安全。

(15) 乙方人员进入厂区，应接受岗前教育，并应熟悉现场有关安全规定和注意事项，遵守甲方厂规厂纪。

(16) 乙方施工过程中应执行电力行业和甲方各项安全生产管理规定，保证施工安全。

(17) 乙方提供所有催化剂模块安装、拆卸和再生所需的专用工具和消耗材料等，并提供详细的清单。

(18) 乙方对因拆除、安装、运输、再生等施工因素导致损坏的催化剂应给予免费更换（模块破损率应小于 10%，并且无贯通性损坏）。

(19) 乙方安装的电缆、管道等应符合有关规定，经过通道的应有防止辗压的措施，并有警示标志；妨碍人员通行的应设有临时跨越栈道。

(20) 乙方再生设备必须符合国家相关标准，不得违规使用不符合国家标准的产品和设备。再生设备及再生所需要的水、电、汽、压缩空气等的敷设连接全部由乙方自行负责。再生所需的搭架、保温、起重工作全部由乙方自行负责。

(21) 乙方在再生过程中使用的化学药品，要根据国家危险化学药品的管理规定使用，根据要求登记使用。

(22) 乙方在再生前需清理反应器（包含入口导流板、均流格栅、第 1 层及第 2 层催化剂上部吹灰器及内部支撑等部位）中的积灰，清灰前需在催化剂上面铺设彩条布（确保满铺），对清理下来的灰要及时装袋并运至指定地点。

6. 催化剂再生后性能保证值

催化剂再生后的有效寿命是指脱硝效率、氨逃逸浓度以及二氧化硫/三氧化硫转化率三项指标同时满足保证值条件下的使用时间。1 号、3 号机组脱硝催化剂委托相关公司再生后，在机组任何运行工况下，性能保证应满足如下指标。性能试验可在脱硝装置原始设计运行工况下进行。

（1）催化剂再生后的性能指标。

1）疏通率达 96%以上。

2）要求再生后的催化剂活性恢复到新鲜催化剂的 90%以上。

3）脱硝装置脱硝效率≥80%。

4）氨逃逸浓度≤3 微升/升。

5）两层催化剂再生后二氧化硫/三氧化硫转化率<1%。

6）催化剂再生过程中，以及在有效使用寿命保证期内，催化剂无机械损坏。

7）单层催化剂层阻力<220 帕。

（2）催化剂再生后质量保证期末性能指标。

1）脱硝装置脱硝效率≥80%。

2）氨逃逸浓度≤3 微升/升。

3）两层催化剂再生后二氧化硫/三氧化硫转化率<1%。

4）单层催化剂层阻力<240 帕。

5）催化剂再生后，有效使用寿命≥24000 小时。

7. 质量保证期

催化剂再生后质量保证期为 3 年（或 24000 小时），以先到为准。再生催化剂安装后，在甲方正常使用情况下，自投运后质量保证期内出现的质量问题由乙方负责。

8. 罚款因子及考核

（1）再生后催化剂模块疏通率应达 96%以上，疏通率每降低 1%，扣除考核质量保证金总价的 10%。

（2）再生后催化剂活性≥90%为合格，每低 5%，扣除考核质量保证金总价的 20%。低于 70%，为不合格，界定为催化剂再生失败，全额扣除质量保证金，并由乙方负责免费再次再生，直至合格。

（3）催化剂再生后有效寿命应≥24000 小时，有效寿命每少 1000 小时，扣除考核质量保证金总价的 20%。

（4）催化剂模块拆装及再生过程考核条例参考××电厂检修考核细则。

9. 安全管理注意事项

（1）乙方必须遵守特种设备管理有关规定、电力安全规程、发电厂有关安全文明施工管理规定。严格服从现场监护人员的指挥。

（2）催化剂中的五氧化二钒含量虽然只有 1%左右，但对人体健康仍可能有一定影响，要求乙方工作人员应做好人身防护工作：佩戴手套，穿合格的工作服；催化剂破碎呈粉状时，还应戴口罩和防护眼镜。再生过程中，要根据化学药品的成分使用符合规定的防护用品。

（3）办理工作许可手续后才允许施工。

（4）禁止触动现场的、与再生无关的任何设备，不得随意走动到非施工场所。

（5）需要接电源、水源、气源的，需与监护人联系，办理相应手续后方可进行。

（6）应保证电气工具绝缘层完好并有漏电保护装置。

（7）安全帽应在使用允许年限内，检查确认完好后方可使用。

（8）施工人员所穿着的服装应符合电力系统的要求，衣服袖子、下摆应扣紧，不得有可能被机械绞住的部分。

（9）搭设的脚手架须符合要求，经过验收后才能使用。

（10）在 1.5 米且没有栏杆的高处，或 2.0 米及以上的高处施工时，必须正确系安全带。

（11）全厂生产范围内禁止吸烟。

10. ××电厂 1 号和 3 号机组 SCR 脱硝催化剂再生工程计价

××电厂 1 号和 3 号机组 SCR 脱硝催化剂再生工程计价如表 10-8 所示。

表 10-8 ××电厂 1 号和 3 号机组 SCR 脱硝催化剂再生工程计价 （单位：元）

序号	项目名称	工程量	单位	费用明细（元）		备注
				综合单价	总价	
一	1 号机组 SCR 脱硝催化剂再生					
1	催化剂拆除	448	块	1343	601664	
2	催化剂再生	448	块	9161	4104128	
3	催化剂安装	448	块	1343	601664	

续表

序号	项目名称	工程量	单位	费用明细（元）		备注
				综合单价	总价	
二	3号机组SCR脱硝催化剂再生					
1	催化剂拆除	448	块	1343	601664	
2	催化剂再生	448	块	9161	4104128	
3	催化剂安装	448	块	1343	601664	
	合计				10614912	

思考题

1. 为什么失效脱硝催化剂被认定为危险废物？在《国家危险废物名录》和《危险化学品目录（2015版）》中是如何认定的？

2. 工厂化再生催化剂与现场再生催化剂各有何优缺点？

3. 在处理失活催化剂时，有哪些主要污染物排放？如何进行防治？

4. 如何进行SCR脱硝催化剂再生经济效益评价指标的设计？

5. 催化剂再生前后应重点关注的指标有哪些？

第11章 资源化利用过程的环境管理

对于废催化剂的再生，国内多采用的是机械除灰、化学清洗、活化处置、干燥煅烧工艺，现场再生和工厂化再生相结合的方式。由于国内SCR催化剂使用工况的原因，再生费用较高，约为4500元/吨。对于这个费用，在SCR催化剂价格较高的情况下，火电厂还能接受；在目前9000元/吨的情况下，多数火电厂并不愿意承担风险来使用再生后的SCR催化剂。另外，废催化剂中仅有20%左右是无磨损完好可以再生的，其余80%都是无法进行再生使用的。对于使用者火电厂而言，报废的催化剂是按批次进行报废备案的，再生厂家只能全部接收。因此，废催化剂再生目前处于尴尬地位，接收废催化剂，挑选可再生的进行再生，对于不能再生的催化剂只能暂时存放在厂房仓库中；对于再生后的、火电厂不太愿意冒风险再次使用的催化剂，也只能存放在厂房仓库中。再生厂家又不是全部具备废催化剂利用能力。因此，对危险废物的存放和二次转移的监管显得尤其重要。

废烟气脱硝催化剂在再生、回收利用过程中不可避免地会产生二次污染，因此，针对其产生污染物环节、产生的污染物，以及结合现有的防治技术、标准要求，提出相应的污染防治措施，从而促进废催化剂再生、回收利用行业的可持续发展。

11.1 环境管理要求

按照环境保护部《关于加强废烟气脱硝催化剂监管工作的通知》（环办函〔2014〕990号）的要求，将废烟气脱硝催化剂管理、再生、利用纳入危险废物管理，要求提高其再生和利用处置能力。对产生废烟气脱硝催化剂（钒钛系）的单位应严格执行危险废物相关管理制度，并依法向相关环境保护主管部门申报废烟气脱硝催化剂（钒钛系）产生、贮存、转移和利用处置等情况，并定期向社会公布。依据《危险废物经营许可证管理办法》（国务院令第408号）（2013年修订），对符合条件达到国家或者地方环境保护标准并配套有处置设施、设备和污染防治措施的单位，颁发危险废物经营许可证。

考虑到目前煤燃烧后烟气中含有铅、汞、铍、砷、镉等元素，废烟气脱硝催化剂中附着这些金属，因此要求废水在厂区内经处理后总铅、总汞、总铍、总砷、总镉、总铬、+6 价铬等污染物应符合《污水综合排放标准》（GB 8978—1996）的要求；总钒监测项目，则应符合《钒工业污染物排放标准》（GB 26452—2011）的要求。

对于废烟气脱硝催化剂进行煅烧或焙烧（温度为 300～400℃）符合工业炉窑的要求，因此提出煅烧或焙烧产生的废气应符合《工业炉窑大气污染物排放标准》（GB 9078—1996）的要求。

对于预处理作业区产生的粉尘，应采取旋风除尘器等设备进行处理，颗粒物、氮氧化物、汞及其化合物、铅及其化合物、镉及其化合物、铍及其化合物等污染物排放应符合《大气污染物综合排放标准》（GB 16297—1996）的相关要求。对预处理作业区的工人，应采取必要的劳动卫生防护措施。

对于各种废水处理产生的废渣以及再生和利用过程中产生的各种废酸、废有机溶剂，则应按照危险废物进行管理。

11.2 废烟气脱硝催化剂预处理

为了防止预处理过程的环境污染，在密闭、具备良好通风条件的装置内清除废烟气脱硝催化剂表面浮尘和孔道内积灰，疏通催化剂淤堵，采取必要的防尘、除尘措施，产生的粉尘应集中收集。

11.3 废烟气脱硝催化剂再生

废烟气脱硝催化剂再生工艺关键技术包括高压水冲洗、超声水洗、酸洗、活性植入和高温焙烧，技术路线如图 11-1 所示。

在再生工艺中，高压水冲洗主要作用是清除表面浮尘，打通催化剂淤堵孔径。在此基础上，通过超声水洗工艺，清洁催化剂表面微观孔隙，恢复催化剂比表面积，然后采用酸洗工艺，深度清除催化剂表面吸附的有害金属离子或化合物。针对使用过程中因磨损和清洗过程中溶解造成的活性成分损失现象，采用非选择性和选择性活性成分植入技术，向催化剂表面补充活性成分，达到恢复催化剂脱硝活性的目的。最后，通过缓慢干燥和均匀煅烧，得到强度和脱硝活性等性能满足再度使用要求的再生脱硝催化剂。

产生污染物的环节主要包括清洗、酸洗、隧道窑、废水处理、废气治理

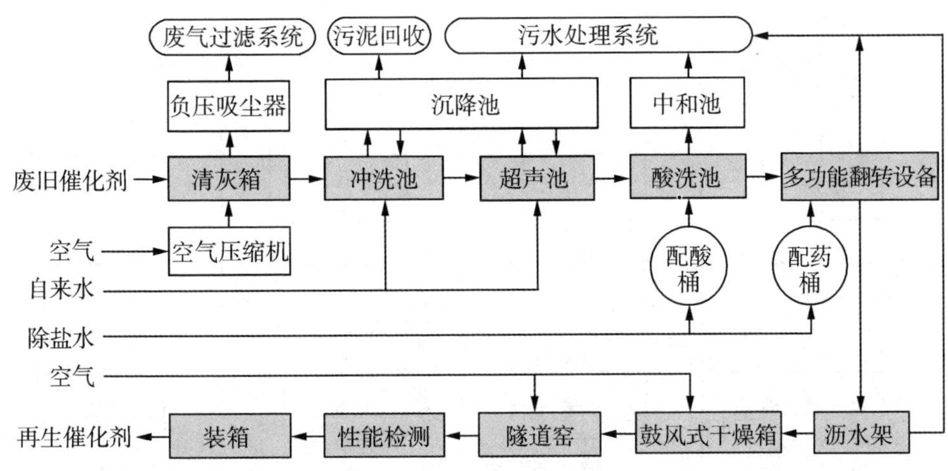

图 11-1　脱硝催化剂再生工艺流程及主要设备

等过程。产生的污染物有清洗和酸洗过程中产生的大量清洗废水、废渣，隧道窑产生的大气污染物，废水处理产生的污泥，废气治理产生的粉尘。

11.4　废烟气脱硝催化剂的回收利用

根据目前处于试验阶段的废烟气脱硝催化剂利用工艺，其关键技术包括催化剂焙烧、浸出、过滤、沉钒、沉钨（或沉钼）、铵盐焙烧等，技术路线如图 11-2 所示。

在回收工艺中，钠化或钙化焙烧和浸出工艺保证了催化剂中的钒、钨（钼）以可溶盐的形式溶解于水中，不溶解滤渣的主要成分是含有杂质的二氧化钛，可以成为下游工业产品。含钒、钨（钼）的溶液经过氨法沉降，分离出含钒前驱体，经焙烧获得五氧化二钒产品，含钨溶液经酸化沉降，分离出含钨（钼）前驱体，然后经过焙烧获得氧化钨（氧化钼）产品。

产生污染物的主要环节包括清洗预处理、焙烧过程、钒钨（钒钼）分离纯化等过程。产生的污染物主要有清洗预处理的废水，焙烧过程中产生的废气和粉尘，钒钨（钒钼）分离纯化产生的含盐酸性废水、废渣等。

11.5　废催化剂的安全填埋

由于彻底失去活性的废旧脱硝催化装置属于危险固体废物，需要对其进行回收并做无害化处理，火电行业存在回收处理废旧脱硝催化装置的延伸需求。再生和回收需求属于目前所有安装了脱硝催化装置的火电厂机组及工业炉窑未来的刚性需求，且随着 2015 年以后火电行业脱硝催化装置更换需求

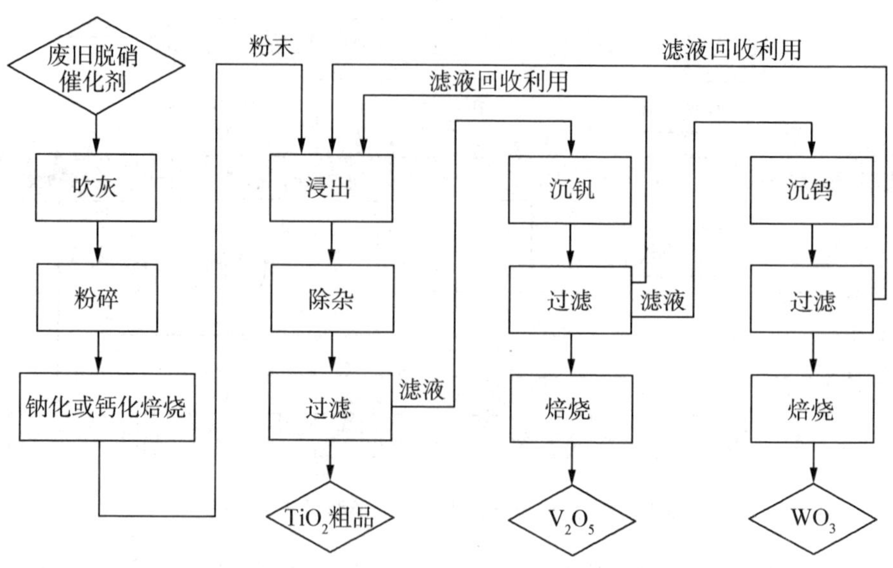

图 11-2　脱硝催化剂利用技术路线

的增加，废旧脱硝催化剂的再生和回收市场将快速增长。废旧 SCR 脱硝催化剂废物性质的改变，使以往由火电厂进行填埋处置或由没有危险废物处置资质的生产厂进行再生回收的模式已经彻底走到尽头。废弃的烟气 SCR 脱硝催化剂（钒钛系）已成为火电系统必须认真对待的危险废物，必须按《危险废物填埋污染控制标准》（GB 18598—2001，2013 年修订）和《危险废物贮存污染控制标准》（GB 18597—2001，2013 年修订）的要求进行处理和贮存，随意处置将会触犯国家环境保护法律法规。

随着经济的快速增长，工业固体废物特别是危险废物对环境造成的威胁日益加剧，安全填埋是世界各国广泛采用的危险废物最终处置方式，而在今后很长一段时间内安全填埋仍是我国危险废物的最终处置方式。从环境经济的角度看，未来危险废物填埋场的定位应该是一种“暂存设施”，最大限度地促进清洁生产和循环经济，重点体现人与自然的和谐相处。

目前也有人发明了一种报废 SCR 脱硝催化剂填埋前的处理及固化方法。该发明提供了一种报废 SCR 脱硝催化剂填埋前的处理及固化方法，包括如下具体步骤：

（1）用钢板制作浇注混凝土的模具。

（2）将废催化剂用破碎机粉碎，再用球磨机磨成废催化剂细粉。

（3）将废催化剂细粉、硅酸盐水泥、沙子和水混合并充分搅拌成混凝土后浇注在步骤（1）制成的模具中。

（4）3~4 小时后将混凝土脱模。

（5）将脱模后的混凝土立方体块单层排放，每隔 2 小时洒水 1 次，并用草垫覆盖保湿进行养护。

（6）当混凝土立方体块强度不低于 30 兆帕时，用厚塑料布分别塑封后进行填埋。其中，所述混凝土的成分及质量份数如下：硅酸盐水泥，10~15 份；沙子，60~80 份；废催化剂细粉，10~15 份；水，10~15 份。

11.6　环境风险及防范措施

根据《固体废物污染环境防治法》和《国家突发环境事件应急预案》（国办函〔2014〕119 号）要求，有效防范和合理处置突发固体废物环境污染事故，特别是重、特大固体废物环境污染事故，有效规范和强化固体废物环境污染事故应急处置工作，提高政府保障公共安全和处置突发公共事故的能力，最大程度地预防和减少固体废物污染事故及其造成的损害，保护环境，保障公众的生命财产安全，维护国家安全和社会稳定，促进经济社会全面、协调、可持续发展。烟气脱硝催化剂生产、使用、再生、回收利用、运输、贮存及最终安全填埋处置单位，均应编制企业突发环境事件应急预案，包括单项预案和现场预案。

11.7　某火电厂废催化剂转移处置环境管理案例

火电厂在转移废催化剂过程中按照危险废物环境管理要求，需要办理危险废物转移（处置）五联单。火电厂危险废物转移（处置）五联单详细办理资料如下：

（1）产生废物单位（火电厂）申请书（提供原件 1 份）。

（2）危险废物转移申请审批表（提供原件 3 份）。

（3）危险废物处置合同（提供原件 1 份）。

（4）危险废物处置单位资质（提供复印件且加盖相应单位的公章）。

（5）危险废物运输合同（提供复印件且加盖相应单位的公章）。

（6）危险废物运输资质及相关人员、车辆资质（提供复印件且加盖相应单位的公章）。

（7）运输单位应急预案。

（8）处置单位简介、处置工艺、实施方案。

（9）处置单位环境风险事故应急预案及其备案情况。

11.7.1 产生废物单位（火电厂）申请书

关于危险废物转移处置的申请

××市环境保护局：

××热电有限责任公司每年生产废烟气脱硝催化剂（HW50）约236.8立方米，为确保安全处置到位，拟向××高新材料有限公司转移处置，××高新材料有限公司已与××第二运输公司签订运输合同，运输路线为××市→××县→××市→郑州→××市→××县→××县→××县→××市××县。

拟运输时间2016年××月××日至2016年××月××日。

危险废物名称	危险废物类别	形态	危险特性	包装方式	数量	运输方式
废烟气脱硝催化剂	HW50废烟气脱硝催化剂（钒钛系）	固态	毒性	铁框	约236.8立方米	公路货运

××热电有限责任公司

2016年××月××日

11.7.2 危险废物转移申请审批表

××市危险废物转移申请审批表

×环转字第（　　）号

<table>
<tr><td>申请转移单位名称</td><td colspan="2">××热电有限责任公司</td><td>单位地址</td><td colspan="2"></td></tr>
<tr><td>单位法人</td><td colspan="2"></td><td>联系方式</td><td colspan="2"></td></tr>
<tr><td>属地</td><td colspan="2"></td><td>生产规模</td><td colspan="2"></td></tr>
<tr><td>联系人</td><td colspan="2"></td><td>联系方式</td><td colspan="2"></td></tr>
<tr><td rowspan="2">危险废物产生情况</td><td>类别</td><td colspan="2">1</td><td>2</td><td>3</td></tr>
<tr><td>数量（立方米）</td><td colspan="2"></td><td>236.8</td><td></td></tr>
<tr><td>转移包装方式</td><td>铁框</td><td>接收单位名称及危险废物经营许可证编号</td><td colspan="3">××高新材料有限公司
×环许可危险废物字02号</td></tr>
<tr><td>形态</td><td>固态</td><td>转移运输单位（车型、车号）</td><td colspan="3">××市第二运输总公司
道路运输许可证号：豫交运管许可×字4102000000××</td></tr>
<tr><td>危险废物代码</td><td>HW50</td><td>转移时间</td><td colspan="3">××月××日至××月×日</td></tr>
<tr><td>转移路线（包括途经地、市）</td><td colspan="5">××市→××县→××市→郑州→××市→××县→××县→××县→××市××县</td></tr>
<tr><td colspan="3">××县（市、区）级环境保护部门初审意见

签名：　　　　公章
年　月　日</td><td colspan="3">××市环境保护局审批意见

签名：　　　　公章
年　月　日</td></tr>
</table>

11.7.3　危险废物处置合同

合同编号：

签订时间：　　　　　年　　月　　日

签订地点：

废烟气脱硝催化剂处置合同

甲方（委托方）：××热电有限责任公司

乙方（受托方）：××高新材料有限公司

根据《中华人民共和国环境保护法》《中华人民共和国固体废物污染环境防治法》及其他相关环境保护法律法规的规定，甲方为进一步加强环境保护工作，委托乙方处理其生产过程中产生的废烟气脱硝催化剂（以下简称催化剂）。双方经友好协商，就此事宜签订双方合作协议。

1. 乙方负责处置甲方生产过程中产生的催化剂约 236.8 立方米，甲方有告知乙方催化剂相关数据的义务。

2. 甲方负责催化剂转移申请资料的提交。乙方负责催化剂转移申请资料提交后的五联单办理，催化剂的装车、运输、接收地的手续办理及无害化处理。

3. 乙方保证严格按照国家环境保护相关法律法规的规定和标准对接收的危险催化剂进行无害化处置及综合利用。乙方保证其及派来接收的人员具备法律法规规定的接收和处置危险废物的资质和能力，并持有相关的许可证书（营业执照、资质证书和许可证），且该许可证书在有效期内。乙方应具备处理危险废物所需的条件和设施，保证各项处理条件的设施符合国家法律、法规对处理危险废物的技术要求，并在运输和处理过程中，不得产生对环境的二次污染。

4. 结算及计量方法：

费用的支付方为××电力工程安装有限公司，结算方式及金额依据乙方与××电力工程安装有限公司签订的合同约定条款执行。

5. 此协议只用于乙方办理五联单，对于运输和处置过程发生的一切问题，甲方不承担责任。

6. 本协议有效期自 2016 年××月××日至 2016 年××月××日，对于未尽事项甲乙双方另行协商签订补充协议。补充协议是意向书的组成部分。

7. 不可抗力：由于不可抗力致使本合同不能履行或者不能完全履行时，遇到不可抗力事件的一方，应立即书面通知合同相对方，并应在不可抗力事件发生后 15 日内，向对方提供相关证明文件。由协议各方按照事件对履行合同影响的程度协商决定是否变更或解除本协议。

8. 争议解决方式：甲乙双方如因本意向书产生纠纷，可由双方协商解决，协商未果，甲乙双方均可在当地人民法院仲裁解决。

9. 本协议经甲、乙双方签字盖章后生效，本意向书一式四份，甲、乙双方各执两份。

甲方（签章） ××热电有限责任公司	乙方（签章）： ××高新材料有限公司
住所地： 法人代表： 联系人： 电话： 日期：2016 年　　月　　日	住所地：××市工业园区航天北路 196 号 法人代表： 联系人： 电话： 日期：2016 年　　月　　日

11.7.4　废催化剂处置利用单位资质

废催化剂处置利用单位的证件包括：工商营业执照、组织机构代码、税务登记证、危险废物经营许可证、ISO 9001 认证书、ISO 14001 认证书、ISO 18000 认证书等（在核对原件后提供复印件）。

11.7.5　危险废物（危险化学品）运输合同

危险化学品运输合同

托运人（甲方）：

承运人（乙方）：

甲、乙双方经充分协商，就有关甲方化学危险品运输事宜达成协议如下：

一、承运车辆及人员信息

车型：　　　　　　车牌号：

司机姓名：　　　　司机电话：　　　　　　　　身份证号：

二、甲乙双方的权利和义务

1. 甲方须向乙方提供所运危险化学品的准确名称、准确特征信息，并向乙方说明采取的必要的安全保管措施和急救措施。

2. 甲方要求乙方根据合同规定的内容将货物安全送达交付地点，如变更交货地点，甲方需提前通知乙方，并承担因此变更而发生的合理费用。

3. 在运输过程中，乙方必须保证为甲方保守商业秘密。如乙方泄露甲方商业信息，给甲方造成经济损失，甲方有权追究乙方的法律责任及经济责任。

三、双方违约责任

1. 因甲方原因不能及时卸货而对乙方造成压车经济损失的，由双方协商解决。

2. 乙方在货物运输途中应确保货物安全，精心保管，保证货物无泄漏、无污染。货物数量以磅单为准（装货、卸货均需过磅）。

3. 如乙方不能按规定时间运送货物到达客户，逾期造成甲方产生经济损失的，由乙方承担赔偿损失（不可抗力的因素除外）。乙方在装卸货物过程中造成事故，在运输途中出现交通事故，以及因乙方自身原因造成货物损失而给甲方收货客户造成人身或财产损失的，乙方应承担相应的赔偿责任。

四、运费结算

货物运输完毕，甲方按实际到货数量为乙方结算运费，乙方应及时给甲方提供账户信息，卸货打款。

五、争议解决

双方在履行合同过程中如发生争执，应协商解决。协商不成，应向合同签订地人民法院提起诉讼。未尽事宜，双方协商补充约定。

六、本合同一式两份，双方各执一份，传真件具有同等法律效力。本合同自双方签字盖章之日起生效。

甲方：	乙方：
代理委托人：	代理委托人：
电话：	电话：
传真：	传真：
日期：	日期：

11.7.6　危险废物（危险化学品）运输资质及相关人员、车辆资质

为加强危险废物运输处置环节的全过程监管，强化环境风险防范，根据《中华人民共和国固体废物污染环境防治法》《中华人民共和国道路运输条例》《危险化学品安全管理条例》和《道路危险货物运输管理规定》《交通运输部关于危险废物是否纳入道路危险货物运输管理有关问题的复函》（交函运〔2012〕309 号）等有关规定，进一步严格危险废物产生、运输、处置等各环节监管，强化“覆盖源头、加强动态”的全过程责任监管体系。

1. 从事危险废物运输的道路危险货物运输企业，应符合交通运输管理部门规定的企业、车辆、从业人员资质管理要求。承运单位应提供营业执照、道路运输许可证（危险货物类别）、机动车行驶证、从业人员驾驶证、运输车辆照片等。

2. 危险废物运输企业负责人、车辆技术负责人、专职安全管理员应参加由环境保护部门组织的危险废物污染防治管理人员专业技术培训，有培训

证明材料。

3. 运输危险废物的企业不得出现擅自倾倒遗弃危险废物、未将危险废物送至危险废物转移联单指定处置单位等行为，环境保护、交通运输部门有权依据相关法律、法规依法予以查处，对情节严重的相关责任人，要移送公安机关处理。

4. 危险废物转移联单的信息要符合《危险废物转移联单管理办法》的要求，并由从事危险废物运输的企业留存危险废物转移联单的运输单位联，留存期为 5 年。

11.7.7 运输单位应急救援预案

××市第二运输总公司危险品事故处理应急救援预案

为快速应对可能发生的重特大安全事故，最大限度地减少人员伤亡和财产损失，及时采取有效措施对事故现场抢救，防止事故进一步扩大，依照国家有关法律法规要求，结合我公司实际，制定××市第二运输总公司三公司危险品运输车队重特大安全事故应急救援预案。

一、应急救援组织领导小组

组　长：焦××

副组长：马××

成　员：王××　王××　安××　×××

应急救援领导小组办公室设在三公司技术与安全科，办公室主任由王××担任。

联系电话：0371-229×××××

二、应急救援领导小组职责

1. 发布启动、解除应急预案通知。

2. 按照应急预案程序，组织、协调、指挥应急预案实施。

3. 按事故发生状态统一布置应急预案的实施工作。

三、传达上级领导小组指令，负责监督落实

1. 通知联络救援成员负责人，做好应急准备。

2. 检查现场救援工作，收集事故情况和抢险情况向总公司报告。

3. 配合上级部门做好对事故调查处理工作。

4. 承办领导小组日常工作，定期组织应急预案演练。针对存在的问题，及时对应急预案进行修订，并补充完善。

四、公司各科室作为应急救援成员单位的主要职责

1. 技术与安全科负责对危险品运输重大危险源、重大隐患和危险因素进行排查、建档、监控、整改工作。

2. 在厂区内发生重特大事故后，保卫科负责做好本单位的事故自救工作，组织人

员研究应急措施，配合有关部门对事故抢险、调查处理工作。

五、应急车辆、人员、救援物资准备

1. 本公司长安牌面包车为指挥车，翻斗车为救援车。全部科室人员为应急救援分队成员。

2. 每月定期检查应急物资储备情况，危险品应急物资储备有防腐手套、胶鞋、雨衣及灭火器材。

3. 发现重特大事故隐患的，必须在 4 个小时内向总公司汇报。

4. 定期检查消防设施，保证消防器材有效期。

六、事故救援分组分工

1. 抢险小组由发生事故单位的行政一把手负责，由专业技工、安全、保卫、行政管理等人员组成，负责现场抢险、救援人员、排除险情等工作。

2. 由本公司书记、工会主席负责本单位科室人员组成救援小组，负责配合赶到现场的医院急救人员对伤员进行急救和运送工作。

3. 由保卫科负责抽调行政管理人员负责现场秩序的维护和稳定工作。

4. 事故调查处理小组由本公司负责安全的副经理负责，由技术与安全科、保卫科负责人组成，配合上级部门做好对事故的调查、善后处理工作。

5. 各应急救援成员接到启动应急预案通知后，应立即无条件按通知要求，在最短时间内赶赴事故现场。

七、责任追究

违反应急预案和相关法律法规规定的，根据情节轻重，严肃处理，造成严重后果的追究刑事责任。

1. 迟报、瞒报重特大事故的。

2. 未及时到位、延误抢险救援时机的。

3. 阻挠应急救援物资设备调用的。

4. 拒不履行应急救援职责的。

5. 未定期报告重大危险源，重大事故隐患的。

6. 法律法规另有规定的，按照规定实施责任追究。

××市第二运输总公司

现场救援专业组的建立及职责

公司危险化学品应急救援指挥部根据事故实际情况，成立下列救援专业组：

1. 危险源控制组：负责在紧急状态下的现场抢险作业，及时控制危险源，并根据危险化学品的性质立即组织调用专用的防护用品及专用工具等。该组由专业化工技术人员、安全科、保卫科及行政管理人员组成。该组由焦××负责。

2. 伤员抢救组：负责在现场附近的安全区域内，对受伤人员进行紧急救治并护送重伤人员到医院做进一步治疗。该组由××市第二运输总公司工会及行政管理人员组成。

该组由马××负责。

3. 灭火救援组：负责现场灭火、搜救现场伤员、冷却设备容器、抢救伤员及对事故后被污染区域进行清洗和消毒等工作。该组由保卫科及专业技术人员组成。该组由王××负责。

4. 安全疏散组：负责对现场及周围人员进行防护指导、人员疏散及周围物资转移等工作。该组由技术与安全、保卫科人员组成。该组由安××负责。

5. 安全警戒组：负责布置安全警戒，禁止无关人员和车辆进入危险区域，在人员疏散区域进行治安巡逻等工作。该组由保卫科人员组成。该组由王××负责。

6. 物资供应组：负责组织抢险物资的供应，组织车辆运送抢险物资。该组由业务科人员组成。该组由×××负责。

7. 通信协调组：负责将指挥部的指令及时通知各小组，并做好协调工作。该组由办公室成员组成，该组由苗××负责。

值班电话：总公司　0371-231×××××

三公司　0371-229×××××（白）　0371-229×××××（夜）

单位负责人电话：

经　　理：焦××　139××××××××

副 经 理：马××　139××××××××

技术与安全科科长：王××　186××××××××

火警 119　交通事故报警 110、122　急救 120　保险公司 95518

国家化学事故应急咨询电话：

××市第二运输总公司

11.7.8　处置单位简介、处置工艺、实施方案

1. 危险废物接受单位——××高新材料有限公司简介

（1）××高新材料有限公司概况。××高新材料有限公司是一家生产高端钒系列产品，集研发、生产和销售于一体的全资私营企业，拥有钙化-氧化（回转窑）焙烧工艺提取五氧化二钒的生产线和配套生产线。该公司位于××市产业集聚区东北部，航天路东侧，中联水泥××分公司南侧，用地面积 146 亩，总投资 1.05 亿元。

××高新材料有限公司是一家获得政府环境保护部门审批的、真正实现废烟气脱硝催化剂综合利用的环境保护企业，专业从事“HW50 其他废物”中“工业烟气选择性催化脱硝过程产生的废烟气脱硝催化剂（钒钛系）”类的回收及综合利用，具有年综合利用××万吨废弃 SCR 脱硝催化剂的能力；工艺流程与环境保护部发布的《废烟气脱硝催化剂危险废物经营许可证审查指南》（环境保护部公告 2014 年第 54 号）及其编制说明所推荐的工艺完全吻合，是全国首家专业从事火电厂废 SCR 脱硝催化剂运营管理和无害化

处理的专业研发和服务公司。

该公司通过引进吸收国内外先进技术，与××大学材料科学与工程学院合作，经过 3 年的研发，针对废 SCR 脱硝催化剂的特点，对废烟气脱硝催化剂的成分进行分析、转化、分离和提纯，实现了废烟气脱硝催化剂的无害化综合利用。

该公司对废烟气脱硝催化剂按照危险废物规范化管理要求进行管理，污染防治设施齐全。工艺废水循环使用、处理后达标排放；在利用和处置过程中产生的废渣经脱水后，集中由有资质的单位进行填埋处理。整个工艺废水、废渣都有相应的循环使用、处理流程，安全性较高。该公司环境风险事故应急预案、安全生产事故应急预案手续齐全，并已在相应的政府部门备案。

（2）××高新材料有限公司主要设备。该公司的主要生产设备、检测设备如表 11-1、表 11-2 所示。

表 11-1　××高新材料有限公司主要生产设备

序号	名称	数量（台或套）
1	颚式破碎机	1
2	锤式粉碎机	1
3	振动筛	3
4	球磨机	1
5	成球机	1
6	煤磨球磨机	1
7	选粉机	2
8	袋式收尘器	6
9	电除尘设备	2
10	回转窑	1
11	引风机	4
12	提升机	6
13	烘干机	1
14	离子交换塔	2
15	矿外浆压滤机	3
16	储槽	12
17	煅烧炉	2
18	烘干炉	1
19	微波氮化设备	3
20	蒸汽锅炉	1

表 11-2 ××高新材料有限公司主要检测设备

序号	名称	规格型号	数量（台/套）
1	电子分析天平（德国）	200g/0.0001g	1
2	紫外可见光分光光度计	6100IS	1
3	电热恒温鼓风干燥器	101-1BS	1
4	数字显示式鼓风干燥器	GZX-9070MBE	1
5	高温炉	SX2-4-10	3
6	调温电热套	ZDHW	2
7	干燥器		2
8	氨氮浓度测定仪	HI96733	1
9	标准分样筛	16~400 目	1
10	等离子发射光谱仪（美国）	7400	1
11	浊度测试仪（德国）		1
12	定时电动搅拌器	JJ-1	5
13	磁力搅拌器	HJ-2	2
14	双向磁力加热搅拌器	78-2	3
15	密封式制样粉碎机		1
16	电导率/盐度测试仪（德国）	DDS 系列	1
17	真空泵（带抽滤装置）	Ap-9908S	1
18	pH 计	PHS-25	2
19	电子恒温水浴锅	DZW-4	2
20	旋转蒸发器	RE-2000A	1
21	蒸馏水器	TTL-10A	1
22	分光光度计	722	1
23	水质测试仪	CR3200	1
24	自动指示旋光仪	WZZ-1	1

2. 公司主要设施设备实物

（1）10000 吨废烟气脱硝催化剂中转和临时存放仓库。根据《危险废物贮存污染控制标准》的要求，并结合废烟气脱硝催化剂的具体情况，仓库地坪高于地面 0.5 米，仓库地面为双层水泥基面夹一层防渗漏布膜，水泥基面下为 2 毫米厚高密度聚乙烯，之下又增加 1 米以上厚黏土层，保证危险废物仓库具备防风、防雨、防晒、防渗等功能。10000 吨废烟气脱硝催化剂中转和临时存放的危险废物贮存仓库如图 11-1 所示。

图 11-1　10000 吨废烟气脱硝催化剂中转和临时存放的危险废物贮存仓库

（2）电除尘设备如图 11-2 所示。

图 11-2　电除尘设备

（3）烘干设备如图 11-3 所示。

（4）中央控制室、成分分析室如图 11-4 所示。

图 11-3　烘干设备

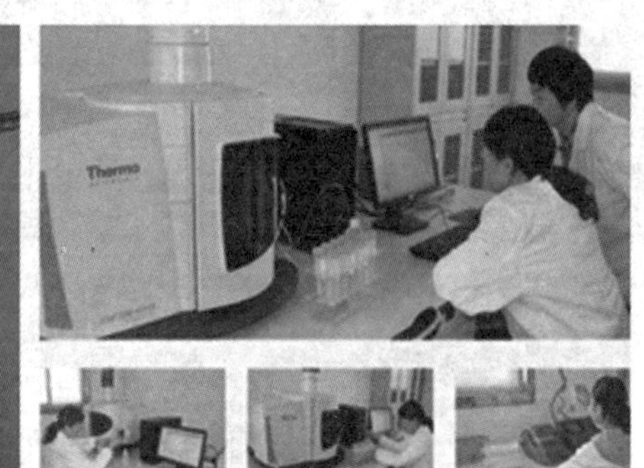

图 11-4　中央控制室、成分分析室

3. 工艺说明

（1）主要原料成分。目前国内脱硝催化剂一般以二氧化钛、三氧化钨或三氧化钼、五氧化二钒等为主，含量占催化剂的比例一般为 90%~95%。其他物质比重较小，主要包括：聚氧化乙烯，作为黏合剂、造孔剂；乳酸，作为吸附剂；羧甲基纤维素，作为胶黏剂、可塑剂；玻璃纤维等。催化剂使用过程中由于吸附粉煤灰，有部分金属氧化物富集，根据企业对废烟气脱硝催化剂的检测，废催化剂中主要成分含量见表 11-3。

表 11-3　废烟气脱硝催化剂主要成分含量　(单位:%)

成分	V_2O_5	WO_3 或 MoO_3	TiO_2	As	Cr	Hg	Pb	其他（玻璃纤维+SiO_2 等）
含量	1.5	4	85	0.035	0.025	0.001	0.03	9.409

注：烟气脱硝催化剂主要分为含钨催化剂和含钼催化剂两大类，两种催化剂成分组成基本相同。

（2）生产工艺。本工艺采用碳酸钠焙烧工艺处理废烟气脱硝催化剂，分别提取偏钒酸铵、仲钨酸铵或仲钼酸铵、二氧化钛。具体生产过程为：废烟气脱硝催化剂进场后进行破碎及球磨等预处理；然后，添加碳酸钠并混合成球后，入窑焙烧，烧成的熟料球经浸出、分离，浸出渣脱水得到二氧化钛粗品；浸出液用树脂吸附钒，经解析后用氯化铵沉淀得到偏钒酸铵；树脂吸附后的余液，进入提钼树脂或提钨树脂吸附，经解吸、浓缩、结晶得到仲钼酸铵或仲钨酸铵；提钼树脂或提钨树脂吸附后的尾液进入沉淀池沉淀、澄清，清液经活性成分吸附后，调节至中性，达标后排放。

在生产过程中产生的废水集中贮存，与提钨或提钼树脂吸附后的尾液一起在沉淀池内沉淀、澄清，部分清液用于回转窑的烟气喷淋降温、吸收二氧化硫处理；其余清液送入吸附罐吸附后，调节至中性，达标排放。在利用和处置过程中产生的废渣经脱水后，集中由有资质的单位进行填埋处理。

（3）综合利用工艺流程如图 11-5 所示。

4. 废催化剂处理实施方案

（1）为确保废催化剂回收项目的顺利实施，公司专门成立了专业的服务团队，项目施工现场人员 5 名，物流运输保障人员 2 名，五联单办理人员 4 名，市场开拓人员 6 名，工厂技术人员 4 名。所有人员经过严格培训后上岗。

（2）公司人员到达施工现场后积极与业主方沟通，严格遵守业主方的规章制度，根据现场条件制订详细的施工方案，严格落实安全措施，防止安全和环境保护事故的发生。废催化剂装车前拉好隔离带，悬挂施工安全标志，所有人员戴好安全帽，准备齐清扫、起重、焊接、包装、铺垫等工具或材料。废催化剂装车结束后做到“完工、料净、场地清”。现场清理达到合同文件的要求。转移单办理完毕后保证 7 天内所有废催化剂转离现场。

（3）公司与有资质且有多年运输经验的危险品运输公司签订运输合同。运输当中严格按照国家规定的危险品运输要求执行。制订详细的运输应急预案，确保废催化剂安全到达工厂。

（4）废催化剂到达工厂后按照公司的流程进行入库，并在当地环境保护局固体废物中心网站进行备案。废催化剂的处理按照《废烟气脱硝催化

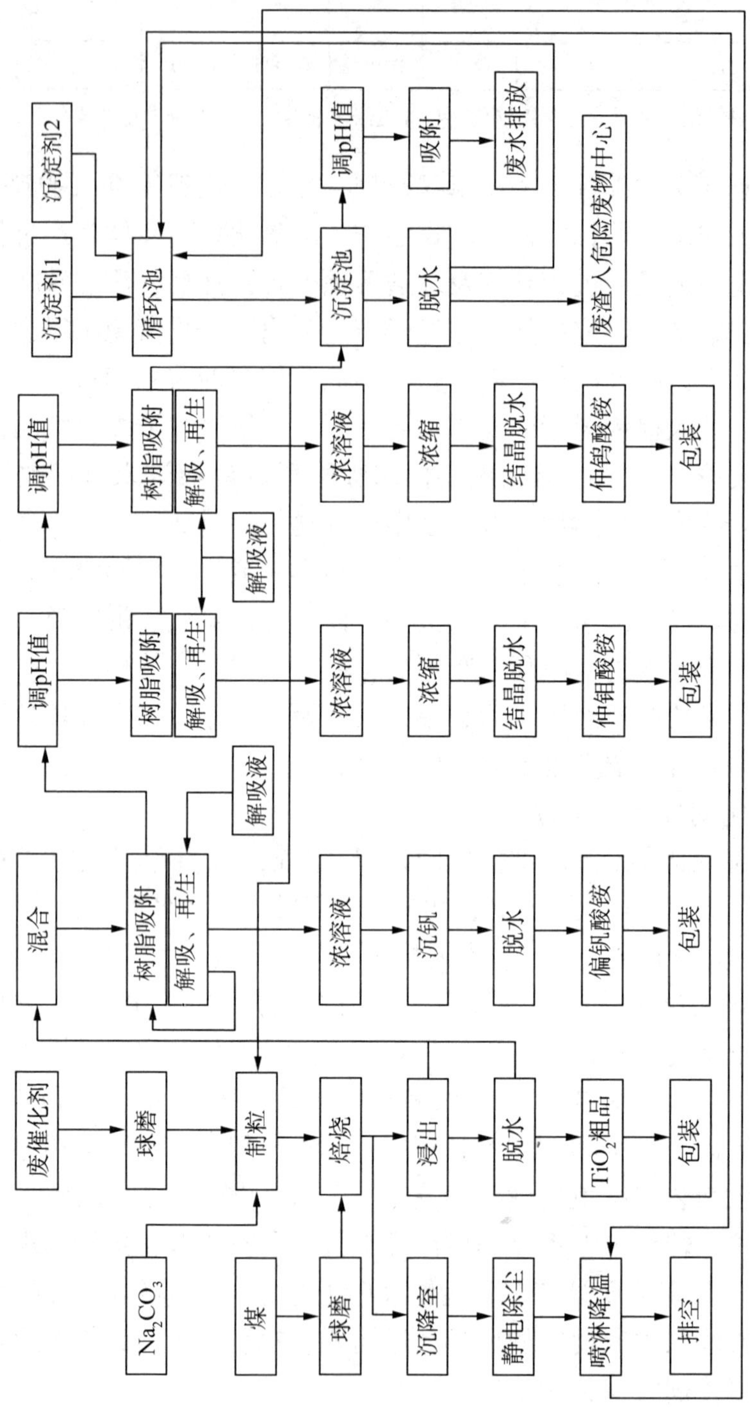

图11-5 综合利用工艺流程

剂危险废物经营许可证审查指南》(环境保护部公告 2014 年第 54 号)严格执行，详细内容见公司的生产工艺流程。

生产过程中，首先对废烟气脱硝催化剂模块进行拆分、破碎及球磨等预处理；然后，添加碳酸钠并混合成球后，入窑焙烧，烧成的熟料球经浸出、分离，浸出渣脱水得到二氧化钛粗品；二氧化钛粗品包装后销售给二氧化钛生产厂家，二氧化钛生产厂家作为半成品精加工后再销售。公司与国内两家二氧化钛生产厂家已达成初步的回收意向。

5. 产品追溯和备案

产品偏钒酸铵、仲钼酸铵或仲钨酸铵的销售合同和发票由公司进行存档备案，由专门人员管理。

11.7.9 处置单位环境风险事故应急预案及其备案

1. 处置单位环境风险事故应急预案

××高新材料有限公司环境风险事故应急预案

单位名称：××高新材料有限公司　　应急预案编号：2016-01

应急预案生效日：2016 年××月××日　　应急预案版本：2016-A 版

为了建立健全公司环境风险事故应急机制，快速、科学地进行环境风险事故应急处置，依据《中华人民共和国环境保护法》《国家突发环境事件应急预案》《中华人民共和国固体废物污染环境防治法》及相关法律法规和规章，结合我公司的实际情况，制订本预案。

1　总则

突发环境事件应急预案是我公司为预防、预警和应急处置突发环境事件或由安全生产次生、衍生的各类突发环境事件而制定的应急预案，规范了我公司应对突发环境事件的应急机制，提出了我公司突发环境事件的预防预警和应急处置程序和应对措施，为我公司有效、快速地应对环境污染，保障区域环境安全提供科学的应急机制和措施。

1.1　编制目的

为了提高我公司防范和处置突发环境事件的能力，建立紧急情况下的快速、科学、有效地组织事故抢险、救援的应急机制，控制事件的蔓延，减少环境危害，保障公众健康和环境安全，根据本公司的实际情况，制订本预案。

1.2　编制依据

《中华人民共和国安全生产法》(中华人民共和国主席令第 13 号)。

《中华人民共和国环境保护法》(中华人民共和国主席令第 9 号)。

《中华人民共和国固体废物污染环境防治法》(中华人民共和国主席令第 31 号)。

《中华人民共和国水污染防治法》(中华人民共和国主席令第 97 号)。

《中华人民共和国大气污染防治法》（中华人民共和国主席令第31号）。

《中华人民共和国突发事件应对法》（中华人民共和国主席令第69号）。

《中华人民共和国消防法》（中华人民共和国主席令第6号）。

《国家突发环境事件应急预案》（国办函〔2014〕119号）。

《国家安全生产事故灾难应急预案》（中华人民共和国国务院2006年1月发布）。

《生产安全事故应急预案管理办法》（国家安全生产监督管理总局令第88号）。

《危险废物经营单位编制应急预案指南》（国家环境保护总局第48号）（经2016年4月15日国家安全生产监督管理总局第13次局长办公会议审议通过，2016年6月3日公布，自2016年7月1日起施行）

《××省<生产安全事故应急预案管理办法>实施细则》（××安委〔2009〕15号）

《××省安全生产条例》（××省人民代表大会常务委员会公告第××号）

（以上凡不注明日期的引用文件，其有效版本适用）

1.3 应急预案适用范围

本预案适用于本公司原料库、处置车间区域、厂区所在地周边环境敏感区域和上述区域内人员的突发环境事件的预防预警、应急处置和救援工作。

1.4 工作原则

预防为主，安全第一；统一领导，分级负责；依靠科学，快速响应。

2 应急救援组织机构与职责

2.1 应急组织体系

应急救援指挥部最高领导为总指挥，如总指挥不在，由副总指挥代替指挥；应急救援指挥部设在办公楼，但当办公楼受到威胁时，指挥部设在门卫室。一旦发生事故，符合启动预案条件，立即启动本预案，应急救援工作由应急救援指挥部统一指挥。组织机构框图及成员名单（略）。

2.2 应急救援流程图

各级组织、人员按照下图（应急救援流程图）实施响应的应急救援行动。

2.3 主要职责

2.3.1 应急处理指挥部

组织实施本预案，组织指挥和协调相关应急事件处置；对应急事件迅速评估、报告和通报，提出现场应急行动原则要求，采取应急行动，协调各级、各专业应急力量实施应急支援，调动所需人力、物力以及做好其他重要的准备工作，指定现场指挥、副指挥，有关专家和参与人员对相关应急事件做出决策并下达指令，根据应急事件的发展趋势和效果，经科学评估及时调整应急反应行动或适时宣布结束应急反应预案。根据现场监测结果，确定被转移、疏散职工返回时间，指导应急事件善后处理工作。

若指挥长不在，则由副指挥长行使指挥长职责。

2.3.2 应急监察组

负责现场调查处理、报告和其他工作。接到应急处理指挥部通知后立即组织人员，

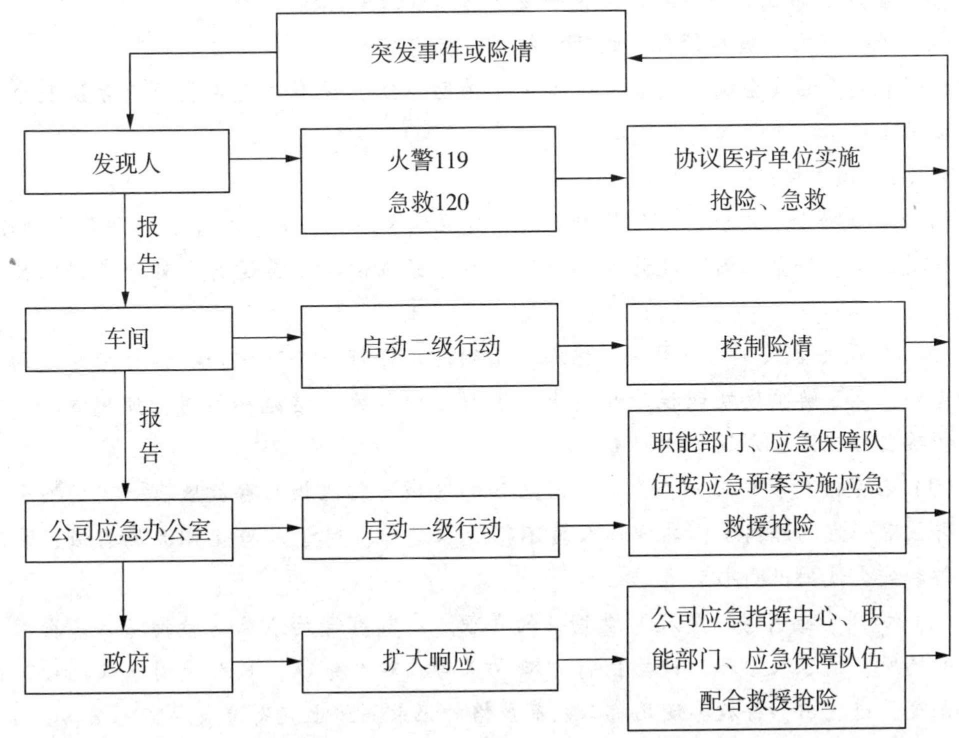

携带防护、救护用品和取证仪器设备赶赴现场。到现场查明危险废物事故发生的原因，污染种类、范围、程度，发展趋势及可能造成的影响等，适时组织人员采集相关证据，分析现场情况，提出处理方案建议，及时向应急指挥部汇报查明的情况，并向相关单位通报事态进展。参加事故后续处理的相关工作。

2.3.3　现场救援组

负责现场救援各项工作的组织、报告、联络、反馈、汇总工作。担负协助群众疏散、抢救伤员，各单位之间的联络，对外联系通信，现场治安、防火并设立警戒，指导群众疏散、交通管制、现场设备的抢修指挥协调工作。成员应做到熟知应急处理和个人防护方法，熟练操作应急救护器材，掌握危险废物一般救护知识和医疗报警程序。

2.3.4　应急保障协调组

负责现场伤员生活必需品和抢救物资的供应，应急资金的筹措，与外单位及政府部门的对外协调等工作。成员应做到熟知救援物资的物理性质和个人防护方法，熟悉各种救援物资、器材、工具存放地点。

3　预防与预警

3.1　预防措施

3.1.1　环境风险源监控

(1) 在危险废物贮存库（原料贮存库）设有监控摄像头。在各个主要生产工段均设有监控系统。

(2) 针对全厂、主要风险源，建有巡查制度。

（3）在危险品成品库等处设有报警设备与远程影像监控系统。

（4）在各车间、关键岗位，设有消防疏散标志牌。

公司有完善的安全消防措施，配备完善消防系统，设有固定干粉灭火系统及个人应急喷淋系统。

3.1.2 预防措施

（1）加强安全、消防和环境保护管理，建立健全环境保护、安全、消防各项制度，设置环境保护、安全、消防设施专职管理人员，保证设施正常运行或处于良好的待命状态。

（2）加强安全教育，公司内全体人员必须认识保证安全环境保护、杜绝事故的意义和重要性，了解事故处理程序和要求，了解处理事故的措施和器材的使用方法，特别是明确自己在处理事故中的职责。

（3）在危险废物仓库中，存放危险废物的区域与其他物品存放区有一定的安全距离，并设有一定的隔离带，非操作人员不得随意进出；对于危险化学品的存放，应有标志牌和安全使用说明书。

（4）加强有毒有害物质及易燃物品的管理。有毒有害物质及易燃物品必须存放在专门的场所，由专人管理，严格执行“双人保管、双人领取、双人使用、双把锁”的管理制度，进、出、存放和使用都必须有严格的记录，防止流失造成危害。

（5）危险化学品必须由专门的运输车辆运输，要求押运人员持有押运证，并携带安全资料表，装卸过程中要轻装轻放，避免撞击、重压和摩擦。

（6）设立厂内急救指挥小组，并和当地事故应急救援部门建立正常联系，一旦出现事故能立刻采取有效救援措施。

3.2 预警

（1）一级预警。一级预警为设备、设施严重故障，发生火灾爆炸和大面积泄漏事故，泄漏已流入水域或扩散到周边社区、企业；造成泄漏的公司已无能力进行控制，以及不可抗拒的自然灾害已发生的事故或事件。

（2）二级预警。现场人员或调度人员向安全环境保护科报告，由安全环境保护部门负责上报事故情况，公司应急处理指挥部宣布启动预案。

（3）三级预警。现场人员立即报告部门负责人和值班调度人员并通知安全环境保护部门，部门负责人或值班调度人员根据现场情况组织现场处置。安全环境保护部门视现场情况协调相关部门进行现场处置：落实巡查、监控措施；如隐患未清除，应通知相关应急部门、人员做好应急准备。遇非工作日，通知值班调度人员和值班人员，并及时报告应急指挥总指挥和有关人员。

4 事故发现及报警

4.1 公司内部事故信息报警和通知

在发生紧急事故或事件时应采取必要的应急措施，并启动报警、求援、报告等程序。

4.2　外部应急救援力量报警和通知

4.2.1　当事故产生的影响可能威胁单位/厂区外的环境或人体健康时，应当报告外部应急救援力量或请求支援。

4.2.2　报告的内容

(1) 联系人的姓名和电话。

(2) 事故单位名称和地址。

(3) 事件发生时间或预计持续时间。

(4) 事故类型（火灾、爆炸或泄漏等)。

(5) 主要污染物和数量（实际泄漏量和估算泄漏量)。

(6) 当前状况，污染物的传播和介质传播方式，是否会产生单位外影响及可能的程度（可根据风向和风速等气候条件进行判断)。

(7) 伤亡情况。

(8) 需要采取什么应急措施和预防措施。

(9) 已知或预期的事故的环境风险和人体健康风险以及关于接触人员的医疗建议。

(10) 其他必要信息。

4.3　向邻近单位及人员报警和通知

在事故可能影响至厂外的情况下，应立即报告政府和社区领导，并协助地方政府以电话的形式向周边邻近单位、社区、受影响区域人群发出警报信息以及疏散路线和避难位置。

4.4　内部报警和信号规定

(1) 企业内部报警方式有现场报警、报警总机、电话报告等。

(2) 公司内部信号以呼喊、广播的方式告知。对内告知内容如下：公司××位置发生××事故（如火灾、爆炸、中毒、触电等)，请××岗位人员按指挥迅速有序撤离到指定的位置并集合。

5　应急响应与措施

5.1　分级响应机制

按照事故可控性、严重程度和影响范围及应急响应所需资源，将事故应急响应分为一级应急状态（重、特大事故)、二级应急状态（较大事故)、三级应急状态（一般或轻微事故或事件)。

5.2　应急措施

5.2.1　突发环境事件现场应急措施

5.2.1.1　有毒有害物质泄漏应急措施

(1) 少量泄漏的，可用不可燃的吸收物质覆盖并收集泄漏物，将泄漏物放在空置的容器中等待处理。

(2) 大量泄漏的，可采用围堤堵截、覆盖、收容等方法，并采取以下措施：

1) 立即报警。根据需要，启动中心应急预案。

2）现场处置。快速实施救援，控制事故发展，并将受伤人员救出危险区，组织人员撤离，消除事故隐患。

3）紧急疏散。事发单位人员建立警戒区，将与事故无关的人员疏散到安全地点。

4）组织急救。快速实施救援，将伤员救出危险区，送至医院就医，防止发生继发性伤害。

5）配合有关部门的相关工作。

（3）泄漏物的处置。泄漏被控制后，要及时对现场泄漏物进行覆盖、收容、稀释等处理，使泄漏物得到安全可靠的处置，防止二次事故的发生。在对地面上的泄漏物进行处置时，主要有以下方法：

1）为减少大气污染，通常采用水枪或消防水带向有害物质蒸气云喷射雾状水，加速气体向高空扩散，使其在安全地带扩散。在使用时将产生大量的被污染水，因此应疏通污水排放系统。对于可燃物，可以在现场释放大量水蒸气或氮气等气体，破坏燃烧条件。

2）对于大量液体泄漏，可用泵将泄漏的物料抽入容器内或槽车内；当泄漏量小时，可用沙子、吸附材料、中和材料等吸收中和，或者用固化法处理泄漏物。

3）将收集的泄漏物运至废物处理场所处置。用消防水冲洗剩下的的少量物料，冲洗水排入废水系统处理。

（4）泄漏处理注意事项。

1）进入现场人员必须配备必要的个人防护器具。

2）如果泄漏物是易燃易爆物品的，应严禁火种。

3）扑灭任何明火及其他形式的热源和火源，以降低发生火灾爆炸危险性。对于油品失火，可用泡沫灭火器、气体灭火器、沙土覆盖，不可用水。

4）应急处理时严禁单独行动，要有监护人，必要时用水枪掩护。

5）应从上风、上坡处接近现场，严禁盲目进入。

5.2.1.2　化学品灼伤应急措施

（1）化学性皮肤灼伤处置。

1）立即移离现场，迅速脱去被化学物污染的衣裤、鞋袜等。

2）立即用大量清水或自来水冲洗创面10~15分钟。

3）新鲜创面上不要任意涂抹油膏或药水。

4）视烧伤情况送医院治疗。

（2）化学性眼烧伤处置。

1）迅速在现场用流动清水冲洗。

2）冲洗眼睛时一定要掰开眼皮。

3）如无冲洗设备，可把头埋入清洁盆水中，掰开眼皮，转动眼球洗涤。

（3）中毒处置方案。

1）发生急性中毒，应立即将中毒者送医院急救，并向院方提供中毒的原因、毒物名称等。

2）若不能立即到达医院，可采取现场急救处理。对于吸入中毒者，迅速脱离中毒现场，向上风向转移至新鲜空气处，松开中毒者的衣领和裤带；对于口服中毒者，应立即用催吐的方法使其将毒物吐出。

5.2.1.3　水环境风险防范措施

为了使处理系统在风险状况下不影响公司周边生态环境和地下水环境，一旦废水处理系统发生故障而无法运行，可将废水排入事故水池中，如事故水池无法满足排水回流收集需求，则可将排水回流至废水处理系统中的循环池以及沉淀池，从而确保在风险事故情况下，不超标排放各类废水。

若污染确实发生，应通知相关环境保护部门，对全流域进行加密监测，并根据污染物的性质采取污染控制措施，以保障生态环境及人民群众生命安全。

5.3　应急监测

突发环境事件时，应急监察组应以最快的速度，组织监测人员赶赴现场，根据事件的实际情况，迅速确定监测方案，及时开展应急监测工作，在尽可能短的时间内做出判断，以便对事件进行及时正确的处理。

5.4　现场应急处置措施

5.4.1　应急监察组

在现场初步查明事故发生的原因，污染种类、范围、程度后，提出处理方案，向应急指挥部报告。

5.4.2　在应急处理过程中，如需网络单位协助的，经指挥部同意后，由应急保障协调组联系相关网络单位给予配合。

6　应急人员的安全防护与事故现场的管理

6.1　应急人员的安全防护

现场处置人员应根据不同类型环境事故的特点，配备相应的专业防护设备，采取安全防护措施。严禁应急人员无防护进入事发现场。

6.2　事故现场的管理

6.2.1　事故现场的保护

发生事故后，由于救援人员进入现场救护或在消防人员作用下，现场事故证据必然会遭到一定程度上的损坏。但为了便于事故快捷、准确的调查，要对事故现场进行保护。

6.2.2　事故现场清洗与消毒

在对事故起因调查完毕后，经总指挥批准，开始事故现场的净化与恢复工作。

7　应急终止

7.1　应急终止的条件

(1) 事故现场得到控制，事故条件已消除。

(2) 污染源的泄漏或释放已降至规定限值内。

（3）事故所造成的危害已基本消除，无继发可能。

（4）事故现场的各种专业应急处置行动已无继续的必要。

（5）采取了必要的防护措施以保护群众免受再次危害，并使事故可能引起的中长期影响趋于合理且尽量低的水平。

7.2 应急终止的程序

7.2.1 应急处理指挥部确认终止时机，或由应急监察组提出，经应急处理指挥部批准。

7.2.2 应急处理指挥部向所属各应急单位下达应急终止命令。

7.2.3 应急状态终止后，应急监察组继续配合上级监测部门搞好环境监测工作，直至自然过程或其他补偿措施无须继续进行为止。

7.3 应急终止后的行动

7.3.1 应急指挥部指导有关部门及突发事件的单位查找原因，防止类似问题的重复出现。

7.3.2 应急抢修组根据事件对设备造成的损坏，及时抢修，以确保企业的正常生产。

7.3.3 突发事件单位负责编制环境应急总结报告，于应急终止后15日内上报公司生产部备案。

7.3.4 根据实战经验，各单位对应急预案进行评估，并及时修订环境应急预案。

7.3.5 参加应急行动的部门负责组织、指导环境应急队伍维护、保养应急仪器设备，使之始终保持良好的技术状态。

8 应急预案的管理

8.1 本预案是公司环境污染事故发生时，公司指挥部实施事故应急救援和处置工作的指导性文件，在实施过程中可根据现场实际情况进行调整。

8.1.1 应急预案在正常情况下每年更新1次；内部环境发生变化时及时更新；本预案每半年组织实施1次演练并记录备案。

8.2 相关部室车间针对本单位的环境污染事故应急救援预案，要制订应急培训计划，开展应急教育、培训，每年至少组织1次预案演练，相关岗位的人员应熟悉预案的内容和相关措施，了解所有危险的可能性并告知防范措施，从而提高相关的人员的应急处理能力，保证在发生事故时顺利地实施救援行动。

8.3 要根据预案演练过程中发现的问题、危险设施或危险物质发生变化、组织机构或人员发生变化以及救援技术的改进等实际情况，及时对事故应急救援预案的内容进行补充完善，使预案实现持续改进。

8.4 有关参与应急救援工作的单位，要认真履行职责。对在应急救援工作中成绩突出的单位和个人将给予奖励；对失职、渎职行为，应按有关规定追究责任。

8.4.1 奖励：由应急指挥部提出报告，经上级应急救援组织批准，对应急救援工作有功人员进行奖励。

8.4.2　处罚：根据公司内部相关管理条例，由公司应急指挥部提出处理意见，经上级应急救援组织批准对责任者进行处罚。

8.5　应急处理指挥部及其他成员，由于工作变动等原因不在位时，由继任人或临时负责人承担相应责任。

8.6　本预案自2016年××月1日起实施、有效。本预案由公司生产部负责解释。

2. 突发环境事件应急预案备案申请及登记

突发环境事件应急预案备案申请表、登记表如表11-4、表11-5所示。

表11-4　突发环境事件应急预案备案申请

<table>
<tr><td>单位名称</td><td colspan="3"></td></tr>
<tr><td>法定代表人</td><td></td><td>资产总额</td><td>万元</td></tr>
<tr><td>行业类型</td><td></td><td>从业人数</td><td>人</td></tr>
<tr><td>联系人</td><td></td><td>联系电话</td><td></td></tr>
<tr><td>传真</td><td></td><td>电子邮箱</td><td></td></tr>
<tr><td>单位地址</td><td colspan="3"></td></tr>
<tr><td colspan="4">根据《突发环境事件应急预案管理办法》，现将我单位编制的______________等预案报上，请予备案。

（单位公章）

______年___月___日</td></tr>
</table>

表 11-5　突发环境事件应急预案备案登记

备案编号：

<table>
<tr><td>单位名称</td><td colspan="3">（略）</td></tr>
<tr><td>法定代表人</td><td></td><td>经办人</td><td></td></tr>
<tr><td>联系电话</td><td></td><td>传真</td><td></td></tr>
<tr><td>单位地址</td><td colspan="3"></td></tr>
<tr><td colspan="4">你单位上报的______________，经形式审查，符合要求，予以备案。

（盖章）

_______年______月______日</td></tr>
</table>

注：环境应急预案备案编号由县及县以上行政区划代码、年份和流水序号组成。

思考题

1. 为什么将废烟气脱硝催化剂（钒钛系）纳入危险废物进行管理？如何对其进行环境管理？

2. 对于危险废物，国家制定了众多管理法律法规，请你说出你所知道的那些。

3. 为什么说未来危险废物填埋场的定位应该是一种“暂存设施”？

4. 如何防范环境风险？哪些单位应编制企业突发环境事件应急预案？如何编制？

第 12 章　脱硝产业前景预测与对应措施

12.1　市场前景预测

12.1.1　废催化剂产生量大

随着氮氧化物污染物减排工作的推进和《火电厂大气污染物排放标准》（GB 13223—2011）的实施，几乎所有的火电厂均加装了 SCR 烟气脱硝装置。按照脱硝催化剂三年的使用寿命推算，2016 年前后我国将开始产生大量的废烟气脱硝催化剂，并呈逐年增长趋势，2020 年以后稳定在 25 万~30 万立方米/年（合 13 万~15 万吨/年），加上建材、钢铁、金属铝等行业将会更多。

12.1.2　潜在环境风险

废烟气脱硝催化剂除了二氧化钛、五氧化二钒（B 级无机剧毒物质-B1082）、三氧化钨或三氧化钼外，还含有铅、铬、铍、砷和汞等重金属和类重金属。据对我国部分燃煤电厂产生的废烟气脱硝催化剂的危险特性分析结果表明，废烟气脱硝催化剂的主要危险特性为浸出毒性，其中铍、铜、砷的浸出浓度普遍高于新脱硝催化剂的浸出浓度；部分废烟气脱硝催化剂中铍、砷、汞的浸出浓度超过《危险废物鉴别标准　浸出毒性鉴别》（GB 5085.3—2007）的有关要求；超标的主要原因是由于脱硝催化剂在烟气脱硝过程中附着了烟气中的各种有害重金属。如不能妥善对其进行资源化、无害化处理，极易造成环境污染。

12.1.3　非法流失和再生利用能力不足

2014 年以前因其未纳入危险废物管理，废烟气脱硝催化剂无序流动和“非法”利用处置易产生二次污染。导致多数电厂将废烟气脱硝催化剂作为一般工业固体废物管理，即部分不能再生的废烟气脱硝催化剂被混入粉煤灰中进入生活垃圾填埋场或做建材；部分可再生的废烟气脱硝催化剂流入工艺简陋、技术落后的企业进行再生处理，存在因利用处置不当导致二次污染的环境风险。

目前，我国拟从事废烟气脱硝催化剂再生和利用的企业一直持观望态度，我国的废烟气脱硝催化剂再生利用能力严重不足。目前仅有少数几家废烟气脱硝催化剂再生企业主要分布在江苏、重庆和山东等地，再生能力仅为2万立方米/年。由于技术和成本等因素，我国尚没有开展从废烟气脱硝催化剂中提取有价金属的工作，已有的项目均处在小试和中试阶段，存在最终无法再生的废烟气脱硝催化剂得不到妥善利用处置的环境风险。

12.1.4 技术规范有待完善

SCR 废催化剂的处理/处置方式存在再生、资源化回收及填埋等多种方式，涉及多个利益方：催化剂使用单位希望尽可能原位再生废催化剂；催化剂生产单位可能移位再生废催化剂；最终废催化剂处理单位可能资源化废催化剂。目前尚缺乏从总体环境管理角度出发且针对废催化剂特性制定的处理/处置规范。

12.1.5 全面标准的监管办法缺失

SCR 废催化剂在最终无害化之前可能经历原位再生、移位再生及资源化处理，每个过程都可能对环境产生影响，例如，原位再生过程中产生的含剧毒物质粉尘会随燃煤烟气排出，同时产生大量有毒废水等。因此对于 SCR 废催化剂的不同处理/处置措施，需要有一整套具有针对性的检查规范，对其进行全周期系统检测。

12.2 对应管理措施

12.2.1 制定报废技术标准

《火电厂烟气脱硝工程技术规范　选择性催化还原法》（HJ 562—2010），未对 SCR 催化剂的使用报废期限或报废指标进行规定，有关部门将会尽快制定 SCR 催化剂使用报废的技术标准，并进一步对催化剂的使用管理，特别是报废管理及上报程序做出规定，使催化剂的报废情况能够得到实时的监控，为确保烟气的脱硝效果和后续废催化剂的回收处理工作做准备；预测可能新的 SCR 催化剂报废标准将补充原有技术规范中有关废催化剂的无害化处理方式，即 SCR 废催化剂作为新的可再生资源加以利用。该项技术标准的实施对推动废催化剂回收处理事业的启动具有重要意义。

12.2.2　研发自主知识产权技术

SCR 废催化剂回收利用技术应以国内自主知识产权为主，避免盲目引进针对 SCR 废催化剂的回收利用技术。国内已有不少公司和研究院所都在积极地进行产业化研究，并已研究出很多成果。总体来说，SCR 废催化剂的回收利用技术是以湿法冶金技术为基础，与之相配套的是氯碱工业，国内从技术角度已完全突破，设备的国产配套也没有问题。因此，今后产业化的 SCR 废催化剂回收利用技术必将会以国内自主知识产权技术为主，尽可能避免盲目地引进技术。

12.2.3　实施特许经营

尽快建立脱硝特许经营模式，防范 SCR 废催化剂从源头上外流至非专业的处理企业，国内目前已有数家专门针对 SCR 废催化剂回收处理的生产企业，但也存在一些能单独回收废催化剂中钒或钨的小型企业，SCR 废催化剂在这些非专业的回收企业进行处理，将会产生大量的二次污染和巨大的浪费。为保证 SCR 废催化剂的处理能在专门设置的处理企业中进行，需要避免无序发展、防范产能过剩或 SCR 废催化剂通过其他被收购转移的方式流入非专业的处理企业，从源头上杜绝 SCR 废催化剂的无控外流。

对废催化剂回收处理的干扰可能来自于一些长期从事废品收购的个体或企业，也可能来自于提供催化剂再生服务的企业。要解决这一问题，可以从两方面进行工作：①尽快建立行政许可经营模式，使脱硝装置内的催化剂处置权始终掌握在具有相应资质经营的企业手中，有效地巩固 SCR 废催化剂回收渠道的基础；②尽快成立专业的 SCR 废催化剂的回收处理企业，通过回收处理公司与脱硝行政许可经营企业签订 SCR 废催化剂的回收处理协议，最终构建起完整的废催化剂回收渠道。

12.2.4　开展合资重组

鉴于废脱硝催化剂的产生总量较小，属于危险废物必须进行处理的状况，若能在脱硝产业链中选择合适的处理方式将是最佳的选择。考虑到目前五大发电公司都拥有自己下属的脱硝工程公司和配套的 SCR 催化剂生产企业，三大动力公司也都具备脱硝工程施工资质，他们掌握了国内 65%的脱硝工程总量，拥有最有利的 SCR 废催化剂回收渠道，估计有实力的公司将会牵头组织行业内的企业共同组建废催化剂回收处理的合资公司，在当前尚未形成脱硝特许经营模式的情况下，以合资公司的名义与各发电厂（废催化剂的所有者）签订废催化剂的回收及处理协议，这样不仅可保证废催化剂的来源，使各发电厂解决了废催化剂处理的后顾之忧，还有利于保障合资公司及时得到废催化剂的治污费，以实现收支平衡，更好地生存与发展下去。

电力企业参与脱硝产业的废催化剂回收处理，有利于构建新型脱硝产业链的循环经济模式，对进一步降低电价构成因素的环保成本，促进我国经济发展具有意义重大。目前我国的火电项目主要集中在华东、华北、华南和华中地区，西南和西北仅有少数。根据废 SCR 催化剂的产生总量偏小及处理工艺需要与氯碱工业紧密结合的特点，不宜在多地广泛建设，而应按照火电厂的分布情况，在最有利于缩短废催化剂运距且有氯碱工业配套的地方建设数量不超过三家的技术先进的废 SCR 催化剂处理企业，将周边的废催化剂汇集后统一处理。由这样的废 SCR 催化剂处理企业回收得到的五氧化二钒、三氧化钨和三氧化钼，可直接作为原料返回到 SCR 催化剂生产企业用于制造新的催化剂，回收得到的二氧化钛也可作为高档的陶瓷色料而直接销售，回收过程产生的副产物，如硅镁渣（硅酸镁含量 60%~70%）、盐泥（碳酸钙含量 95%~99%）和硫酸钡渣（硫酸钡含量 96%~99%）均是有价值的产品，可直接销售给下游用户。

12.2.5 缴纳废催化剂处置费

通过对废 SCR 催化剂回收处理项目的经济分析，经预测得出项目最低赢利模型中必须增加废 SCR 催化剂的治污费为 2600 元/吨（相当于 1724 元/立方米催化剂，该成本为 SCR 催化剂售价的 5.3%）。依照法律，这是应该由 SCR 催化剂生产及使用群体必须负担的费用，也是烟气脱硝总费用中的一个子项，这笔费用对平衡废 SCR 催化剂回收项目本身的经济指标具有重要作用。在实际操作中，废催化剂的治污费应该由催化剂的使用者和生产者负担，具体体现在脱硝工程款中，由脱硝特许经营者收取，待催化剂使用达到报废标准时，由脱硝特许经营者负责收集后送入废催化剂处理企业，并向其支付废催化剂的治污费用。

12.2.6 加强回收处理监管力度

目前各地政府及环保部门为监督火电厂的烟气脱硝效果，已将烟气排放指标的考核与脱硝电价挂钩，从而有效保障了脱硝装置的正常运行。但环保部门还应加强对催化剂使用过程的监督与使用上报制度，以随时掌握催化剂的使用状态及报废催化剂的去向和处置情况，以彻底消除因废 SCR 催化剂的处置不当而带来的环境污染风险。

12.2.7 引导再生和利用环保产业快速发展

研发和引进废烟气脱硝催化剂再生和利用技术，提高我国废烟气脱硝催化剂再生和利用技术水平和处理能力，引导再生和利用环保产业快速发展。研究制定废烟气脱硝催化剂再生和利用技术规范，进一步规范废烟气脱硝催化剂再生和利用处置行为。由于烟气脱硝催化剂再生、利用行业起步比较晚，制定废烟气脱硝催化剂的再生、回收利用环境保护技术规范，从而便于企业操作，有利于产业的发展，更有利于环保部门的监督管理。比如，研究制定废烟气脱硝催化剂再生和利用的危险废物经营许可证技术审查指南，可进一步规范危险废物经营许可证审批工作，提升废烟气脱硝催化剂再生和利用的整体水平；为脱硝产业企业提供金融税收优惠政策，鼓励环保企业快速发展。

12.2.8　建立回收利用工程示范，实施国家重点环保工程

依托现有从事废烟气脱硝催化剂回收利用企业向国家、省级相关部门申请资金支持，开展废烟气脱硝催化剂回收利用研究工作，尽早建立回收利用工程示范，促进向规模化、实际利用工程发展，从而提高其回收利用率，使其资源最大化，实现该行业的可持续发展。以实施国家环保工程为重点，推动解决当前突出的环境问题。国家环保重点工程是解决环境问题的重要举措，从“十一五”开始，就将国家重点环保工程纳入国民经济和社会发展规划及有关专项规划，认真组织落实。国家重点环保工程包括：危险废物处置工程、城市污水处理工程、垃圾无害化处理工程、燃煤电厂脱硫工程、重要生态功能保护区和自然保护区建设工程、农村小康环保行动工程、核与辐射环境安全工程、环境管理能力建设工程。

12.2.9　加强监督管理

严格将废烟气脱硝催化剂按照危险废物进行监督管理，落实危险废物申报登记、转移联单和经营许可证等相关法律制度，将脱硝电厂废烟气脱硝催化剂的处理情况与烟气中氮氧化物减排考核挂钩。各地应将脱硝电厂和废烟气脱硝催化剂的收集、贮存、再生利用和处置单位纳入危险废物规范化管理督查考核范围。

思考题

1. 脱硝产业未来的前景如何？当前存在哪些问题？
2. 为加强脱硝产业企业的快速发展，你有哪些好的建议？
3. 根据未来预测，加强对脱硝产业企业监管有哪些对应措施？

附　件

附件1　国务院关于加快发展节能环保产业的意见

（国发〔2013〕30号）

各省、自治区、直辖市人民政府，国务院各部委、各直属机构：

资源环境制约是当前我国经济社会发展面临的突出矛盾。解决节能环保问题，是扩内需、稳增长、调结构，打造中国经济升级版的一项重要而紧迫的任务。加快发展节能环保产业，对拉动投资和消费，形成新的经济增长点，推动产业升级和发展方式转变，促进节能减排和民生改善，实现经济可持续发展和确保2020年全面建成小康社会，具有十分重要的意义。为加快发展节能环保产业，现提出以下意见：

一、总体要求

（一）指导思想。

牢固树立生态文明理念，立足当前、着眼长远，围绕提高产业技术水平和竞争力，以企业为主体、以市场为导向、以工程为依托，强化政府引导，完善政策机制，培育规范市场，着力加强技术创新，大力提高技术装备、产品、服务水平，促进节能环保产业快速发展，释放市场潜在需求，形成新的增长点，为扩内需、稳增长、调结构，增强创新能力，改善环境质量，保障改善民生和加快生态文明建设作出贡献。

（二）基本原则。

创新引领，服务提升。加快技术创新步伐，突破关键核心技术和共性技术，缩小与国际先进水平的差距，提升技术装备和产品的供给能力。推行合同能源管理、特许经营、综合环境服务等市场化新型节能环保服务业态。

需求牵引，工程带动。营造绿色消费政策环境，推广节能环保产品，加快实施节能、循环经济和环境保护重点工程，释放节能环保产品、设备、服务的消费和投资需求，形成对节能环保产业发展的有力拉动。

法规驱动，政策激励。健全节能环保法规和标准，强化监督管理，完善政策机制，加强行业自律，规范市场秩序，形成促进节能环保产业快速健康发展的激励和约束机制。

市场主导，政府引导。充分发挥市场配置资源的基础性作用，以市场需求为导向，用改革的办法激发各类市场主体的积极性。针对产业发展的薄弱环节和瓶颈制约，有效发挥政府规划引导、政策激励和调控作用。

（三）主要目标。

产业技术水平显著提升。企业技术创新和科技成果集成、转化能力大幅提高，能源高效和分质梯级利用、污染物防治和安全处置、资源回收和循环利用等关键核心技术研发取得重点突破，装备和产品的质量、性能显著改善，形成一大批拥有知识产权和国际竞争力的重大装备和产品，部分关键共性技术达到国际先进水平。

国产设备和产品基本满足市场需求。通过引进消化吸收和再创新，努力提高产品技术水平，促进我国节能环保关键材料以及重要设备和产品在工业、农业、服务业、居民生活各领域的广泛应用，为实现节能环保目标提供有力的技术保障。用能单位广泛采用“节能医生”诊断、合同能源管理、能源管理师制度等节能服务新机制改善能源管理，城镇污水、垃圾处理和脱硫、脱硝设施运营基本实现专业化、市场化、社会化，综合环境服务得到大力发展。建设一批技术先进、配套健全、发展规范的节能环保产业示范基地，形成以大型骨干企业为龙头、广大中小企业配套的产业良性发展格局。

辐射带动作用得到充分发挥。完善激励约束机制，建立统一开放、公平竞争、规范有序的市场秩序。节能环保产业产值年均增速在15%以上，到2015年，总产值达到4.5万亿元，成为国民经济新的支柱产业。通过推广节能环保产品，有效拉动消费需求；通过增强工程技术能力，拉动节能环保社会投资增长，有力支撑传统产业改造升级和经济发展方式加快转变。

二、围绕重点领域，促进节能环保产业发展水平全面提升

当前，要围绕市场应用广、节能减排潜力大、需求拉动效应明显的重点领域，加快相关技术装备的研发、推广和产业化，带动节能环保产业发展水平全面提升。

（一）加快节能技术装备升级换代，推动重点领域节能增效。

推广高效锅炉。发展一批高效锅炉制造基地，培育一批高效锅炉大型骨干生产企业。重点提高锅炉自动化控制、主辅机匹配优化、燃料品种适应、低温烟气余热深度回收、小型燃煤锅炉高效燃烧等技术水平，加大高效锅炉应用推广力度。

扩大高效电动机应用。推动高效电动机产业加快发展，建设15~20个高效电机及其控制系统产业化基地。大力发展三相异步电动机、稀土永磁无铁芯电机等高效电机产品，提高高效电机设计、匹配和关键材料、装备，以及高压变频、无功补偿等控制系统的技术水平。

发展蓄热式燃烧技术装备。建设一批以高效燃烧、换热及冷却技术为特色的制造基地，加快重大技术、装备的产业化示范和规模化应用。重点是综合采用优化炉膛结构、利用预热、强化辐射传热等节能技术集成，提高加热炉燃烧效率；在预混和蓄热结合、蓄热体材料研发、蓄热式燃烧器小型化方面力争取得突破。

加快新能源汽车技术攻关和示范推广。加快实施节能与新能源汽车技术创新工程，大力加强动力电池技术创新，重点解决动力电池系统安全性、可靠性和轻量化问题，加强驱动电机及核心材料、电控等关键零部件研发和产业化，加快完善配套产业和充电设施，示范推广纯电动汽车和插电式混合动力汽车、空气动力车辆等。

推动半导体照明产业化。整合现有资源，提高产业集中度，培育10~15家掌握核心技术、拥有知识产权和知名品牌的龙头企业，建设一批产业链完善的产业集聚区，关键生产设备、重要原材料实现本地化配套。加快核心材料、装备和关键技术的研发，着力解决散热、模块化、标准化等重大技术问题。

（二）提升环保技术装备水平，治理突出环境问题。

示范推广大气治理技术装备。加快大气治理重点技术装备的产业化发展和推广应用。大力发展脱硝催化剂制备和再生、资源化脱硫技术装备，推进耐高温、耐腐蚀纤维及滤料的开发应用，加快发展选择性催化还原技术和选择性非催化还原技术及其装备，以及高效率、高容量、低阻力微粒过滤器等汽车尾气净化技术装备，实施产业化示范工程。

开发新型水处理技术装备。推动形成一批水处理技术装备产业化基地。重点发展高通量、持久耐用的膜材料和组件，大型臭氧发生器，地下水高效除氟、砷、硫酸盐技术，高浓度难降解工业废水成套处理装备，污泥减量化、无害化、资源化技术装备。

推动垃圾处理技术装备成套化。采取开展示范应用、发布推荐目录、完善工程标准等多种手段，大力推广垃圾处理先进技术和装备。重点发展大型垃圾焚烧设施炉排及其传动系统、循环流化床预处理工艺技术、焚烧烟气净化技术和垃圾渗滤液处理技术等，重点推广300吨/日以上生活垃圾焚烧炉及烟气净化成套装备。

攻克污染土壤修复技术。重点研发污染土壤原位稳定剂、异位固定剂，受污染土壤生物修复技术、安全处理处置和资源化利用技术，实施产业化示范工程，加快推广应用。

加强环境监测仪器设备的开发应用。提高细颗粒物（PM2.5）等监测仪器设备的稳定性，完善监测数据系统，提升设备生产质量控制水平。开发大气、水、重金属在线监测仪器设备，培育发展一批掌握核心技术、产品质量可靠、市场认可度高的骨干企业。加快大气、水等环境质量在线实时监测站点及网络建设，配备技术先进、可靠性高的环境监测仪器设备。

（三）发展资源循环利用技术装备，提高资源产出率。

提升再制造技术装备水平。提升再制造产业创新能力，推广纳米电刷镀、激光熔覆成形等产品再制造技术。研发无损拆解、表面预处理、零部件疲劳剩余寿命评估等再制造技术装备。重点支持建立10~15个国家级再制造产业聚集区和一批重大示范项目，大幅度提高基于表面工程技术的装备应用率。

建设“城市矿产”示范基地。推动再生资源清洁化回收、规模化利用和产业化发展。推广大型废钢破碎剪切、报废汽车和废旧电器破碎分选等技术。提高稀贵金属精细分离提纯、塑料改性和混合废塑料高效分拣、废电池全组分回收利用等装备水平。支持建设50个“城市矿产”示范基地，加快再生资源回收体系建设，形成再生资源加工利用能力8000万吨以上。

深化废弃物综合利用。推动资源综合利用示范基地建设，鼓励产业聚集，培育龙头企业。积极发展尾矿提取有价元素、煤矸石生产超细纤维等高值化利用关键共性技术及成套装备。开发利用产业废物生产新型建材等大型化、精细化、成套化技术装备。加大废旧电池、荧光灯回收利用技术研发。支持大宗固体废物综合利用，提高资源综合利用产品的技术含量和附加值。推动粮棉主产区秸秆综合利用。加快建设餐厨废弃物无害化处理和资源化利用设施。

推动海水淡化技术创新。培育一批集研发、孵化、生产、集成、检验检测和工程技术服务于一体的海水淡化产业基地。示范推广膜法、热法和耦合法海水淡化技术以及电水联产海水淡化模式，完善膜组件、高压泵、能量回收装置等关键部件及系统集成技术。

（四）创新发展模式，壮大节能环保服务业。

发展节能服务产业。落实财政奖励、税收优惠和会计制度，支持重点用能单位采用合同能源管理方式实施节能改造，开展能源审计和“节能医生”诊断，打造“一站式”合同能源管理综合服务平台，专业化节能服务公司的数量、规模和效益快速增长。积极探索节能量交易等市场化节能机制。

扩大环保服务产业。在城镇污水处理、生活垃圾处理、烟气脱硫脱硝、工业污染治理等重点领域，鼓励发展包括系统设计、设备成套、工程施工、调试运行、维护管理的环保服务总承包和环境治理特许经营模式，专业化、社会化服务占全行业的比例大幅提高。加快发展生态环境修复、环境风险与损害评价、排污权交易、绿色认证、环境污染责任保险等新兴环保服务业。

培育再制造服务产业。支持专业化公司利用表面修复、激光等技术为工矿企业设备的高值易损部件提供个性化再制造服务，建立再制造旧件回收、产品营销、溯源等信息化管理系统。推动构建废弃物逆向物流交易平台。

三、发挥政府带动作用，引领社会资金投入节能环保工程建设

（一）加强节能技术改造。

发挥财政资金的引导带动作用，采取补助、奖励、贴息等方式，推动企业实施锅炉（窑炉）和换热设备等重点用能装备节能改造，全面推动电机系统节能、能量系统优化、余热余压利用、节约和替代石油、交通运输节能、绿色照明、流通零售领域节能等节能重点工程，提高传统行业的工程技术节能能力，加快节能技术装备的推广应用。开展数据中心节能改造，降低数据中心、超算中心服务器、大型计算机冷却耗能。

（二）实施污染治理重点工程。

落实企业污染治理主体责任，加强大气污染治理，开展多污染物协同防治，督促推动重点行业企业加大投入，积极采用先进环保工艺、技术和装备，加快脱硫脱硝除尘改造，炼油行业加快工艺技术改造，提高油品标准，限期淘汰黄标车、老旧汽车。启动实施安全饮水、地表水保护、地下水保护、海洋保护等清洁水行动，加快重点流域、清水廊道、规模化畜禽养殖场等重点水污染防治工程建设，推动重点高耗水行业节水改造。实施土壤环境保护工程，以重金属和有机污染物为重点，选择典型区域开展土壤污染治理与修复试点示范。加大重点行业清洁生产推行力度，支持企业采用源头减量、减毒、减排以及过程控制等先进成熟清洁生产技术，实施汞污染削减、铅污染削减、高毒农药替代工程。

（三）推进园区循环化改造。

引导企业和地方政府加大资金投入，推进园区（开发区）循环化改造，推动各类园区建设废物交换利用、能量分质梯级利用、水分类利用和循环使用、公共服务平台等基础设施，实现园区内项目、企业、产业有效组合和循环链接，打造园区的“升级版”。推动一批国家级和省级开发区提高主要资源产出率、土地产出率、资源循环利用率，基本实现“零排放”。

（四）加快城镇环境基础设施建设。

以地方政府和企业投入为主，中央财政适当支持，加快污水垃圾处理设施和配套管网地下工程建设，推进建筑中水利用和城镇污水再生利用。探索城市垃圾处理新出路，实施协同资源化处理城市废弃物示范工程。到2015年，所有设市城市和县城具备污水集中处理能力和生活垃圾无害化处理能力，城镇污水处理规模达到2亿立方米/日以上；城镇生活垃圾无害化处理能力达到87万吨/日以上，生活垃圾焚烧处理设施能力达到无害化处理总能力的35%以上。加强城镇园林绿化建设，提升城镇绿地功能，降减热岛效应。推动生态园林城市建设。

（五）开展绿色建筑行动。

到2015年，新增绿色建筑面积10亿平方米以上，城镇新建建筑中二星级及以上绿色建筑比例超过20%；建设绿色生态城（区）。提高新建建筑节能标准，推动政府投资建筑、保障性住房及大型公共建筑率先执行绿色建筑标准，新建建筑全面实行供热按户计量；推进既有居住建筑供热计量和节能改造；实施供热管网改造2万公里；在各级机关和教科文卫系统创建节约型公共机构2000家，完成公共机构办公建筑节能改造6000万平方米，带动绿色建筑建设改造投资和相关产业发展。大力发展绿色建材，推广应用散装水泥、预拌混凝土、预拌砂浆，推动建筑工业化。积极推进太阳能发电等新能源和可再生能源建筑规模化应用，扩大新能源产业国内市场需求。

四、推广节能环保产品，扩大市场消费需求

（一）扩大节能产品市场消费。

继续实施并研究调整节能产品惠民政策，实施能效“领跑者”计划，推动超高效节能产品市场消费。强化能效标识和节能产品认证制度实施力度，引导消费者购买高效节能产品。继续采取补贴方式，推广高效节能照明、高效电机等产品。研究完善峰谷电价、季节性电价政策，通过合理价差引导群众改变生活模式，推动节能产品的应用。在北京、上海、广州等城市扩大公共服务领域新能源汽车示范推广范围，每年新增或更新的公交车中新能源汽车的比例达到60%以上，开展私人购买新能源汽车和新能源出租车、物流车补贴试点。到2015年，终端用能产品能效水平提高15%以上，高效节能产品市场占有率提高到50%以上。

（二）拉动环保产品及再生产品消费。

研究扩大环保产品消费的政策措施，完善环保产品和环境标志产品认证制度，推广油烟净化器、汽车尾气净化器、室内空气净化器、家庭厨余垃圾处理器、浓缩洗衣粉等产品，满足消费者需求。放开液化石油气（LPG）市场管控，扩大农村居民使用量。开展再制造“以旧换再”工作，对交回旧件并购买“以旧换再”再制造推广试点产品的消费者，给予一定比例补贴，近期重点推广再制造发动机、电动机等。落实相关支持政策，推动粉煤灰、煤矸石、建筑垃圾、秸秆等资源综合利用产品应用。

（三）推进政府采购节能环保产品。

完善政府强制采购和优先采购制度，提高采购节能环保产品的能效水平和环保标准，扩大政府采购节能环保产品范围，不断提高节能环保产品采购比例，发挥示范带动作用。政府普通公务用车要优先采购 1.8 升（含）以下燃油经济性达到要求的小排量汽车和新能源汽车，择优选用纯电动汽车，研究对硒鼓、墨盒、再生纸等再生产品以及汽车零部件再制造产品的政府采购支持措施。鼓励政府机关、事业单位采取购买服务的方式，提高能源、水等资源利用效率，降低使用成本。抓紧研究制定政府机关及公共机构购买新能源汽车的实施方案。

五、加强技术创新，提高节能环保产业市场竞争力

（一）支持企业技术创新能力建设。

强化企业技术创新主体地位，鼓励企业加大研发投入，支持企业牵头承担节能环保国家科技计划项目。国家重点建设的节能环保技术研究中心和实验室优先在骨干企业布局。发展一批由骨干企业主导、产学研用紧密结合的产业技术创新战略联盟等平台。支持区域节能环保科技服务平台建设。

（二）加快掌握重大关键核心技术。

充分发挥国家科技重大专项、科技计划专项资金等的作用，加大节能环保关键共性技术攻关力度，加快突破能源高效和分质梯级利用、污染物防治和安全处置、资源回收和循环利用、二氧化碳热泵、低品位余热利用、供热锅炉模块化等关键技术和装备。瞄准未来技术发展制高点，提前部署碳捕集、利用和封存技术装备。

（三）促进科技成果产业化转化。

选择节能环保产业发展基础好的地区，建设一批产业集聚、优势突出、产学研用有机结合、引领示范作用显著的节能环保产业示范基地，支持成套装备及配套设备、关键共性技术和先进制造技术的生产制造和推广应用。加强知识产权保护，推进知识产权投融资机制建设，鼓励设立中小企业公共服务平台、出台扶持政策，支持中小型节能环保企业开展技术创新和产业化发展。筛选一批技术先进、经济适用的节能环保装备设备，扩大推广应用。

（四）推动国际合作和人才队伍建设。

鼓励企业、科研机构开展国际科技交流与合作，支持企业节能环保创新人才队伍建设。依托“千人计划”和海外高层次创新创业人才基地建设，加快吸引海外高层次人才来华创新创业。依托重大人才工程，大力培养节能环保科技创新、工程技术等高端人才。

六、强化约束激励，营造有利的市场和政策环境

（一）健全法规标准。

加快制（修）订节能环保标准，逐步提高终端用能产品能效标准和重点行业单位产品能耗限额标准，按照改善环境质量的需要，完善环境质量标准和污染物排放标准体系，提高污染物排放控制要求，扩大监控污染物范围，强化总量控制和有毒有害污染物排放控制，充分发挥标准对产业发展的催生促进作用，推动传统产业升级改造。完善节能环保法律法规，推动加快制定固定资产投资项目节能评估和审查法，制定节能技术推广管理办法。严格节能环保执法，严肃查处各类违法违规行为，做好行政执法与刑事司法的衔接，依法加大对环境污染犯罪的惩处力度。认真落实执法责任追究制。加强对节能环保标准、认证标识、政策措施等落实情况的监督检查。加快建立节能减排监测、评估体系和技术服务平台。

（二）强化目标责任。

完善节能减排统计、监测、考核体系，健全节能减排预警机制，强化节能减排目标进度考核，建立健全行业节能减排工作评价制度。将考核结果作为领导班子和领导干部综合考核评价的重要内容，纳入政府绩效管理，落实奖惩措施，实行问责制。完善节能评估和审查制度，发挥能评对控制能耗总量和增量的重要作用。落实万家企业节能量目标，加大对重点耗能企业节能的评价考核力度。落实节能减排目标责任制，形成促进节能环保产业发展的倒逼机制。

（三）加大财政投入。

加大中央预算内投资和中央财政节能减排专项资金对节能环保产业的投入，继续安排国有资本经营预算支出支持重点企业实施节能环保项目。地方各级人民政府要提高认识，加大对节能环保重大工程和技术装备研发推广的投入力度，解决突出问题。要进一步转变政府职能，完善财政支持方式和资金管理办法，简化审批程序，强化监管，充分调动各方面积极性，推动节能环保产业积极有序发展。

（四）拓展投融资渠道。

大力发展绿色信贷，按照风险可控、商业可持续的原则，加大对节能环保项目的支持力度。积极创新金融产品和服务，按照现有政策规定，探索将特许经营权等纳入贷款抵（质）押担保物范围。支持绿色信贷和金融创新，建立绿色银行评级制度。支持融资性担保机构加大对符合产业政策、资质好、管理规范的节能环保企业的担保力度。支持符合条件的节能环保企业发行企业债券、中小企业集合债券、短期融资券、中期票据等债务融资工具。选择资质条件较好的节能环保企业，开展非公开发行企业债券试点。稳步发展碳汇交易。鼓励和引导民间投资和外资进入节能环保领域。

（五）完善价格、收费和土地政策。

加快制定实施鼓励余热余压余能发电及背压热电、可再生能源发展的上网和价格政策。完善电力峰谷分时电价政策，扩大应用面并逐步扩大峰谷价差。对超过产品能耗（电耗）限额标准的企业和产品，实行惩罚性电价。严格落实燃煤电厂脱硫、脱硝电价政策和居民用电阶梯价格，推行居民用水用气阶梯价格。

深化市政公用事业市场化改革，完善供热计量价格和收费管理办法，完善污水处理费和垃圾处理费政策，将污泥处理费用纳入污水处理成本，完善对自备水源用户征收污水处理费的制度。改进垃圾处理费征收方式，合理确定收费载体和标准，提高收缴率和资金使用效率。对城镇污水垃圾处理设施、“城市矿产”示范基地、集中资源化处理中心等国家支持的节能环保重点工程用地，在土地利用年度计划安排中给予重点保障。严格落实并不断完善现有节能、节水、环境保护、资源综合利用的税收优惠政策。

（六）推行市场化机制。

建立主要终端用能产品能效“领跑者”制度，明确实施时限。推进节能发电调度。强化电力需求侧管理，开展城市综合试点。研究制定强制回收产品和包装物目录，建立生产者责任延伸制度，推动生产者落实废弃产品回收、处理等责任。采取政府建网、企业建厂等方式，鼓励城镇污水垃圾处理设施市场化建设和运营。深化排污权有偿使用和交易试点，建立完善排污权有偿使用和交易政策体系，研究制定排污权交易初始价格和交易价格政策。开展碳排放权交易试点。健全污染者付费制度，完善矿产资源补偿制度，加快建立生态补偿机制。

（七）支持节能环保产业“走出去”和“引进来”。

鼓励有条件的企业承揽境外各类环保工程、服务项目。结合受援国需要和我国援助能力，加大环境保护、清洁能源、应对气候变化等领域的对外援助力度，支持开展相关技术、产品和服务合作。培育建设一批国家科技兴贸创新基地。鼓励节能环保企业参加各类双边或国际节能环保论坛、展览及贸易投资促进活动等，充分利用相关平台进行交流推介，开展国际合作，增强“走出去”的能力。引导外资投向节能环保产业，丰富外商投资方式，拓宽外商投资渠道，不断完善外商投资软环境。继续支持引进先进的节能环保核心关键技术和设备。国家支持节能环保产业发展的政策同等适用于符合条件的外商投资企业。

（八）开展生态文明先行先试。

在做好生态文明建设顶层设计和总体部署的同时，总结有效做法和成功经验，开展生态文明先行示范区建设。根据不同区域特点，在全国选择有代表性的100个地区开展生态文明先行示范区建设，探索符合我国国情的生态文明建设模式。稳步扩大节能减排财政政策综合示范范围，结合新型城镇化建设，选择部分城市为平台，整合节能减排和新能源发展相关财政政策，围绕产业低碳化、交通清洁化、建筑绿色化、服务集约化、主要污染物减量化、可再生能源利用规模化等挖掘内需潜力，系统推进节能减排，带动经济转型升级，为跨区域、跨流域节能减排探索积累经验。通过先行先试，带动节能环保和循环经济工程投资和绿色消费，全面推动资源节约和环境保护，发挥典型带动和辐射效应，形成节能减排、生态文明的综合能力。

（九）加强节能环保宣传教育。

加强生态文明理念和资源环境国情教育，把节能环保、生态文明纳入社会主义核心价值观宣传教育体系以及基础教育、高等教育、职业教育体系。加强舆论监督和引导，宣传先进事例，曝光反面典型，普及节能环保知识和方法，倡导绿色消费新风尚，形成文明、节约、绿色、低碳的生产方式、消费模式和生活习惯。

各地区、各部门要按照本意见的要求，进一步深化对加快发展节能环保产业重要意义的认识，切实加强组织领导和协调配合，明确任务分工，落实工作责任，扎实开展工作，确保各项任务措施落到实处，务求尽快取得实效。

国务院

2013年8月1日

附件 2　火电厂氮氧化物防治技术政策

（环发〔2010〕10 号）

1　总则

1.1　为贯彻《中华人民共和国大气污染防治法》，防治火电厂氮氧化物排放造成的污染，改善大气环境质量，保护生态环境，促进火电行业可持续发展和氮氧化物减排及控制技术进步，制定本技术政策。

1.2　本技术政策适用于燃煤发电和热电联产机组氮氧化物排放控制。燃用其他燃料的发电和热电联产机组的氮氧化物排放控制，可参照本技术政策执行。

1.3　本技术政策控制重点是全国范围内 200MW 及以上燃煤发电机组和热电联产机组以及大气污染重点控制区域内的所有燃煤发电机组和热电联产机组。

1.4　加强电源结构调整力度，加速淘汰 100MW 及以下燃煤凝汽机组，继续实施“上大压小”政策，积极发展大容量、高参数的大型燃煤机组和以热定电的热电联产项目，以提高能源利用率。

2　防治技术路线

2.1　倡导合理使用燃料与污染控制技术相结合、燃烧控制技术和烟气脱硝技术相结合的综合防治措施，以减少燃煤电厂氮氧化物的排放。

2.2　燃煤电厂氮氧化物控制技术的选择应因地制宜、因煤制宜、因炉制宜，依据技术上成熟、经济上合理及便于操作来确定。

2.3　低氮燃烧技术应作为燃煤电厂氮氧化物控制的首选技术。当采用低氮燃烧技术后，氮氧化物排放浓度不达标或不满足总量控制要求时，应建设烟气脱硝设施。

3　低氮燃烧技术

3.1　发电锅炉制造厂及其他单位在设计、生产发电锅炉时，应配置高效的低氮燃烧技术和装置，以减少氮氧化物的产生和排放。

3.2　新建、改建、扩建的燃煤电厂，应选用装配有高效低氮燃烧技术和装置的发电锅炉。

3.3　在役燃煤机组氮氧化物排放浓度不达标或不满足总量控制要求的电厂，应进行低氮燃烧技术改造。

4　烟气脱硝技术

4.1　位于大气污染重点控制区域内的新建、改建、扩建的燃煤发电机组和热电联产机组应配置烟气脱硝设施，并与主机同时设计、施工和投运。非重点控制区域内的新建、改建、扩建的燃煤发电机组和热电联产机组应根据排放标准、总量指标及建设项目环境影响报告书批复要求建设烟气脱硝装置。

4.2　对在役燃煤机组进行低氮燃烧技术改造后，其氮氧化物排放浓度仍不达标或不满足总量控制要求时，应配置烟气脱硝设施。

4.3　烟气脱硝技术主要有：选择性催化还原技术（SCR）、选择性非催化还原技术（SNCR）、选择性非催化还原与选择性催化还原联合技术（SNCR-SCR）及其他烟气脱硝技术。

4.3.1　新建、改建、扩建的燃煤机组，宜选用SCR；小于等于600MW时，也可选用SNCR-SCR。

4.3.2　燃用无烟煤或贫煤且投运时间不足20年的在役机组，宜选用SCR或SNCR-SCR。

4.3.3　燃用烟煤或褐煤且投运时间不足20年的在役机组，宜选用SNCR或其他烟气脱硝技术。

4.4　烟气脱硝还原剂的选择

4.4.1　还原剂的选择应综合考虑安全、环保、经济等多方面因素。

4.4.2　选用液氨作为还原剂时，应符合《重大危险源辨识》（GB 18218）及《建筑设计防火规范》（GB 50016）中的有关规定。

4.4.3　位于人口稠密区的烟气脱硝设施，宜选用尿素作为还原剂。

4.5　烟气脱硝二次污染控制

4.5.1　SCR和SNCR-SCR氨逃逸控制在2.5mg/m^3（干基，标准状态）以下；SNCR氨逃逸控制在8mg/m^3（干基，标准状态）以下。

4.5.2　失效催化剂应优先进行再生处理，无法再生的应进行无害化处理。

5　新技术开发

5.1　鼓励高效低氮燃烧技术及适合国情的循环流化床锅炉的开发和应用。

5.2　鼓励具有自主知识产权的烟气脱硝技术、脱硫脱硝协同控制技术以及氮氧化物资源化利用技术的研发和应用。

5.3　鼓励低成本高性能催化剂原料、新型催化剂和失效催化剂的再生与安全处置技术的开发和应用。

5.4　鼓励开发具有自主知识产权的在线连续监测装置。

5.5　鼓励适合于烟气脱硝的工业尿素的研究和开发。

6 运行管理

6.1 燃煤电厂应采用低氮燃烧优化运行技术，以充分发挥低氮燃烧装置的功能。

6.2 烟气脱硝设施应与发电主设备纳入同步管理，并设置专人维护管理，并对相关人员进行定期培训。

6.3 建立、健全烟气脱硝设施的运行检修规程和台账等日常管理制度，并根据工艺要求定期对各类设备、电气、自控仪表等进行检修维护，确保设施稳定可靠地运行。

6.4 燃煤电厂应按照《火电厂烟气排放连续监测技术规范》（HJ/T 75）装配氮氧化物在线连续监测装置，采取必要的质量保证措施，确保监测数据的完整和准确，并与环保行政主管部门的管理信息系统联网，对运行数据、记录等相关资料至少保存3年。

6.5 采用液氨作为还原剂时，应根据《危险化学品安全管理条例》的规定编制本单位事故应急救援预案，配备应急救援人员和必要的应急救援器材、设备，并定期组织演练。

6.6 电厂对失效且不可再生的催化剂应严格按照国家危险废物处理处置的相关规定进行管理。

7 监督管理

7.1 烟气脱硝设施不得随意停止运行。由于紧急事故或故障造成脱硝设施停运，电厂应立即向当地环境保护行政主管部门报告。

7.2 各级环境保护行政主管部门应加强对氮氧化物减排设施运行和日常管理制度执行情况的定期检查和监督，电厂应提供烟气脱硝设施的运行和管理情况，包括监测仪器的运行和校验情况等资料。

7.3 电厂所在地的环境保护行政主管部门应定期对烟气脱硝设施的排放和投运情况进行监测和监管。

附件3　火电厂烟气脱硝工程技术规范　选择性催化还原法（HJ 562—2010）（摘录）

附录C（资料性附录）
失效催化剂的处理方式

C.1　催化剂再生

C.1.1　催化剂的再生是将失活催化剂通过浸泡洗涤、添加活性组分以及烘干的程序使催化剂恢复大部分活性。催化剂再生的方法可分为在线清理法和振动法。

a）在线清理法是指在SCR反应塔内进行清灰，清除硫酸氢铵等比较容易清除的物质。这种方法简便易行，费用较低，但仅适合于失活不严重的情况，只能恢复很少的催化剂活性。

b）振动法是把催化剂模块从SCR反应塔中拆除，放进专用的振动设备中，可以清除大部分堵塞物，如硫酸氢铵、其他可溶性物质以及爆米花灰等。在振动设备中采用专用的化学清洗剂，从而产生废水，废水成分和空预器清洗水相似，可以排入电厂废水处理系统。

C.1.2　再生方案的确定宜根据工期、现场场地、再生费用、再生和新买催化剂的技术经济比较进行综合评估后确定。

C.2　催化剂无害化处理

C.2.1　催化剂的主要成分是TiO_2、V_2O_5、WO_3、MoO_3等，其中TiO_2属于无毒物质，V_2O_5为微毒物质，属于吸入有害；MoO_3也为微毒物质，长期吸入或者吞服有严重危害，对眼睛和呼吸系统有刺激。因此，在催化剂使用和废弃处理过程中，如果措施得当，不会造成危害。

C.2.2　在正常情况下，SCR催化剂性状稳定，不会发生分解。在催化剂处理过程中，要防止粉末的产生和浸水；在接触催化剂时，要戴手套；在催化剂粉碎过程中，要戴口罩。在正常情况下，催化剂性状稳定，不会发生分解。迄今为止尚未发现由于催化剂产生伤害的报告。

C.2.3　虽然催化剂自身属于微毒物质，但是在其使用过程中烟气中的重金属可能在催化剂内聚集，这种情况下，使用后失效的SCR催化剂应作为危险物品来处理。

C.2.4　对于蜂窝式SCR催化剂，一般的处理方式是把催化剂压碎后进行填埋。填埋按照微毒化学物质的处理要求，在填埋坑底部铺设塑料薄膜。板式催化剂除了采用压碎填埋的方式外，由于催化剂内含有不锈钢基材，并且催化剂活性物质中有 Ti、Mo、V 等金属物质，因此可以送至金属冶炼厂进行回用，见图 C.1。

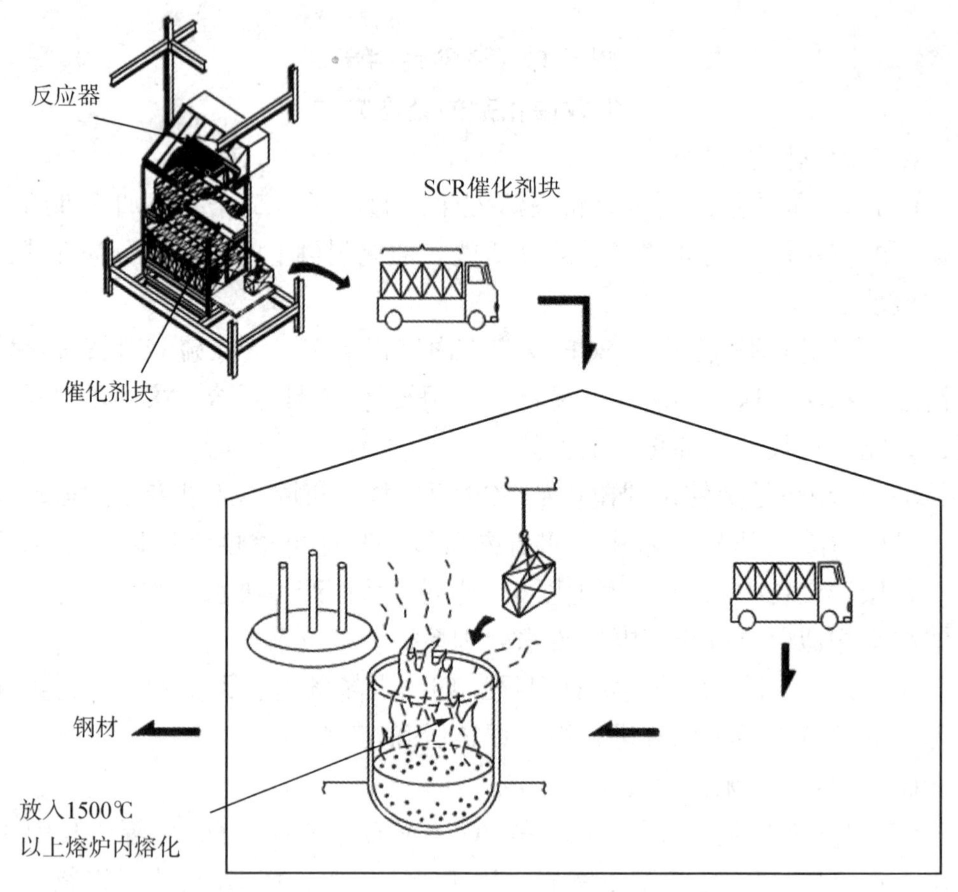

图 C.1　催化剂无害化处理过程

C.2.5　催化剂废弃处理的第三种方式是将催化剂压碎后装入混凝土容器内然后填埋。该处理方式由于其成本相对较高，而且一般情况下不采用。只有在燃煤中重金属含量较多，在脱硝装置的运行过程中聚集在催化剂内，并且达到了一定的浓度，或者在某些特殊地区有明确的要求的情况下，才采用该方式处理。

附件4　危险废物经营许可证管理办法

（2004年5月19日国务院第50次常务会议通过，自2004年7月1日起施行；2013年12月4日国务院第32次会议通过修改，自2013年12月7日起施行）

第一章　总则

第一条　为了加强对危险废物收集、贮存和处置经营活动的监督管理，防治危险废物污染环境，根据《中华人民共和国固体废物污染环境防治法》，制定本办法。

第二条　在中华人民共和国境内从事危险废物收集、贮存、处置经营活动的单位，应当依照本办法的规定，领取危险废物经营许可证。

第三条　危险废物经营许可证按照经营方式，分为危险废物收集、贮存、处置综合经营许可证和危险废物收集经营许可证。

领取危险废物综合经营许可证的单位，可以从事各类别危险废物的收集、贮存、处置经营活动；领取危险废物收集经营许可证的单位，只能从事机动车维修活动中产生的废矿物油和居民日常生活中产生的废镉镍电池的危险废物收集经营活动。

第四条　县级以上人民政府环境保护主管部门依照本办法的规定，负责危险废物经营许可证的审批颁发与监督管理工作。

第二章　申请领取危险废物经营许可证的条件

第五条　申请领取危险废物收集、贮存、处置综合经营许可证，应当具备下列条件：

（一）有3名以上环境工程专业或者相关专业中级以上职称，并有3年以上固体废物污染治理经历的技术人员；

（二）有符合国务院交通主管部门有关危险货物运输安全要求的运输工具；

（三）有符合国家或者地方环境保护标准和安全要求的包装工具，中转和临时存放设施、设备以及经验收合格的贮存设施、设备；

（四）有符合国家或者省、自治区、直辖市危险废物处置设施建设规划，符合国家或者地方环境保护标准和安全要求的处置设施、设备和配套的污染防治设施；其中，医疗废物集中处置设施，还应当符合国家有关医疗废物处置的卫生标准和要求；

（五）有与所经营的危险废物类别相适应的处置技术和工艺；

（六）有保证危险废物经营安全的规章制度、污染防治措施和事故应急救援措施；

（七）以填埋方式处置危险废物的，应当依法取得填埋场所的土地使用权。

第六条　申请领取危险废物收集经营许可证，应当具备下列条件：

（一）有防雨、防渗的运输工具；

（二）有符合国家或者地方环境保护标准和安全要求的包装工具，中转和临时存放设施、设备；

（三）有保证危险废物经营安全的规章制度、污染防治措施和事故应急救援措施。

第三章　申请领取危险废物经营许可证的程序

第七条　国家对危险废物经营许可证实行分级审批颁发。

医疗废物集中处置单位的危险废物经营许可证，由医疗废物集中处置设施所在地设区的市级人民政府环境保护主管部门审批颁发。

危险废物收集经营许可证，由县级人民政府环境保护主管部门审批颁发。

本条第二款、第三款规定之外的危险废物经营许可证，由省、自治区、直辖市人民政府环境保护主管部门审批颁发。

第八条　申请领取危险废物经营许可证的单位，应当在从事危险废物经营活动前向发证机关提出申请，并附具本办法第五条或者第六条规定条件的证明材料。

第九条　发证机关应当自受理申请之日起 20 个工作日内，对申请单位提交的证明材料进行审查，并对申请单位的经营设施进行现场核查。符合条件的，颁发危险废物经营许可证，并予以公告；不符合条件的，书面通知申请单位并说明理由。

发证机关在颁发危险废物经营许可证前，可以根据实际需要征求卫生、城乡规划等有关主管部门和专家的意见。申请单位凭危险废物经营许可证向工商管理部门办理登记注册手续。

第十条　危险废物经营许可证包括下列主要内容：

（一）法人名称、法定代表人、住所；

（二）危险废物经营方式；

（三）危险废物类别；

（四）年经营规模；

（五）有效期限；

（六）发证日期和证书编号。

危险废物综合经营许可证的内容，还应当包括贮存、处置设施的地址。

第十一条　危险废物经营单位变更法人名称、法定代表人和住所的，应当自工商变更登记之日起15个工作日内，向原发证机关申请办理危险废物经营许可证变更手续。

第十二条　有下列情形之一的，危险废物经营单位应当按照原申请程序，重新申请领取危险废物经营许可证：

（一）改变危险废物经营方式的；

（二）增加危险废物类别的；

（三）新建或者改建、扩建原有危险废物经营设施的；

（四）经营危险废物超过原批准年经营规模20%以上的。

第十三条　危险废物综合经营许可证有效期为5年；危险废物收集经营许可证有效期为3年。

危险废物经营许可证有效期届满，危险废物经营单位继续从事危险废物经营活动的，应当于危险废物经营许可证有效期届满30个工作日前向原发证机关提出换证申请。原发证机关应当自受理换证申请之日起20个工作日内进行审查，符合条件的，予以换证；不符合条件的，书面通知申请单位并说明理由。

第十四条　危险废物经营单位终止从事收集、贮存、处置危险废物经营活动的，应当对经营设施、场所采取污染防治措施，并对未处置的危险废物作出妥善处理。

危险废物经营单位应当在采取前款规定措施之日起20个工作日内向原发证机关提出注销申请，由原发证机关进行现场核查合格后注销危险废物经营许可证。

第十五条　禁止无经营许可证或者不按照经营许可证规定从事危险废物收集、贮存、处置经营活动。

禁止从中华人民共和国境外进口或者经中华人民共和国过境转移电子类危险废物。

禁止将危险废物提供或者委托给无经营许可证的单位从事收集、贮存、处置经营活动。

禁止伪造、变造、转让危险废物经营许可证。

第四章　监督管理

第十六条　县级以上地方人民政府环境保护主管部门应当于每年3月

31 日前将上一年度危险废物经营许可证颁发情况报上一级人民政府环境保护主管部门备案。

上级环境保护主管部门应当加强对下级环境保护主管部门审批颁发危险废物经营许可证情况的监督检查，及时纠正下级环境保护主管部门审批颁发危险废物经营许可证过程中的违法行为。

第十七条　县级以上人民政府环境保护主管部门应当通过书面核查和实地检查等方式，加强对危险废物经营单位的监督检查，并将监督检查情况和处理结果予以记录，由监督检查人员签字后归档。

公众有权查阅县级以上人民政府环境保护主管部门的监督检查记录。

县级以上人民政府环境保护主管部门发现危险废物经营单位在经营活动中有不符合原发证条件的情形的，应当责令其限期整改。

第十八条　县级以上人民政府环境保护主管部门有权要求危险废物经营单位定期报告危险废物经营活动情况。危险废物经营单位应当建立危险废物经营情况记录簿，如实记载收集、贮存、处置危险废物的类别、来源、去向和有无事故等事项。

危险废物经营单位应当将危险废物经营情况记录簿保存 10 年以上，以填埋方式处置危险废物的经营情况记录簿应当永久保存。终止经营活动的，应当将危险废物经营情况记录簿移交所在地县级以上地方人民政府环境保护主管部门存档管理。

第十九条　县级以上人民政府环境保护主管部门应当建立、健全危险废物经营许可证的档案管理制度，并定期向社会公布审批颁发危险废物经营许可证的情况。

第二十条　领取危险废物收集经营许可证的单位，应当与处置单位签订接收合同，并将收集的废矿物油和废镉镍电池在 90 个工作日内提供或者委托给处置单位进行处置。

第二十一条　危险废物的经营设施在废弃或者改作其他用途前，应当进行无害化处理。

填埋危险废物的经营设施服役期届满后，危险废物经营单位应当按照有关规定对填埋过危险废物的土地采取封闭措施，并在划定的封闭区域设置永久性标记。

第五章　法律责任

第二十二条　违反本办法第十一条规定的，由县级以上地方人民政府环境保护主管部门责令限期改正，给予警告；逾期不改正的，由原发证机关暂扣危险废物经营许可证。

第二十三条　违反本办法第十二条、第十三条第二款规定的，由县级以上地方人民政府环境保护主管部门责令停止违法行为；有违法所得的，没收违法所得；违法所得超过 10 万元的，并处违法所得 1 倍以上 2 倍以下的罚款；没有违法所得或者违法所得不足 10 万元的，处 5 万元以上 10 万元以下的罚款。

第二十四条　违反本办法第十四条第一款、第二十一条规定的，由县级以上地方人民政府环境保护主管部门责令限期改正；逾期不改正的，处 5 万元以上 10 万元以下的罚款；造成污染事故，构成犯罪的，依法追究刑事责任。

第二十五条　违反本办法第十五条第一款、第二款、第三款规定的，依照《中华人民共和国固体废物污染环境防治法》的规定予以处罚。

违反本办法第十五条第四款规定的，由县级以上地方人民政府环境保护主管部门收缴危险废物经营许可证或者由原发证机关吊销危险废物经营许可证，并处 5 万元以上 10 万元以下的罚款；构成犯罪的，依法追究刑事责任。

第二十六条　违反本办法第十八条规定的，由县级以上地方人民政府环境保护主管部门责令限期改正，给予警告；逾期不改正的，由原发证机关暂扣或者吊销危险废物经营许可证。

第二十七条　违反本办法第二十条规定的，由县级以上地方人民政府环境保护主管部门责令限期改正，给予警告；逾期不改正的，处 1 万元以上 5 万元以下的罚款，并可以由原发证机关暂扣或者吊销危险废物经营许可证。

第二十八条　危险废物经营单位被责令限期整改，逾期不整改或者经整改仍不符合原发证条件的，由原发证机关暂扣或者吊销危险废物经营许可证。

第二十九条　环境保护主管部门依照本办法规定作出吊销或者收缴危险废物经营许可证的同时，应当通知工商管理部门，由工商管理部门依法吊销营业执照。被依法吊销或者收缴危险废物经营许可证的单位，5 年内不得再申请领取危险废物经营许可证。

第三十条　县级以上人民政府环境保护主管部门的工作人员，有下列行为之一的，依法给予行政处分；构成犯罪的，依法追究刑事责任：

（一）向不符合本办法规定条件的单位颁发危险废物经营许可证的；

（二）发现未依法取得危险废物经营许可证的单位和个人擅自从事危险废物经营活动不予查处或者接到举报后不依法处理的；

（三）对依法取得危险废物经营许可证的单位不履行监督管理职责或者发现违反本办法规定的行为不予查处的；

（四）在危险废物经营许可证管理工作中有其他渎职行为的。

第六章　附则

第三十一条　本办法下列用语的含义：

（一）危险废物，是指列入国家危险废物名录或者根据国家规定的危险废物鉴别标准和鉴别方法认定的具有危险性的废物。

（二）收集，是指危险废物经营单位将分散的危险废物进行集中的活动。

（三）贮存，是指危险废物经营单位在危险废物处置前，将其放置在符合环境保护标准的场所或者设施中，以及为了将分散的危险废物进行集中，在自备的临时设施或者场所每批置放重量超过 5000 千克或者置放时间超过 90 个工作日的活动。

（四）处置，是指危险废物经营单位将危险废物焚烧、煅烧、熔融、烧结、裂解、中和、消毒、蒸馏、萃取、沉淀、过滤、拆解以及用其他改变危险废物物理、化学、生物特性的方法，达到减少危险废物数量、缩小危险废物体积、减少或者消除其危险成分的活动，或者将危险废物最终置于符合环境保护规定要求的场所或者设施并不再回取的活动。

第三十二条　本办法施行前，依照地方性法规、规章或者其他文件的规定已经取得危险废物经营许可证的单位，应当在原危险废物经营许可证有效期届满 30 个工作日前，依照本办法的规定重新申请领取危险废物经营许可证。逾期不办理的，不得继续从事危险废物经营活动。

第三十三条　本办法自 2004 年 7 月 1 日起施行。

附件 5　关于加强废烟气脱硝催化剂监管工作的通知
（环办函〔2014〕990 号）

各省、自治区、直辖市环境保护厅（局），新疆生产建设兵团环境保护局：

目前，全国燃煤电厂等企业普遍加装选择性催化还原烟气脱硝装置，有效推动了烟气中氮氧化物污染物减排工作，未来几年我国将产生一定数量的废烟气脱硝催化剂（钒钛系），如果随意堆存或不当利用处置，将造成环境污染和资源浪费。为切实加强对废烟气脱硝催化剂（钒钛系）的监督管理，现就有关事项通知如下：

一、纳入危险废物进行管理

根据《固体废物污染环境防治法》和《国家危险废物名录》（以下简称《名录》）的有关规定和要求，鉴于废烟气脱硝催化剂（钒钛系）具有浸出毒性等危险特性，借鉴国内外管理实践，将废烟气脱硝催化剂（钒钛系）纳入危险废物进行管理，并将其归类为《名录》中“HW49 其他废物”，工业来源为“非特定行业”，废物名称定为“工业烟气选择性催化脱硝过程产生的废烟气脱硝催化剂（钒钛系）”。

二、强化源头管理

产生废烟气脱硝催化剂（钒钛系）的单位应严格执行危险废物相关管理制度。相关环境保护行政主管部门监督、指导废烟气脱硝催化剂（钒钛系）产生单位严格执行危险废物相关管理制度。依法向相关环境保护主管部门申报废烟气脱硝催化剂（钒钛系）产生、贮存、转移和利用处置等情况，并定期向社会公布。新建燃煤电厂等企业自建废烟气脱硝催化剂（钒钛系）贮存、再生、利用和处置设施的，应当按照国家有关法律法规标准和产业政策要求，与主体工程同时设计、同时施工、同时投产使用，并依法进行环境影响评价并通过建设项目环境保护竣工验收。废烟气脱硝催化剂（钒钛系）在厂区内外贮存应符合《危险废物贮存污染控制标准》；在贮存和转移过程中，要加强防水、防压等措施，减小催化剂人为损坏。严禁将废烟气脱硝催化剂（钒钛系）提供或委托给无经营资质的单位从事经营活动，转移废烟气脱硝催化剂（钒钛系）应执行危险废物转移联单制度。

三、提高再生和利用处置能力

从事废烟气脱硝催化剂（钒钛系）收集、贮存、再生、利用处置经营活动的单位，应严格执行危险废物经营许可管理制度。应具有污染防治设施并确保污染物达标排放，制定《突发环境事件应急预案》并备案。按照国家相关标准规范要求妥善处理废烟气脱硝催化剂转移、再生和利用处置过程中产生的废酸、废水、污泥和废渣等，避免二次污染。鼓励废烟气脱硝催化剂（钒钛系）优先进行再生，培养一批利用处置企业，尽快提高废烟气脱硝催化剂（钒钛系）的再生、利用和处置能力，不可再生且无法利用的废烟气脱硝催化剂（钒钛系）应交由具有相应能力的危险废物经营单位（如危险废物填埋场）处理处置。

四、加大执法和考核力度

相关环境保护行政主管部门必须加大对废烟气脱硝催化剂（钒钛系）产生单位和经营单位的执法监督力度。严厉打击非法转移、倾倒和利用处置废烟气脱硝催化剂（钒钛系）行为。将废烟气脱硝催化剂（钒钛系）管理和再生、利用情况纳入污染物减排管理和危险废物规范化管理范畴，加大核查和处罚力度，确保其得到妥善处理。

环境保护部办公厅

2014 年 8 月 5 日

附件 6 废烟气脱硝催化剂危险废物经营许可证审查指南

为贯彻落实《行政许可法》、《固体废物污染环境防治法》、《危险废物经营许可证管理办法》、《危险废物经营单位审查和许可指南》（环境保护部公告 2009 年第 65 号）以及《国务院关于加快发展节能环保产业的意见》（国发〔2013〕30 号），进一步规范废烟气脱硝催化剂（钒钛系）危险废物经营许可证审批工作，提升废烟气脱硝催化剂（钒钛系）再生、利用的整体水平，防止对环境造成二次污染，特制定《废烟气脱硝催化剂危险废物经营许可证审查指南》（以下简称《指南》）。

《指南》按照《危险废物经营许可证管理办法》第五条的有关要求，针对废烟气脱硝催化剂（钒钛系）再生和利用过程中存在的主要问题，对从事废烟气脱硝催化剂（钒钛系）收集、贮存、运输、再生、利用处置活动的经营单位，从技术人员、废物运输、包装与贮存、设施及配套设备、技术和工艺、制度与措施等方面提出了相关审查要求。

一、适用范围

《指南》适用于环境保护行政主管部门对专业从事废烟气脱硝催化剂（钒钛系）再生、利用单位申请危险废物经营许可证的审查。燃煤电厂、水泥厂、钢铁厂等企业自行再生和利用废烟气脱硝催化剂（钒钛系）的建设项目环境保护竣工验收可参考本《指南》。

二、术语定义

（一）废烟气脱硝催化剂（钒钛系），是指由于催化剂表面积灰或孔道堵塞、中毒、物理结构破损等原因导致脱硝性能下降而废弃的钒钛系烟气脱硝催化剂。

（二）预处理，是指清除废烟气脱硝催化剂（钒钛系）表面浮尘和孔道内积灰的活动。

（三）再生，是指采用物理、化学等方法使废烟气脱硝催化剂（钒钛系）恢复活性并达到烟气脱硝要求的活动。

（四）利用，是指采用物理、化学等方法从废烟气脱硝催化剂（钒钛系）中提取钒、钨、钛和钼等物质的活动。

三、审查要点

（一）技术人员方面

1. 有 3 名及以上环境工程或相关专业（化工、冶金等）中级以上职称的技术人员。

2. 技术人员中至少有 1 名具有 3 年以上从事与脱硝催化剂生产或再生利用等相关的工作经历。

3. 设置生产质量和污染控制监控部门并应有环境保护相关专业知识和技能的专（兼）职人员，负责检查、督促、落实本单位危险废物的环境保护管理工作。

（二）运输方面

1. 应具有交通主管部门颁发的允许从事危险货物道路运输许可证或经营许可证。

2. 无危险货物运输资质的申请单位应提供与相关持有危险货物道路运输经营许可证的单位签订的运输协议（或合同）。

（三）包装与贮存设施方面

1. 废烟气脱硝催化剂（钒钛系）应采用具有一定强度和防水性能的材料密封包装，并有减震措施，防止破碎、散落和浸泡。

2. 具有专门用于贮存废烟气脱硝催化剂（钒钛系）的设施，并符合《危险废物贮存污染控制标准》（GB 18597）的要求，其贮存能力不低于日处理能力的 10 倍。

3. 每批次废烟气脱硝催化剂（钒钛系）应按批次记录废烟气脱硝催化剂（钒钛系）产生单位、数量、接收时间等相关信息。

（四）再生利用设施及配套设备方面

1. 规模

（1）再生、利用能力均应达到 5000 立方米/年（或 2500 吨/年）及以上。

（2）鼓励烟气脱硝催化剂生产企业开展废烟气脱硝催化剂（钒钛系）再生与利用。

2. 厂区

（1）废烟气脱硝催化剂（钒钛系）再生、利用项目应当符合国家产业政策、《危险废物污染防治技术政策》和危险废物污染防治规划，以及《燃煤电厂污染防治最佳可行技术指南（试行）》（环发〔2010〕23 号）和《火电厂烟气脱硝工程技术规范　选择性催化还原法》（HJ 562）的相关要求，同时考虑地方环境保护及相关规划内容。

（2）废烟气脱硝催化剂（钒钛系）再生、利用项目应通过建设项目环境保护护竣工验收；其设施拥有者或运行者应具有独立法人资格，持有企业法人营业执照和组织机构代码证等。

（3）厂区必须为集中、独立的一整块场地或车间，并且贮存区、生产区应与办公区、生活区分开。鼓励新建废烟气脱硝催化剂（钒钛系）再生、利用企业进入工业园区。

3. 视频监控要求

（1）厂区所有进出口处（须能清楚辨识人员及车辆进出）、地磅及磅秤、贮存区域、废烟气脱硝催化剂（钒钛系）再生利用设施（包含预处理设施、场地）、废水收集池、废渣堆存区域以及处理设施所在地县级以上人民政府环境保护行政主管部门指定的其他区域，应当设置现场闭路电视（CCTV）监控设备；厢式货车和用篷布遮盖的货车在出入厂过磅时打开厢门和篷布，视频监控应清楚显示车内情况。

（2）夜间厂区出入口处摄影范围须有足够的光源（或增设红外线照摄器）以供辨识，若厂方在夜间进行作业时，所有视频监控区应当有足够的光源以供视频画面辨识。

（3）录像应采用硬盘方式存储，并确保每路视频图像均可全天 24 小时不间断录像，录像保存时间至少为 5 年。

（4）视频监控系统应与当地环境保护部门危险废物管理系统联网。

4. 计量设备要求

（1）厂区出入口具有量程 50 吨以上且与电脑联网的电子地磅，能够自动记录并打印每批次废烟气脱硝催化剂（钒钛系）的重量。打印记录与相应的转移联单一同保存。

（2）贮存库出入口应具有自动打印功能的电子计量设备。

（3）计量设备应经检验部门度量衡检定合格。

（五）工艺与污染防治方面

下列工艺为企业开展废烟气脱硝催化剂（钒钛系）再生、利用等可采用的参考工艺，鼓励企业研究和采用高效洁净的新型再生工艺。

1. 预处理工艺

（1）应在密闭、具备良好通风条件的装置内清除废烟气脱硝催化剂（钒钛系）表面浮尘和孔道内积灰，疏通催化剂淤堵采取必要的防尘、除尘措施，产生的粉尘应集中收集。

（2）预处理场地要防风、防雨、防晒，并具有防渗功能，必须有液体收集装置及气体净化装置。

2. 再生工艺

（1）针对收集的废烟气脱硝催化剂（钒钛系），应以再生为优先原则。再生方法可采用水洗再生、热再生和还原再生。

（2）可采用超声波清洗等技术，清洁废烟气脱硝催化剂（钒钛系）内部孔隙，增大废烟气脱硝催化剂（钒钛系）表面积。

（3）可通过酸洗等措施，深度清除废烟气脱硝催化剂（钒钛系）表面吸附的有害金属离子或化合物。

（4）可采用浸渍等方法对废烟气脱硝催化剂（钒钛系）进行活性成分植入，浸渍溶液应尽可能重复使用。

（5）应对再生后的烟气脱硝催化剂进行干燥或煅烧，煅烧设备应设有尾气处理装置。

（6）经再生处理后的烟气脱硝催化剂，按照电力行业标准《火电厂烟气脱硝催化剂检测技术规范》（DL/T 1286—2013）进行性能检测，保证其满足烟气脱硝催化剂要求及国家有关要求。

3. 利用工艺

（1）因破碎等原因而不能再生的废烟气脱硝催化剂（钒钛系），应尽可能回收其中的钒、钨、钛和钼等金属。

（2）为提高废烟气脱硝催化剂（钒钛系）中的金属回收率，可对其进行粉碎，粉碎过程中应采取必要的防尘和粉尘收集措施，确保不会造成二次污染。

（3）为去除废烟气脱硝催化剂（钒钛系）中的其他物质或回收其中的二氧化钛等，可对废烟气脱硝催化剂（钒钛系）进行焙烧。

（4）根据不同的生产工艺，可采用浸出、萃取、酸解或焙烧等措施对废烟气脱硝催化剂（钒钛系）中的钒、钨、钛和钼进行分离，分离过程均不得对环境造成二次污染。

4. 污染防治和环境风险防控措施

（1）预处理产生的粉尘等污染物，应当配套建设废气治理设施进行处理，颗粒物以及汞、铅、镉、铍等元素及其化合物等污染物排放应符合《大气污染物综合排放标准》（GB 16297）的相关要求。预处理作业区工人应采取必要的劳动卫生防护措施。

（2）再生和利用过程中产生的清洗废水尽可能回用；如需排放，废水经处理后总钒、总铅、总汞、总砷、总镉、总铬、六价铬等应符合《钒工业污染物排放标准》（GB 26452）的有关要求，总铍应符合《污水综合排放标准》（GB 8978）有关要求。酸洗废水和废浸取液应达标处理后进入废水处理设施与清洗废水混合处理；配备相关设施，收集和处理整个厂区内的初期雨水及因危险废物溢出、泄漏时产生的污水或消防水。

（3）煅烧、干燥或焙烧等工艺环节产生的废气，应当配套建设废气治理设施进行处理，铅、汞、铍及其化合物等污染物应符合《工业炉窑大气污染物综合排放标准》（GB 9078）要求后集中排放。

（4）预处理、再生和利用过程中产生的废酸液、废有机溶剂、废活性炭、污泥、废渣等按照危险废物进行管理。

（5）厂区的噪声应符合《工业企业厂界环境噪声排放标准》（GB 12348）有关要求。

（6）污染物排放口必须实行规范化整治，按照国家标准《环境保护图形标志》（GB 15562.1～2）的规定，设置与之相适应的环境保护图形标志牌。设置位置应距污染物排放口或采样点较近且醒目处，以设置立式标志牌为主，并应长久保留。

（7）进行环境风险评估，落实各项环境风险防范措施，厂区内的初期雨水，溢出、泄漏的物料或消防水应当收集并妥善处理。厂区周边卫生防护距离内没有居民等环境敏感点。厂区配备必要的应急物资。

（六）规章制度和事故应急

1. 按照环境保护部门要求安装污染物排放在线监测装置，并与环境保护部门联网。

2. 建有环境信息公开制度，按时发布自行监测结果，每年向社会发布企业年度环境报告，公布污染物排放和环境管理等情况。

3. 按电力行业标准《火电厂烟气脱硝催化剂检测技术规范》（DL/T 1286－2013）的要求，建设全套物理与化学性能分析的实验室，配备相应的污染分析测试仪器和设备，具备相关分析测试能力。应对收集来的每批次废烟气脱硝催化剂（钒钛系）进行分析，并制定再生和利用方案。实验数据记录至少保留5年。

4. 对危险废物的容器和包装物以及收集、贮存和利用危险废物的设施和场所，根据《环境保护图形标志 固体废物贮存（处置）场》（GB 15562.2）、《危险废物贮存污染控制标准》（GB 18597）等有关标准设置危险废物识别标志；在生产区域配备必要的应急设施设备及急救用品。

5. 参照《危险废物经营单位编制应急预案指南》编制应急预案，按照《固体废物污染环境防治法》以及《突发环境事件应急预案管理暂行办法》的相关规定备案，并突出周边环境状况、应急组织结构、环境风险防控措施、环境应急准备、现场应急处置措施、应急监测等重点项目。建立企业环境安全隐患排查治理制度，明确突发环境事件的报告流程。

6. 厂区应配有备用电源，可以满足厂区内废烟气脱硝催化剂（钒钛系）预处理和再生利用设施中关键设备、安全设施、污染防治设施以及现场CCTV监控设备等24小时正常运行。

附件7 火电厂常用环境保护污染防治技术政策、标准、规范目录

（1）《火电厂大气污染物排放标准》（GB 13223—2011）。

（2）《固定污染源烟气排放连续监测技术规范（试行）》（HJ/T 75—2007）。

（3）《固定污染源排放烟气连续监测系统技术要求及监测方法（试行）》（HJ/T 76—2007）。

（4）《环境空气和废气 氯化氢的测定 离子色谱法》（HJ 549—2016）。

（5）《环境空气质量标准》（GB 3095—2012）。

（6）《储油库大气污染物排放标准》（GB 20950—2007）。

（7）《锅炉大气污染物排放标准》（GB 13271—2014）。

（8）《锅炉烟尘测定方法》（GB 5468—1991）。

（9）《大气污染物综合排放标准》（GB 16297—2012）。

（10）《危险废物焚烧污染控制标准》（GB 18484—2001）。

（11）《危险废物贮存污染控制标准》（GB 18597—2001，2013 年修改）。

（12）《危险废物填埋污染控制标准》（GB 18598—2001，2013 年修改）。

（13）《一般工业固体废物贮存、处置场污染控制标准》（GB 18599—2001，2013 年修改）。

（14）《固体废物处理处置工程技术导则》（HJ 2035—2013）。

（15）《危险废物（含医疗废物）焚烧处置设施性能测试技术规范》（HJ 561—2010）。

（16）《铬渣污染治理环境保护技术规范（暂行）》（HJ/T 301—2007）。

（17）《废塑料回收与再生利用污染控制技术规范（试行）》（HJ/T 364—2007）。

（18）《固体废物鉴别导则（试行）》（公告 2006 年第 11 号）。

（19）《危险废物集中焚烧处置工程建设技术规范》（HJ/T 176—2005，2012 年修改）。

（20）《工业固体废物采样制样技术规范》（HJ/T 20—1998）。

（21）《环境保护图形标志 固体废物贮存（处置）场》（GB 15562.2—1995）。

（22）《生活垃圾焚烧污染控制标准》（GB 18485—2014）。

（23）《生活垃圾填埋场污染控制标准》（GB 16889—2008）。

（24）《中华人民共和国大气污染防治法》（主席令第三十二号）。
（25）《中华人民共和国水污染防治法》（主席令第八十七号）。
（26）《中华人民共和国噪声污染防治法》（主席令第七十七号）。
（27）《中华人民共和国固体废物污染环境防治法》（主席令第三十一号）。
（28）《恶臭污染物排放标准》（GB 14554—1993）。
（29）《火电厂烟气脱硫工程技术规范　海水法》（HJ 2046—2014）。
（30）《火电厂除尘工程技术规范》（HJ 2039—2014）。
（31）《火电厂烟气治理设施运行管理技术规范》（HJ 2040—2014）。
（32）《危险废物处置工程技术导则》（HJ 2042—2014）。
（33）《电除尘工程通用技术规范》（HJ 2028—2013）。
（34）《危险废物收集　贮存　运输技术规范》（HJ 2025—2012）。
（35）《袋式除尘工程通用技术规范》（HJ 2020—2012）。
（36）《铬渣干法解毒处理处置工程技术规范》（HJ 2017—2012）。
（37）《水污染治理工程技术导则》（HJ 2015—2012）。
（38）《垃圾焚烧袋式除尘工程技术规范》（HJ 2012—2012）。
（39）《废矿物油回收利用污染控制技术规范》（HJ 607—2011）。
（40）《大气污染治理工程技术导则》（HJ 2000—2010）。
（41）《火电厂烟气脱硫工程技术规范　氨法》（HJ 2001—2010）。
（42）《火电厂烟气脱硝工程技术规范　选择性催化还原法》（HJ 562—2010）。
（43）《火电厂烟气脱硝工程技术规范　选择性非催化还原法》（HJ 563—2010）。
（44）《铬渣污染治理环境保护技术规范（暂行）》（HJ/T 301—2007）。
（45）《火电厂烟气脱硫工程技术规范　烟气循环流化床法》（HJ/T 178—2005）。
（46）《火电厂烟气脱硫工程技术规范　石灰石/石灰-石膏法》（HJ 179—2005）。
（47）《危险废物安全填埋处置工程建设技术要求》（环发〔2004〕75号）。
（48）《国家发展改革委关于印发国家应对气候变化规划（2014—2020年）的通知》（发改气候〔2014〕2347号）。
（49）《大气固定污染源　氟化物的测定　离子选择电极法》（HJ/T

67—2001)。

(50)《关于印发<重点区域大气污染防治“十二五”规划>的通知》(环发〔2012〕130 号)。

(51)《关于执行大气污染物特别排放限值的公告》(环境保护部公告 2013 年第 14 号)。

(52)《国务院关于印发大气污染防治行动计划的通知》(国发〔2013〕37 号。

(53)《关于认真学习领会贯彻落实<大气污染防治行动计划>的通知》(环发〔2013〕103 号)。

(54)《国务院关于酸雨控制区和二氧化硫污染控制区有关问题的批复》(国函〔1998〕5 号)。

(55)《固体废物鉴别标准　通则》(GB 5085. 7—2007)。

(56)《固体废物鉴别标准　毒性物质含量鉴别》(GB 5085. 6—2007)。

(57)《固体废物鉴别标准　反应性鉴别》(GB 5085. 5—2007)。

(58)《固体废物鉴别标准　易燃性鉴别》(GB 5085. 4—2007)。

(59)《固体废物鉴别标准　浸出毒性鉴别》(GB 5085. 3—2007)。

(60)《固体废物鉴别标准　急性毒性初筛》(GB 5085. 2—2007)。

(61)《地下水质量标准》(GB/T 14848—1993)。

(62)《地表水环境质量标准》(GB 3838—2002)。

(63)《农田灌溉水质标准》(GB 5048—2005)。

(64)《海水水质标准》(GB 3097—1997)。

(65)《钒工业污染物排放标准》(GB 26452　2011)。

(66)《陶瓷工业污染物排放标准》(GB 25464—2010, 2014 年修改)。

(67)《镁、钛工业污染物排放标准》(GB 25468—2010, 2013 年修改)。

(68)《无机化学工业污染物排放标准》(GB 31573—2015)。

(69)《城镇污水处理厂污染物排放标准》(GB 18918—2002)。

(70)《污水综合排放标准》(GB 8978—1996)。

(71)《土壤环境质量标准》(GB 15618—1995)。

(72) 能源发展战略行动计划(2014—2020 年)。

(73) 国家应对气候变化规划(2014—2020 年)。

(74)《国家危险废物名录》(2016)。

(75)《平板式烟气脱硝催化剂》(GB/T 31584—2015)。

(76)《蜂窝式烟气脱硝催化剂》(GB/T 31587—2015)。

（77）《烟气脱硝催化剂化学成分分析方法》（GB/T 31590—2015）。

（78）《火电厂烟气脱硝技术导则》（DL/T 296—2011）。

（79）《火电厂烟气脱硝（SCR）装置检修规程》（DL/T 322—2010）。

（80）《火电厂烟气脱硝（SCR）系统运行技术规范》（DL/T 335—2010）。

（81）《火电厂烟气脱硝催化剂检测技术规范》（DL/T 1286—2013）。

参考文献

[1] 中电联规划发展部．中电联发布《2016 年一季度全国电力供需形势分析预测报告》[R/OL]．http：//www. cec. org. cn/yaowenkuaidi/2016-04-27/152156. html.

[2] 郑体宽．热力发电厂 [M]．北京：中国电力出版社，2001.

[3] 高鹗，刘鉴民．热力发电厂 [M]．上海：上海交通大学出版社，1995.

[4] 中华人民共和国国家能源局．电力工程项目分类代码 DL /T 503—2009 [S]．2009.

[5] 吕晶，孙福珠，吕华，等．整体煤气化联合循环（IGCC）发电技术 [J]．黑龙江电力，2002，24（2）：132-138.

[6] 沈维道，童钧耕．工程热力学 [M]．4 版．北京：高等教育出版社，2007.

[7] 孙立，张晓东．生物质发电产业化技术 [M]．北京：化学工业出版社，2011.

[8] 汪玉林．垃圾发电技术及工程实例 [M]．北京：化学工业出版社，2003.

[9] 彭绪亚，吉方英，肖波，等．垃圾填埋气的产生及其影响因素分析 [J]．重庆建筑大学学报，1999，21（6）：66-70.

[10] 雍福奎．火电基本建设技术管理手册 [M]．北京：中国电力出版社，2010.

[11] 车得福，庄正宁，李军，等．锅炉 [M]．2 版．西安：西安交通大学出版社，2008.

[12] 王志强，张萍英，陶克勤，等．火力发电厂发电设备分类与编码 [J]．浙江电力，2000（5）：49-52.

[13] 文锋．现代发电厂概论 [M]．2 版．北京：中国电力出版社，2008.

[14] 国网能源研究院．2015 中国发电能源供需与电源发展分析报告 [R]．北京：中国电力出版社，2015.

[15] 梁俊宁，张振文，高晓庆，等．煤质对锅炉大气污染物排放量的影响 [J]．煤炭转化，2015（1）：91-96.

[16] 蔡杰进，马晓茜，廖艳芬．锅炉运行性能与烟气含氧量优化研究 [J]．热力发电，2006（08）：28-30.

[17] 王成军. 烟气氧含量对锅炉大气污染物排放浓度的影响 [J]. 节能与环保，2015 (8)：64-66.

[18] 李丽萍，张莹. 燃煤机组炉膛出口烟气温度分析 [J]. 工业技术与职业教育，2011 (3)：31-34.

[19] 张宝瑞. 火电厂锅炉主汽温度控制研究 [J]. 科技风，2011 (21)：108.

[20] 侯建鹏，徐国胜，赵瑞琴，等. 固定源氮氧化物脱除技术的研究与应用 [C]//中国环境科学学会，中国环境科学学会学术年会优秀论文集：2006. 下卷. 北京：中国环境科学出版社，2006，2549-2552.

[21] 林建勇. 选择性催化还原脱硝工艺及控制系统 [J]. 太原科技，2007 (9)：73-74.

[22] 宋闯，王刚，李涛，等. 燃煤烟气脱硝技术研究进展 [J]. 环境保护与循环经济，2010 (1)：63-65.

[23] FORZATTI P. Present status and perspectives in de-NO_x SCR Catalysis [J]. Applied Catalysis A：General，2001，222 (1-2)：221-236.

[24] BUSCA G，LIETTI L，RAMIS G，et al. Chemical and mechanistic aspects of the selective catalytic reduction of NO_x by ammonia over oxide catalysts：A review [J]. Applied Catalysis B：Environmental，1998 (18)：1-36.

[25] SCOT P，SHOZO K，NORIHISA K，et al. Optimizing SCR Catalyst Design and Performance for Coal-Fired Boilers [C]//EPA/EPRI 1995 Joint Symposium Stationary Combustion NO Control，1995.

[26] 朱崇兵，金保升，仲兆平，等. K_2O 对 V_2O_5-WO_3/TiO_2 催化剂的中毒作用 [J]. 东南大学学报：自然科学版. 2008，38 (1)：101-105.

[27] JAMES E，TONY E，WILLIAM H，et al. The impact of arsenic on coal fired power plants equipped with SCR [C]//ICAC 2002 forum，Operating experience for reducing NO_x emissions，2002.

[28] 陈其颢，朱林. SCR 失效催化剂及其处置与再利用技术 [J]. 电力科技与环保，2012，28 (3)：32-36.

[29] 云端，邓斯理，宋蔷，等. V_2O_5-WO_3/TiO_2 系 SCR 脱硝催化剂的钾中毒及再生方法 [J]. 环境科学研究，2009，22 (6)：730-734.

[30] 段竞芳，史伟伟，夏启斌，等. 失活钒钛基 SCR 催化剂性能表征及其再生 [J]. 功能材料，2012 (16)：2191-2195.

[31] ZHENG Y，JENSEN A D，JOHNSSON J E. Laboratory Investigation of Se-

lective Catalytic Reduction Catalysts: Deactivation by Potassium Compounds and Catalyst Regeneration [J]. Industrial & Engineering Chemistry Research, 2004, 43 (4): 941-947.

[32] XIE G Y, LIU Z Y, ZHU Z P. Reductive regeneration of sulfated CuO/Al_2O_3 catalyst-sorbent in ammonia [J]. Applied Catalysis B: Environmental, 2003, 45 (3): 213-221.

[33] 史展亮，白文辉. SCR 催化剂的再生及其工程应用. 2009 年全国电力行业脱硫脱硝技术协作网年会暨脱硫脱硝企业 CEO 论坛论文集 [C]. 北京：全国电力行业脱硫脱硝技术协会网，2009：321-325.

[34] 吴凡，段竞芳，夏启斌，等. SCR 脱硝失活催化剂的清洗再生技术 [J]. 热力发电，2012 (5)：95-99.

[35] 徐晓亮，黄丽娜，缪明烽. SCR 脱硝催化剂循环再利用的研究进展 [J]. 绿色科技，2011 (6)：6-8.

[36] 程华. SCR 烟气脱硝催化剂失活原因与再生技术的研究 [D]. 华南理工大学，2013.

[37] 王春兰，宋浩，韩东琴. SCR 脱硝催化剂再生技术的发展及应用 [J]. 中国环保产业，2014 (4)：22-25.

[38] 王义兵，孙叶柱，陈丰，等. 火电厂 SCR 烟气脱硝催化剂特性及其应用 [J]. 电力环境保护，2009，25 (4)：13-15.

[39] CHEN J P, YANG R T. Selective Catalytic Reduction of NO with NH_3 on SO_4^{2-}/TiO_2 superacid catalyst [J]. J Catal, 1993, 139 (1): 277-288.

[40] 吴卫红，吴华，罗佳，等. SCR 烟气脱硝催化剂再生研究进展 [J]. 应用化工，2013，42 (7)：1304-1307.

[41] 马建蓉，黄张根，刘振宇，等. 再生方法对 V_2O_5/AC 催化剂同时脱硫脱硝活性的影响 [J]. 催化学报，2005，26 (6)：463-469.

[42] KHODAYARI R, INGEMAR ODENBRAND C U. Regeneration of commercial $TiO_2-V_2O_5-WO_3$ SCR catalysts used in bio fuel plants [J]. Applied Catalysis B: Environmental, 2001, 30 (1/2): 87-99.

[43] 王静，沈伯雄，刘亭，等. 钒钛基 SCR 催化剂中毒及再生研究进展 [J]. 环境科学与技术，2010，33 (9)：97-101.

[44] 沈伯雄，熊丽仙，刘亭，等. 纳米负载型 $V_2O_5-WO_3/TiO_2$ 催化剂碱中毒及再生研究 [J]. 燃料化学学报，2010，38 (1)：85-90.

[45] 崔力文，宋浩，吴卫红，等. 电站失活 SCR 催化剂再生试验研究 [J].

能源工程，2012（3）：43-54.

[46] SHANG X，HU G，HE C. Regeneration of full-scale commercial honeycomb monolith catalyst（V_2O_5-WO_3/TiO_2）used in coal-fired power plant [J]. Journal of Industrial and Engineering Chemistry，2012，18（1）：513-519.

[47] FOERSTER M. Method for regeneration iron-loaded de-NO_x catalysts：US，6395665 [P]. 2006-07-06.

[48] 商雪松，陈进生，胡恭任，等．商用 SCR 脱硝催化剂 K_2O 中毒后再生：$(NH_4)_2SO_4$ 溶液 [J]. 燃料化学学报，2012，40（6）：750-756.

[49] KHODAYARI R，INGEMAR ODENBRAND C U. Regeneration of commercial SCR catalysts by washing and sulphation：effect of sulphate groups on the activity [J]. Applied Catalysis B：Environmental，2001，33（4）：277-291.

[50] 吴凡．烟气脱硝选择性催化还原法催化剂的清洗-再生 [J]. 清洗世界，2009，25（9）：1-4.

[51] 曾瑞．有关我国 SCR 废催化剂回收产业的思考 [J]. 中国环保产业，2013（4）：55-61.

[52] 张烨，徐晓亮，缪明烽．SCR 脱硝催化剂失活机理研究进展 [J]. 能源环境保护，2011，25（4）：14-18.

[53] 刘焕群．国外废催化剂回收利用 [J]. 中国资源综合利用，2000（12）：35-37.

[54] 曹林岩，吴碧君．SCR 烟气脱硝催化剂失活原因分析及再生方法探讨 [J]. 电力科技与环保，2012，28（6）：7-9.

[55] 韦正乐．烟气 NO_x 低温选择性催化还原催化剂研究进展 [J]. 化工进展，2007，26（3）：320-325.

[56] MORITA I，HIRANO M，BIELAWSKI G T. Development and Commercial Operating Experience of SCR De-NO_x [C] //Catalysts for Wet-bottom Coal-fired Boilers，Presented at Power-gen International Conference，Orlando，FL，1998：8-11.

[57] SENIOR C L，LIGNELL D O，SAROFIMA A F，et al. Modeling Arsenic Partitioningin Coal-fired Power Plants [J]. Combustion and Flame，2006，147：209-221.

[58] PRITCHARD S，KANEKO S，SUYAMA K，et al. Optimizing SCR Cata-

lyst Design and Performance for Coal-fired Boilers [J]. Joint Symposium Stationary Combustion NO_x Control, 1995: 16-19.

[59] HANS J H, NAN Y T, CUI J H. Application of SCR Denit rification Techno-logy onto Coal-fired Boilers in China [J]. Thermal Power, 2007 (8): 13-18.

[60] STAUDT J E, ENGELMEYER T, WESTON W H, et al. Deactivation of SCR Catalyst with Arsenic: Experience at OUC Stanton and Implications for Other Coal-fired Boilers [C] //The Conference on Selective Catalytic Reduction (SCR) and Selective Non-catalytic Reduction (SNCR) for NO_x Control. Pittsburgh, PA, 2002: 15-16.

[61] 孙克勤，钟秦，于爱华 . SCR 催化剂的砷中毒研究 [J]. 中国环保产业，2008，14 (1)：40-42.

[62] 沈伯雄，施建伟，杨婷婷，等 . 选择性催化还原脱氮催化剂的再生及其应用评述 [J]. 化工进展，2008，27 (1)：64-67.

[63] PARVULESCU V I, GRANGE P, DELMON B. Catalytic removal of NO [J]. Catalysis Today, 1998, 46 (4): 233-316.

[64] BENSON S A, LAUMB J D, CROCKER C R, et al. SCR Catalyst Performance in Flue Gases Derived from Subbituminous and Lignite Coals [J]. Fuel Processing Technology, 2005 (86): 577-613.

[65] NICOSIA D, CZEKAJ I, KROCHER O. Chemical Deactivation of V_2O_5-WO_3/TiO_2 SCR Catalysts by Additives and Impurities from Fuels, Lubrication Oils and Urea Solution (Part Ⅱ): Characterization Study of the Effect of Alkali and Alkaline Earth Metals [J]. Applied Catalysis B: Environmental, 2008 (77): 228-236.

[66] SCOT P, CHRIS D. SCR catalyst management: enhancing operational flexibility [C]//Power plant air pollutant control mega symposium, Baltimore, MD, 2006: 12-15.

[67] CHEN J P, YANG R T. Mechanism of Poisoning of the V_2O_5/TiO_2 Catalyst for the Reduction of NO by NH_3 [J]. Journal of Catalysis, 1990 (125): 411-420.

[68] LISI L, LASORELLA G, MALLOGGI S, et al. Single and Combined Deactivating Effect of Alkali Metals and HCl on Commercial SCR Catalysts [J]. Applied Catalysis B: Environmental, 2004, 50 (4): 251-258.

[69] ZHENG Y, JENSEN A D, JOHNSSON J E. Deactivation of V_2O_5-WO_3-TiO_2 SCR catalyst at a biomass-fired combined heat and power plant [J]. Applied Catalysis B: Environmental, 2005, 60 (3-4): 253-264.

[70] ZHENG Y, JENSEN A D, JOHNSSON J E, et al. Deactivation of V_2O_5-WO_3-TiO_2 SCR catalyst at biomass fired power plants: elucidation of mechanisms by lab and pilot-scale experiments [J]. Applied Catalysis B: Environmental, 2008, 83 (3-4): 186-194.

[71] LARSSON A C, EINVALL J, ANDERSSON A, et al. Targeting by Comparison with Laboratory Experiments the SCR Catalyst Deactivation Process by Potassium and Zinc Salts in a Large-scale Biomass Combustion Boiler [J]. Energy and Fuels, 2006 (20): 1398-1405.

[72] KAMATA H, TAKAHASHI K, ODENBRAND CUI. The Role of K_2O in the Selective Reduction of NO with NH_3 over a V_2O_5-WO_3/TiO_2 Commercial Selective Catalytic Reduction Catalyst [J]. Journal of Molecular Catalysis A: Chemical, 1999 (139): 189-198.

[73] Stobert T R, 王剑波, WENSELL G, 等. SCR 催化剂在高 CaO 煤项目中的应用 [C]//中国环境科学学会. 中国环境科学学会学术 2006 年年会优秀论文集, 2006: 2807.

[74] 吴宁, 宋蔷, 李水清, 等. SCR 烟气脱硝过程中 SO_2 和 SO_3 的测量 [J]. 煤炭转化, 2006, 29 (2): 84-87.

[75] YUE Y, QIANG Y S, LI S Q, et al. Emission Characteristics of PM10 and Trace Elements from a Coal-fired Power Plant Equipped with ESP [C]//5th Asia-Pacific Conference on Combustion. The University of Adelaide, Australia, 2005: 18-20.

[76] 郝永利, 刘安阳, 胡华龙. 烟气脱硝催化剂现场再生与工厂化再生比较 [J]. 中国环保产业, 2014 (6): 40-41.

[77] 郝永利, 孙绍锋, 胡华龙. 浅析废烟气脱硝催化剂环境管理. 环境与可持续发展, 2014 (1): 17-18.

[78] 中国电力企业联合会. 中电联发布 2013 年度火电厂烟气脱硫、脱硝、除尘产业信息 [J]. 发电技术, 2014 (6): 88-96.

[79] 中华人民共和国国家统计局. 中国统计年鉴 (2010). http: //www.stats.gov.cn.

[80] 田贺忠. 中国氮氧化物排放现状、趋势及综合控制对策研究 [D]. 北

京：清华大学，2003.

[81] 中华人民共和国环境保护部 . 2010 年环境统计年报 [R]. http：//zls. mep. gov. cn.

[82] 陈进生 . 火电厂烟气脱硝技术——选择性催化还原法 [M]. 北京：中国电力出版社，2006.

[83] 孙锦宜 . 工业催化剂的失活与再生 [M]. 北京：化学工业出版社，2006.

[84] 秦菲菲 . 去年氮氧化物排放量不降反升，今年将丰富和完善减排政策 [N]. 上海证券报，2012-02-09.

[85] 孙雅丽，郑骥，姜冰 . 燃煤电厂烟气氮氧化物排放控制技术发展现状 [J]. 环境科学与技术，2011，34 (6G)：174-179.

[86] HERZOG H，DRAKE E. Carbon Dioxide Recovery and Disposal from Large Energy Systems [J]. Annu Rev Energy Environ，1996，21 (2)：145-166.

[87] ALAN M W，EDWARD J D，BASSAM J J. Recovering CO_2 from Large and Medium Size Stationary Combustors [J]. Air Waste Management Assoc. 1991，41 (3)：449-454.

[88] KIGA T，TAKANO S，KIMURA N，et al. Characteristics of Pulverized-Coal Combustion in the System of Oxygen/Recycled flue Gas Combustion [J]. Energy Conversion and Management，1997，38 (2)：129-134.

[89] OKAZAKI K，ANDO T. NO_x Reduction Mechanism in Coal Combustion with Recycled CO_2 [J]. Energy，1997，22 (2-3)：207-215.

[90] 陈彦广，王志，郭占成 . 燃煤过程 NO_x 抑制与脱除技术的现状与进展 [J]. 过程工程学报，2007，7 (3)：632-638.

[91] 杜维鲁，朱法华 . 燃煤产生的 NO_x 控制技术 [J]. 中国环保产业，2007 (12)：42-45.

[92] 程慧，解永刚，朱国荣 . 火电厂烟气脱硝技术发展趋势 [J]. 浙江电力，2005 (2)：38-40.

[93] 中国大唐集团科技工程有限公司 . 燃煤电站 SCR 烟气脱硝工程技术 [M]. 北京：中国电力出版社，2009.

[94] 孙坚荣 . 超临界燃煤机组烟气脱硝技术的应用比较 [J]. 上海电力学院学报，2009，25 (5)：478-490.

[95] 许佩瑶，康玺 . 燃煤锅炉烟气中 NO_x 脱除机理研究进展 [J]. 环境科

学与技术，2007，30（7）：109-114.

［96］高凤，杨嘉谟．燃煤烟气脱硝技术的应用与进展［J］．环境保护科学，2007，33（3）：11-13.

［97］王文选，肖志均，夏怀祥．火电厂脱硝技术综述［J］．电力设备，2006，7（8）：1-5.

［98］马光路．SCR 法废脱硝催化剂的处理方式及回收利用［J］．化工管理，2015（35）：221-222.

［99］张立，陈崇明，王平，等．SCR 脱硝催化剂的再生与回收［J］．电站辅机，2012（3）：27-30.

［100］王艳河．太仓电厂 SCR 脱硝催化剂再生项目后评价研究［D］．保定：华北电力大学，2014.

［101］徐旭，应剑，王新龙．燃煤电厂选择性催化还原烟气脱硝系统的性能试验［J］．动力工程学报，2010（06）：440-443.

［102］李晓芸，赵毅，王修彦．火电厂有害气体控制技术［M］．北京：中国水利水电出版社，2005.